Alexander Ibach

Verminderung der Verbackungsneigung von sprühgetrockneten laktosehaltigen Pulvern

Verminderung der Verbackungsneigung von sprühgetrockneten laktosehaltigen Pulvern

von
Alexander Ibach

universitätsverlag karlsruhe

Dissertation, Universität Karlsruhe (TH)
Fakultät für Chemieingenieurwesen und Verfahrenstechnik, 2007

Impressum

Universitätsverlag Karlsruhe
c/o Universitätsbibliothek
Straße am Forum 2
D-76131 Karlsruhe
www.uvka.de

Universitätsverlag Karlsruhe 2007
Print on Demand

ISBN: 978-3-86644-172-9

Verminderung der Verbackungsneigung von sprühgetrockneten laktosehaltigen Pulvern

zur Erlangung des akademischen Grades eines
DOKTORS DER INGENIEURWISSENSCHAFTEN (Dr.-Ing.)

der Fakultät für Chemieingenieurwesen und Verfahrenstechnik der
Universität Fridericiana Karlsruhe (TH)

genehmigte
DISSERTATION

von

Dipl.-Ing. Alexander Ibach
aus Bühl/Baden

Referent: Prof. Dr. Kind

Korreferent: Prof. Dr. Schuchmann

Tag der mündlichen Prüfung: 28.06.2007

Vorwort

Die vorliegende Arbeit entstand während meiner Tätigkeit als wissenschaftlicher Mitarbeiter am Institut für Thermische Verfahrenstechnik der Universität Karlsruhe (TH) zwischen April 2002 und Oktober 2006. Zur Entstehung und zum Gelingen dieser Arbeit trugen viele bei, denen ich an dieser Stelle danken möchte:

Mein besonderer Dank gilt Herrn Prof. Dr.-Ing. Matthias Kind für seine Unterstützung und Förderung meiner Arbeit, für die Freiheiten und das Vertrauen, welches er mir bei der Durchführung meiner Arbeit entgegengebracht hat.

Frau Prof. Dr.-Ing. Heike Schuchmann danke ich für die freundliche Übernahme des Korreferates und das Interesse, welches sie an meiner Arbeit zeigte.

Der Arbeitsgemeinschaft industrieller Forschungsvereinigungen e.V. (AiF) bzw. dem Forschungskreis der Ernährungsindustrie (FEI) danke ich für die finanzielle Unterstützung des Projektes.

Bei meinen Mitassistenten am Institut bedanke ich mich ganz herzlich für das angenehme Arbeitsklima, die sehr gute Zusammenarbeit und die vielen fröhlichen Stunden innerhalb und außerhalb des Instituts.

Ein besonderer Dank gebührt den Herren Lothar Eckert, Michael Wachter, Roland Nonnenmacher, Stefan Fink, Markus Keller sowie Markus Gschwind für ihre wertvollen Anregungen bei der Konstruktion und ihr vorbildliches Engagement beim Bau der Versuchsanlagen. Ein herzlicher Dank gebührt Frau Gisela Schimana für ihre Unterstützung bei allen administrativen Tätigkeiten.

Herr Frederik Wolf, Frau Katharina Wagner, Herr Andreas Daiss, Herr Jörg Weber und Frau Heike Sigloch haben als Studienarbeiter sowie als Hiwis maßgeblich zum Gelingen dieser Arbeit beigetragen. Ich möchte mich herzlich für ihr großes Engagement bedanken.

Bedanken möchte ich mich auch bei Herrn Dr. Justin Nijdam, der als Humboldt-Stipendiat umfangreiche experimentelle Untersuchungen und Analysen durchgeführt hat.

Zum Schluss möchte ich meiner Familie danken, die mich in allen Jahren stets unterstützt hat.

Inhaltsverzeichnis

Symbolverzeichnis

Lateinische Buchstaben

a	Aktivität	-
A	Fläche	m^2
B	Anpassungskonstante der VTF-Gleichung	-
c	Konzentration	g/ml
c_0	Präexponentieller Faktor	-
C_1	Anpassungskonstante der WLF-Gleichung	-
C_2	Anpassungskonstante der WLF-Gleichung	°C
C_{BET}	Anpassungskonstante der BET-Gleichung	-
C_{GAB}	Anpassungskonstante der GAB-Gleichung	-
$d_{50,3}$	mittlerer Partikeldurchmesser (volumenbezogen)	µm
d_i	Innendurchmesser	mm
d_P	Partikeldurchmesser	µm
E_A	Aktivierungsenergie	kJ/mol
f	Fugazität	Pa
F	Funktion	-
g	geometrische Konstante	-
G	Keimwachstumsrate	m/s
h	Höhe	mm
ΔH_1, ΔH_2	Sorptionsenthalpie	J/mol
k	Reaktionsgeschwindigkeitskonstante	1/s
k	Stoffspezifische Anpassungskonstante	-
k_0	Präexponentieller Faktor	1/s
k_1	Reaktionsgeschwindigkeitskonstante – Hinreaktion	(1/s)^n
k_2	Reaktionsgeschwindigkeitskonstante – Rückreaktion	(1/s)^n
K_{GAB}	Anpassungskonstante der GAB-Gleichung	-
l	Länge	m
m	Wachstumsrichtungen	-
M_P	Probenmasse	g
$\dot{M}$	Massenstrom	kg/s
N	Keimbildungsrate	$1/(m^3 * s)$
n	Reaktionsordnung	-

p	Druck	Pa
Q_3	Volumensummenverteilung der Partikelgröße	-
r	hydrodynamischer Radius	m
R	Verhältnis zwischen β- und α-Laktose	-
T	Temperatur	K, °C
t	Zeit	s
T_G	Glasübergangstemperatur	°C
T_M	Schmelztemperatur	°C
T_{Var}	Anpassungstemperatur	°C
u	Geschwindigkeit	m/s
V	Verhältnis zw. kristallin und teilkristallin	-
$\dot{V}$	Volumenstrom	m³/s
w	Feuchteanteil	-
x	Massenanteil	Gew.-%
X	Massengehalt	kg/kg
Y	Massengehalt	kg/kg
y	Molanteil	-
z	Anteil einer Komponente	-

Griechische Buchstaben

$[\alpha]_D^{20}$	Spezifischer optischer Drehwinkel	° (*)
$[\alpha]_D^T$	Optischer Drehwinkel bei einer Temperatur T	° (*)
α_{gem}	gemessener optischer Drehwinkel	°
δ	Anpassungstemperatur	K
δ	Diffusionskoeffizient	m²/s
ϕ	Aufheizrate	K/min
η	dynamische Viskosität	kg/m*s
γ	Aktivitätskoeffizient	-
φ	relative Luftfeuchte	-
λ	*Wellenlänge*	nm

(*) korrekt wäre $\frac{° \cdot ml}{dm \cdot g}$

μ	chemisches Potential	J/mol
τ	Keimbildungszeit	s
Θ	Keimwachstumszeit	s
2Θ	Beugungswinkel	°
θ	kristallisierter Anteil	-

Tiefgestellte Zeichen

aus	Ausgang
D	Dampf
dyn	dynamisch gemessen
ende	Ende der Messung
ein	Eingang
Fluid	strömendes Fluid
frei	freies Wasser
G	Glasübergang
GGW	Gleichgewicht
Ges	*Gesamt*
Hydr	Hydratwasser
H_2O	Wasser
i	Substanz
Ind	Induktion
iso	isotherm gemessen
krist	Kristallisation
kristallisiert	kristallisierte Laktose in Molke
L	Luft
Laktose	Laktose
max	Maximal
mittel	Mittelwert
Molke	Molke
Molkepermeat	Molkepermeat
monolayer	monomolekulare Schicht
On	Onset
P	Peakmaximum

P	Probe
P	Partikel
PH	Probenhalter
s	Sättigung
teilkristallin	teilkristalline Molke
TS	Trockensubstanz
Um	Umgebung
Wand	Wand
w	Wasser
W	Wendepunkt
z	Messzelle
α	α-Laktose
β	β-Laktose
0	Zeitpunkt t = 0
0	Reinstoff
0	Präexponentieller Faktor
0	angepasste Konstante
∞	im Gleichgewicht

Hochgestellte Zeichen

G	Keimwachstum
id	idealer Stoff
l	liquid
N	Keimbildung
s	solid
v	vapour
δ	Phase (fest, flüssig, gasförmig)
$\sim$	molar

Universelle Konstanten

$\tilde{R}$	Ideale Gaskonstante	8,314 J/(mol*K)
k_B	Boltzmann-Konstante	1,38 $*10^{-23}$ J/K

1 Einleitung

1.1 Problembeschreibung

Bei der Herstellung von Molkepulver und Molkepulvererzeugnissen besteht grundsätzlich die Schwierigkeit, dass die in dem Ausgangskonzentrat enthaltene gelöste Laktose während der raschen Trocknung bei einer Sprühtrocknung ganz oder teilweise amorph erstarrt. Die amorphe Laktose in den so erzeugten Pulvern ist hygroskopisch und instabil, wodurch eine weitere Verwendung stark beeinträchtigt wird. Dies betrifft z.B. die pneumatische Förderung, die Absackung und insbesondere die Verwendung des Pulvers in der Verarbeitung beim Anwender. Auch hier führen Verklumpungen in Folge der Wasseraufnahme aus der umgebenden Luft zu Verarbeitungsschwierigkeiten. Dies zwingt mitunter dazu, die Umgebungsluft dieser Bearbeitungsstufen kostenintensiv zu konditionieren. Molkehaltige Pulver sind vielseitig und in einem weiten Lebensmittelbereich einsetzbar, z.B. Getränkepulver, Backwaren, Suppen, Soßen, Süßwaren etc. In Deutschland betrug die Produktion von Molkepulver in 2001 rund 236.000 t/a, in 2002 rund 249.000 t/a. In Europa werden ca. 1,5 Mio Tonnen/a produziert. Da molkehaltige Pulver deutlich preiswerter sind als Milchpulver, nimmt deren Verwendung als kostengünstiges Austauschprodukt ständig zu. Da aber die Milchpulver wegen des geringeren Laktoseanteils die o.g. ungünstigen Verarbeitungseigenschaften nicht oder nur sehr gering zeigen, wird die Verwendung von Molkenpulvern häufig unterlassen, wenn die Hygroskopizität dieser Pulver in den Verarbeitungsanlagen nicht beherrschbar ist.

1.2 Ziel der Arbeit und Lösungsansatz

Die in der vorliegenden Arbeit angestrebte Lösung dieses Problems ist die Ausarbeitung einer in der Praxis anwendbaren Methode, mit der die Verbackungsneigung von sprühgetrockneten laktosehaltigen Pulvern vermindert werden kann. Es besteht die Forderung, dass der Verbackungseffekt auch unter schwierigen klimatischen (tropischen) Bedingungen unterbunden bleibt. Von dieser Verbesserung würden nicht nur die Pulverproduzenten, sondern insbesondere auch alle Verarbeiter dieser Produkte profitieren.

Kristallines α-Laktose-Monohydrat ist bei Raumtemperatur stabil. Es wird daher erwartet, dass durch eine Nachkristallisation ein amorphes Pulver derart umgewandelt werden kann, dass die Rieselfähigkeit des behandelten Pulvers auch bei längerer Lagerung gewährleistet wird. In dieser Arbeit werden somit Erkenntnisse darüber angestrebt, unter welchen Prozessbedingungen teilkristallin oder amorph gewonnene Molkepulver und Molkepulvererzeugnisse in einem zeitlich begrenzten Nachbehandlungsschritt durch Kristallisation so verändert werden können, dass die störende Verbackung des Pulvers dauerhaft vermieden wird. Hierfür werden zunächst die Aktivierungsenergien sowie Induktionszeiten der Kristallisation von Laktose in amorphen Laktose-, Molkepermeat- und Molkepulvern für verschiedene Feuchteanteile und Temperaturen bestimmt. Die ermittelten Prozessparameter können anschließend für die Bestimmung der benötigten Verweilzeiten in einem Verfahren als eine Abschätzung der einzustellenden Parameter dienen. Des Weiteren soll überprüft werden, bei welchen Prozessbedingungen sich welche Kristallmodifikationen ergeben. Da α-Laktose-Monohydrat bei Raumtemperatur die stabilste Kristallform der Laktose darstellt, soll diese Form in einem möglichen Verfahren gezielt erzeugt werden. Aus den gefundenen praxistauglichen Prozessbedingungen (Temperatur, relative Luftfeuchte, Verweilzeit) soll ein Nachbehandlungskonzept entwickelt werden, das sowohl von den Laktoseproduzenten als auch von den oft klein- und mittelständischen Laktoseverarbeitern eingesetzt werden kann. Wenn möglich, soll das Nachbehandlungskonzept den Einsatz von vorhandenen Anlagen und Apparaten vorsehen und online mit der Sprühtrocknung erfolgen können.

2 Grundlagen

2.1 Herstellung von Laktose-, Molkepermeat- und Molkepulver

Laktose ist ein Milchinhaltsstoff und kann aus Molkepermeat bzw. Molke gewonnen werden. Molke ist ein Milchnebenprodukt und fällt bei der Käseherstellung an. Käse besteht hauptsächlich aus Caseinat und Fett, welches bei der Käseproduktion durch die Bildung eines Protein-Gelwerks aus der restlichen Milch ausfällt („Dicklegen") und sich abscheidet. Prinzipiell unterscheidet man zwischen Süß- und Sauermilchkäse. Der Unterschied der beiden Sorten liegt dabei im Herstellungsprozess, nämlich im Verfahren zum so genannten Dicklegen. Bei Süßmilchkäse wird die Gelbildung durch ein Enzym aus dem Kälbermagen (Lab) erzeugt, während bei Sauermilchkäse das Dicklegen durch das Absenken des pH-Wertes, z.B. durch Milchsäurefermentation durch Bakterien, realisiert wird. Die bei der Käseherstellung anfallende Flüssigkeit wird **Molke** genannt. Sie enthält noch einen hohen Anteil an Laktose, Proteinen und Mineralstoffen, welche einen hohen ernährungsphysiologischen Wert besitzen. Aus diesem Grund wird Molke teilweise entmineralisiert, danach eingedampft und sprühgetrocknet. Das getrocknete Molkepulver findet Verwendung als Tierfutter, Babynahrung, Zusatz für Backwaren, Wellnessgetränken oder Automatenkakaopulvern. Eine andere Möglichkeit, die Molke zu verwerten, ist die Gewinnung von Molkeproteinen. Molkeproteine haben eine hohe Wertschöpfung und werden in einem Membranverfahren gewonnen. Das in dem Verfahren übrigbleibende Permeat wird **Molkepermeat** genannt. Dieses kann ähnlich wie Molke getrocknet werden und besitzt noch einen hohen Anteil an Kohlenhydraten, nämlich Laktose. Molkepermeat kann entweder als Tierfutter o.ä. direkt verkauft werden oder man gewinnt aus dem noch flüssigen Permeat mittels einer Ultrafiltration die enthaltene **Laktose**. Eine andere Möglichkeit, Laktose aus Molke zu gewinnen, besteht darin, Molke einzudampfen und die darin enthaltene Laktose auskristallisieren zu lassen. Nach einem Reinigungs- und Trocknungsprozess kann so α-Laktose-Monohydrat gewonnen werden, welches z.B. in der Pharmaindustrie als Tablettengrundstoff oder in der Lebensmittelindustrie für Backwaren, Trockensuppen und Speiseeis verwendet wird.

Abbildung 2.1 zeigt zur Erläuterung des Prinzips der Herstellung von Molkepulver die einzelnen Prozessschritte in einem Phasendiagramm von Laktose in Vollmilch aus [Vuataz 2002]. In industriellen Prozessen wird Molke aus energetischen Gründen üblicherweise zunächst auf eine Trockenmasse von 60 Gew.-% eingedampft (1). Im Anschluss an die

Aufkonzentrierung wird die Lösung abgekühlt (2), wobei ein Teil der Laktose zu α-Laktose-Monohydrat auskristallisiert (3). Die entstehende Suspension wird sprühgetrocknet (4) und abgekühlt (5). Bei dieser schnellen Trocknung erstarrt die restliche in der Molke gelöste Laktose amorph. Diese amorphe Form der Laktose ist instabil und kann bei zu feuchten oder warmen Bedingungen den Glasübergangsbereich T_G in die „rubbery zone" überschreiten (6) und so klebrige Eigenschaften erhalten.

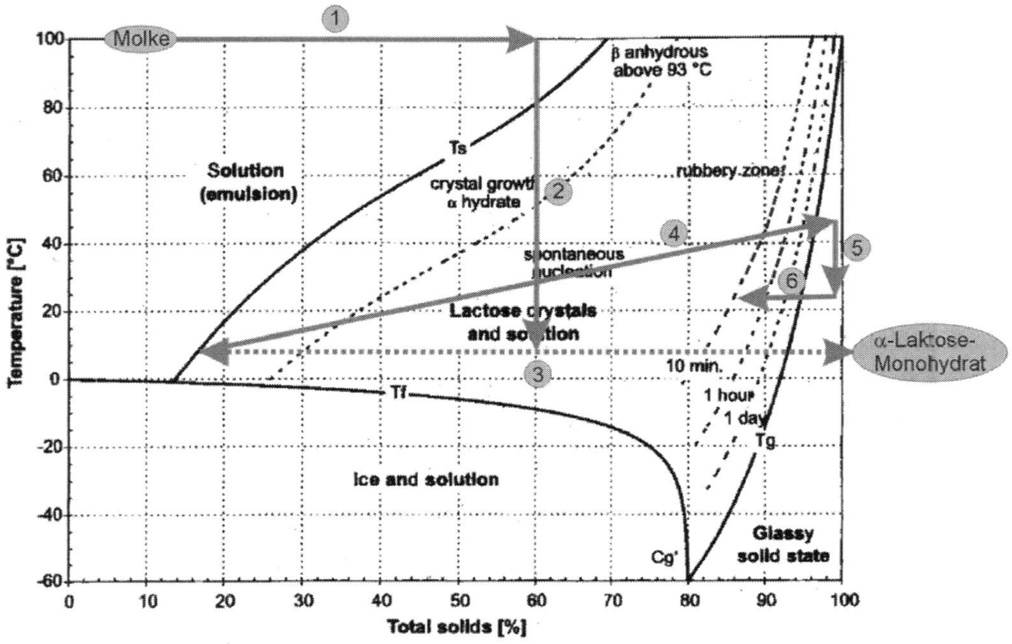

Abbildung 2.1: Phasendiagramm von Laktose in Vollmilch [Vuataz 2002].

Um während der Sprühtrocknung Ausfälle aufgrund von Wandanbackungen im Sprühturm zu vermeiden, muss die Trocknung so schnell vonstatten gehen, dass die entstehenden Molkepartikeln die Glasübergangstemperatur T_G unterschritten haben, bevor sie im klebrigen Zustand an die Wände des Trockenturms gelangen können [Ozmen/Langrish 2003a]. Weitere Veröffentlichungen zum Thema Modellierung von Sprühtrocknern und Trocknung von Milchpulvern sowie Carbohydraten in Bezug auf ihre klebrigen Eigenschaften sind in [Ozmen/Langrish 2003b], [Adhikari u.a. 2003] und [Kudra 2003] zu finden.

Nach der Sprühtrocknung schließt sich üblicherweise ein Fließbett zur weiteren Trocknung mit anschließender Kühlung an [Young 1970], [Pallansch 1972]. Um die amorphe und instabile Laktose aus dem Sprühtrocknungsprozess zu kristallisieren, kann direkt nach einer Sprühtrocknung ein Förderband verwendet werden, auf welchem das noch feuchte Pulver bis zu einem Anteil von 95 % nachkristallisieren kann [Hynd 1980]. Weitere Artikel zum

Herstellungsprozess von Molke- und Molkepermeatpulver und deren Weiterverarbeitung sind u.a. in [Kirchmeier 1987], [Kessler 1988], [Caric 1994] und [Horton 2002] zu finden.

2.2 Physikalisch-chemische Eigenschaften von Laktose und laktosehaltigen Pulvern

Für einen Herstellungsprozess von laktosehaltigen Pulvern sind Kenntnisse über deren physikalisch-chemische Eigenschaften von Bedeutung. Deshalb sollen in diesem Kapitel die dabei bestimmenden Eigenschaften der Pulver näher betrachtet werden. Wie in der Einleitung beschrieben ist hauptsächlich der amorphe Laktoseanteil in den Pulvern für die Verbackungsneigung der Partikeln verantwortlich. Deshalb soll nachfolgend zunächst geklärt werden, welche Molekularstruktur die Laktose besitzt und welche Prozessparameter einen Einfluss auf ihre Zusammensetzung (Mutarotation) aufweisen. Da Molke aus energetischen Gründen üblicherweise vor der Sprühtrocknung eingedampft wird (siehe Abbildung 2.1), ist ebenso die Löslichkeit der Laktose in wässrigen Lösungen von Interesse. Die klebrigen Eigenschaften von amorpher Laktose werden aufgrund des Überschreitens der Glasübergangstemperatur verursacht. Daher ist für laktosehaltige Pulver die Kenntnis des Glasübergangstemperaturbereichs in Abhängigkeit des Feuchteanteils unabdinglich, wobei dieser von der herrschenden relativen Luftfeuchte der Umgebung (Sorptionsisothermen) abhängt. Eine exakte Messung der Glasübergangstemperatur ist in komplexen Lebensmittelsystemen allerdings nicht möglich. Aufgrund von großen Messungenauigkeiten können bei den Mehrstoffgemischen Molkepermeat- u. Molkepulvern nur Glasübergangstemperaturbereiche bestimmt werden. Wie u.a. von [Vuataz 2002] berichtet, kann amorphe Laktose oberhalb der Glasübergangstemperatur nach einer gewissen Induktionszeit zu diversen Kristallmodifikationen kristallisieren. In einem Prozess zur Nachbehandlung von amorphen laktosehaltigen Pulvern ist es daher von Interesse, welche Kristallformen der Laktose in welcher Zeit bei unterschiedlichen Bedingungen ausgebildet werden. Um Produktzerstörung oder sensorische Veränderungen der Pulver während des Herstellungsprozesses zu vermeiden, müssen mögliche chemische Reaktionen des Pulvers näher betrachtet werden. Dabei soll in Kapitel 2.2.9 geklärt werden, inwiefern die Betriebsparameter während einer Nachkristallisation durch genannte Reaktionen der Substanzen begrenzt sind.

2.2.1 Molekularstruktur und Mutarotation der Laktose

Laktose, auch als Milchzucker bekannt, ist das wichtigste Kohlenhydrat in der Milch. Chemisch gesehen ist Laktose ein Disaccharid und setzt sich aus D-Glucose und D-Galactose zusammen. Beide Monosaccharide sind über eine β-1,4-Glycosidbindung verknüpft. Laktose weist in wässrigen Lösungen Mutarotation auf. Dies bedeutet, dass es zwei Anomere gibt, nämlich α- und β-Laktose. Beide Moleküle haben einen identischen Galactose-Teil, wobei sich die verschiedenen Formen durch den Glucose-Teil unterscheiden. Abbildung 2.2 zeigt die Strukturen von α- und β-Laktose. Die Konformationen richten sich nach der räumlichen Orientierung der Hydroxylgruppen am C_1-Atom des Glucoseteils.

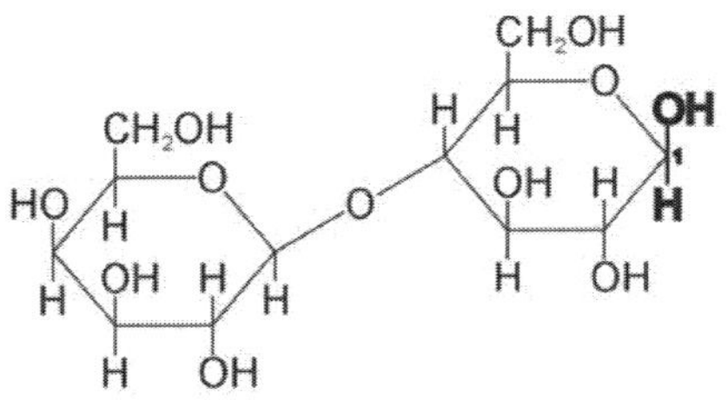

α-Laktose

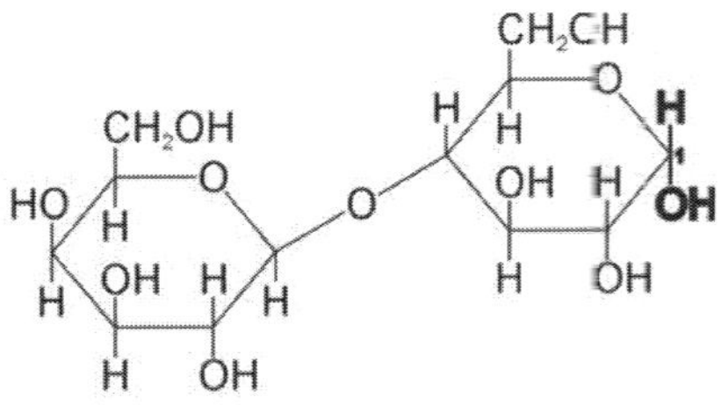

β-Laktose

Abbildung 2.2: Strukturformeln von α- und β-Laktose.

Die Gleichgewichtsreaktion ist gegeben durch:

$$\alpha\text{-Laktose} \underset{k_2}{\overset{k_1}{\rightleftarrows}} \beta\text{-Laktose}$$

Mutarotation ist eine chemische Reaktion 1. Ordnung, worin die Geschwindigkeitskonstante K definiert ist als:

$$K = k_1 + k_2 \qquad \text{(Gl. 2.1)}$$

Bei $T = 20$ °C in reiner Laktose-Lösung ist $K \approx 10^{-4}\ \frac{1}{s}$ und erhöht sich um einen Faktor von 1,11 pro Grad Kelvin Temperaturerhöhung. Daraus ergibt sich eine Aktivierungsenergie der Mutarotationsreaktion von $E_A = 75\ \frac{kJ}{mol}$ [Walstra/Jennes 1984]. Löst man reine α- oder β-Laktose in Wasser, hat sich das Mutarotationsgleichgewicht bei Raumtemperatur nach ca. 10 h eingestellt. Nach [Patel/Nickerson 1970] wird die Mutarotationsgeschwindigkeitskonstante K der Laktose durch Anwesenheit von Molkesalzen auf das 1,8- bis 1,9-fache beschleunigt. Die Gegenwart von Saccharose hingegen verlangsamt die Mutarotation um das 1,8- bis 1,9-fache. In wasserfreien organischen Lösungsmitteln konnten [Drapier-Beche u.a. 1999] keine Mutarotation der Laktose feststellen. Abbildung 2.3 zeigt die Mutarotationsgeschwindigkeitskonstante K in Abhängigkeit des pH-Werts [Troy/Sharp 1930].

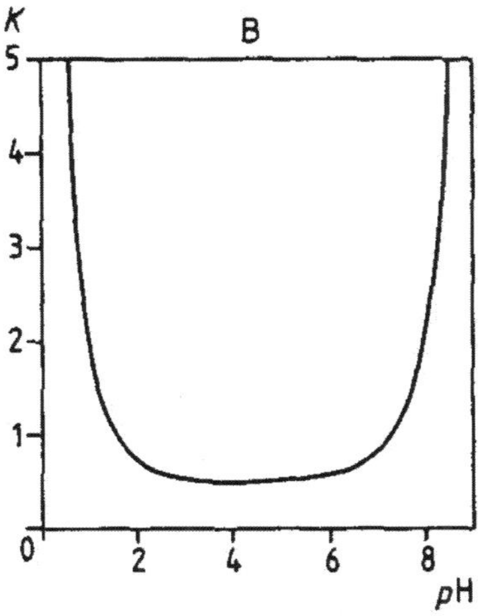

Abbildung 2.3: Abhängigkeit der Laktose-Mutarotationsgeschwindigkeitskonstante K [1/h] in wässriger Lösung vom pH-Wert [Troy/Sharp 1930].

In wässriger Lösung stellt sich bei Raumtemperatur ein Mutarotationsgleichgewicht zwischen beiden Formen ein, in welchem Laktose zu 62,7 % in der β- und zu 37,3 % in der α-Form vorliegt [Holsinger 1997]. Hieraus ergibt sich ein Verhältnis von R = 1,68. Der Anteil an α-Laktose erhöht sich mit Zunahme der Temperatur, wobei der Gleichgewichtswert nicht vom pH-Wert abhängig ist. Nach [Walstra/Jenness 1984] ist hingegen das Verhältnis R zwischen β- und α-Laktose näherungsweise

$$R = \frac{C_\beta}{C_\alpha} = 1{,}64 - 0{,}0027 \cdot \frac{T}{°C}. \qquad \text{(Gl. 2.2)}$$

Aus Gleichung 2.2 ergibt sich bei Raumtemperatur R = 1,59. Erhöht man die Laktosekonzentration in der Lösung auf über 60 Gew.-%, so verringert sich der Wert für R. Für sehr hohe Konzentrationen, beispielsweise bei amorpher Laktose in Milch- und Molkepulver, ist $R \approx 1{,}25$. R ist hierbei unabhängig von der Temperatur, wobei es eine lange Zeit benötigt, bis sich der Gleichgewichtswert eingestellt hat. So wies [Roetman 1975] nach, dass Mutarotation in amorphen sprühgetrockneten Milchpulvern während einer Lagerung von

16 Monaten bei einer Temperatur von -20 bis +25 °C nicht auftritt. Bei höheren Temperaturen hingegen stellt sich ein Verhältnis von $R \approx 1{,}25$ ein.

Laktose gehört zu den optisch aktiven Substanzen. α- und β-Laktose haben dabei unterschiedliche spezifische Drehwinkel $[\alpha]_D^{20}$. Der spezifische Drehwinkel $[\alpha]_D^{20}$ der α- und β-Form in Wasser ist bei 20 °C +89,4 ° bzw. +35,0 ° [Holsinger 1988], [Morrissey 1985]. Durch diese Eigenschaft ermöglicht sich die Bestimmung der einzelnen Anteile in einer Lösung durch Messung der optischen Rotation. Gemessen wird der spezifische Drehwinkel mit Hilfe eines Polarimeters, indem der Drehwinkel α von polarisiertem Licht in einer Küvette mit einer Länge von l = 1 dm bei einer Konzentration von c = 1g/ml und einer Temperatur von T = 20 °C bestimmt wird. $[\alpha]_D^{20}$ errechnet sich aus den gemessenen Drehwinkeln α_{gem} mit

$$[\alpha]_D^{20} = 100 \cdot \frac{\alpha_{gem}}{l \cdot c}. \qquad \text{(Gl. 2.3)}$$

Nach [Haase/Nickerson 1966] und [Nickerson 1974] kann man $[\alpha]_D^T$ von Laktose im Gleichgewicht in Abhängigkeit von der Konzentration und Temperatur wie folgt bestimmen:

$$[\alpha]_D^T = 55{,}23 - 0{,}01688 \cdot c - 0{,}07283 \cdot (T - 25°C); \quad T \text{ in °C u. } c \text{ in g/ml} \qquad \text{(Gl. 2.4)}$$

Um das Verhältnis R sowie die Reaktionsgeschwindigkeitkonstante K einer Probe zu bestimmen, wird Laktosepulver in Wasser bei einer Konzentration von 1 g/ml gelöst und der optische Drehwinkel in einer 1 dm langen Küvette bei T = 20 °C gemessen. Die Änderung des Anteils von α- bzw. β-Laktose kann so mit folgender Gleichung bestimmt werden:

$$\frac{(c - c_\infty)}{(c_0 - c_\infty)} = \exp\{-K \cdot t\} \qquad \text{(Gl. 2.5)}$$

c_0 und c_∞ bedeuten hierin die Konzentrationen von α-Laktose zum Zeitpunkt t = 0 bzw. im Gleichgewicht. Durch Extrapolation der Messwerte kann c_0 und somit das Verhältnis R in amorphen oder kristallinen Pulvern bestimmt werden. Eine nass-chemische Methode zur quantitativen Bestimmung von α- oder β-Laktose in Milch- oder Molkepulver mittels

Polarimetermessungen beschreiben [Sharp/Doob 1941]. Eine Analyse von den in Kapitel 4 kristallisierten Molkepermeat- und Molkepulvern nach der dort vorgeschlagenen Methode wurde in dieser Arbeit jedoch nicht durchgeführt.

2.2.2 Löslichkeit von Laktose in Wasser und wässrigen Lösungen

α- bzw. β-Laktose weisen unterschiedliche Löslichkeiten in Wasser auf. Wird α-Laktose in Wasser dispergiert, löst sich ein bestimmter Teil darin auf. Diese Anfangskonzentration $c_{s,\alpha}$ ist die tatsächliche Löslichkeit der α-Form. Mit der Zeit nimmt die lösbare Menge an Laktose zu, da sich aufgrund der Mutarotation α- zu β-Laktose umwandelt, bis sich ein Gleichgewicht $c_{s,GGW}$ eingestellt hat. Bei Raumtemperatur ist das Mutarotationsgleichgewicht in Richtung α-Laktose verschoben, weswegen aus einer bei Raumtemperatur übersättigten Lösung α-Laktose-Monohydrat auskristallisiert. Ab einer Temperatur von T > 93,5 °C kristallisiert im Übersättigungsfall β-Laktose aus. In Abbildung 2.4 sind die Löslichkeitskurven von Laktose bei verschiedenen Temperaturen nach [Visser 1983] gegeben.

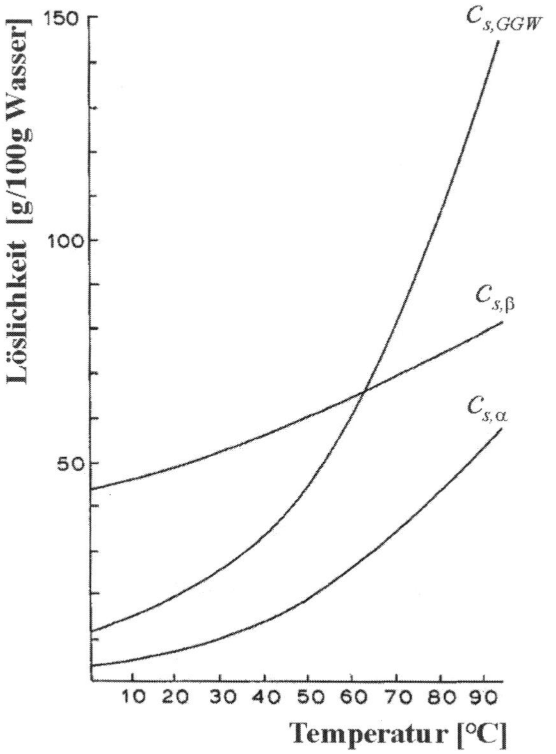

Abbildung 2.4: Löslichkeitskurven von α- und β-Laktose und die sich durch Mutarotaion einstellende Gleichgewichtslöslichkeit [Visser 1983].

2.2.3 Modellansätze für Sorptionsgleichgewicht

Die Glasübergangs- und Kristallisationstemperaturen von amorpher Laktose sind stark von ihrem Feuchteanteil w abhängig (siehe Kapitel 2.2.4). Demzufolge ist die Kenntnis über die Gleichgewichtsfeuchteanteile bei entsprechenden relativen Luftfeuchten φ und Temperaturen T, also die Sorptionsisothermen der untersuchten Pulver, von Bedeutung.

Das chemische Potential $\mu_{0i}^{\delta}(T,p)$ eines reinen realen Stoffes in einer Phase δ (fest, flüssig, gasförmig) ist definiert als:

$$\mu_{0i}^{\delta}(T,p) \equiv \mu_{0i}^{0,id}(T,p^0) + \widetilde{R} \cdot T \cdot \ln\left(\frac{f_{0,i}^{\delta}}{p^0(T)}\right) \qquad \text{(Gl. 2.6)}$$

Die Größe f ist die Fugazität und hat die Bedeutung eines korrigierten Druckes. Analog zu Gleichung 2.6 gilt für eine reale Mischphase

$$\mu_i^{\delta}(T,p,\widetilde{z}) \equiv \mu_{0i}^{0,id}(T,p^0) + \widetilde{R} \cdot T \cdot \ln\left(\frac{f_i^{\delta}(T,p,\widetilde{z})}{p^0(T)}\right) \qquad \text{(Gl. 2.7)}$$

und

$$\mu_i^{\delta}(T,p,\widetilde{z}) \equiv \mu_{0i}^{\delta}(T,p) + \widetilde{R} \cdot T \cdot \ln\left(a_i^{\delta}(T,p,\widetilde{z})\right). \qquad \text{(Gl. 2.8)}$$

Aus den Gleichungen 2.6 – 2.8 folgt der Zusammenhang für die Aktivität a_i

$$a_i^{\delta}(T,p,\widetilde{z}) = \frac{f_i^{\delta}(T,p,\widetilde{z})}{f_{0i}^{\delta}(T,p)}. \qquad \text{(Gl. 2.9)}$$

Hierin bedeuten f_i^{δ} die Fugazität der Komponente i in einer Mischung und f_{0i}^{δ} die Fugazität von i als eine reine Komponente. Nach Gibbs sind im Gleichgewicht die chemischen Potentiale der jeweiligen Phasen gleich. Dies bedeutet, dass

$$\mu_i^{s}(T,p,\widetilde{z}) = \mu^{l}(T,p,\widetilde{z}) = \mu^{v}(T,p,\widetilde{z}). \qquad \text{(Gl. 2.10)}$$

Somit muss bei gegebener Temperatur die Bedingung der Isofugazität gelten:

$$f_i^s = f_i^l = f_i^v \qquad \text{(Gl. 2.11)}$$

Aus Gleichung 2.9 und 2.11 folgt daraus, dass

$$a_i^s = a_i^l = a_i^v . \qquad \text{(Gl. 2.12)}$$

Betrachtet man ein abgeschlossenes dreiphasiges Stoffsystem bestehend aus einer wässrigen gesättigten Salzlösung, einer feuchten Gasphase und eines feuchten amorphen Stoffes bei isothermen Bedingungen, so hat die amorphe Substanz im Gleichgewicht die gleiche Wasseraktivität wie die Salzlösung.

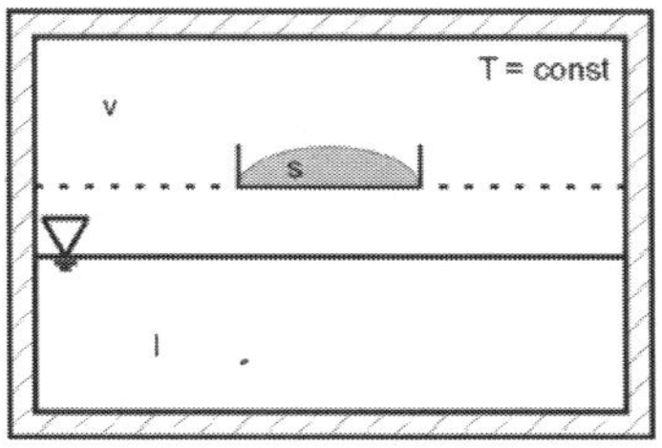

Abbildung 2.5: Aktivitätsgleichgewicht zwischen fester (s), flüssiger (l) und gasförmiger (v) Phase.

Weiter ist die Aktivität definiert als ein Produkt aus dem Aktivitätskoeffizienten γ_i^δ und dem molaren Anteil $\tilde{z}_i^\delta$ einer Komponente *i* in der Phase *δ*.

$$a_i^\delta \equiv \gamma_i^\delta (T, p, \tilde{z}) \cdot \tilde{z}_i^\delta \qquad \text{(Gl. 2.13)}$$

Bei niedrigen Temperaturen und Drücken verhält sich Wasserdampf wie ein ideales Gas, wodurch $\gamma_w^v = 1$ ist. Im Gleichgewicht ist $f_{0,w}^l = p_{s,w}^v$. Nach Raoult ist der Partialdruck einer Komponente in einer idealen Mischung

$$p_i^v \equiv \tilde{z}_i^v \cdot p \qquad \text{(Gl. 2.14)}$$

Aus den Gleichungen 2.8 und 2.12 – 2.14 ergibt sich für die Wasseraktivität a_w somit die Beziehung

$$a_w^s = a_w^l = \frac{p_w^v}{p_{w,s}^v} \equiv \varphi \qquad \text{(Gl. 2.15)}$$

Die **Wasseraktivität a_w** entspricht also der relativen **Luftfeuchte φ** im **Gleichgewicht** und kann in einem abgeschlossenen Raum bei isothermen Bedingungen über gesättigte Salzlösungen mit definierter Wasseraktivität eingestellt werden. Durch diese Vorgehensweise können Sorptionsisothermen ermittelt werden, indem man bei einer bestimmten Temperatur zunächst die Wasseraktivität in Substanzen einstellt und anschließend deren Feuchteanteile bestimmt.

Wie erläutert, ist die Wasseraktivität ein Maß für den Wasseranteil in Substanzen, welcher von der relativen Luftfeuchte in der Umgebung abhängt. Dieser Wasseranteil, welcher mit der Umgebung wechselwirken kann, wird als freies Wasser in Substanzen bezeichnet. Neben dem freien Wasser können Kristalle weitere Wassermoleküle in deren Kristallgitter als Hydrat einbauen. Dieses Hydratwasser, z.B. in α-Laktose-Monohydrat, ist fest gebunden und hat keinen Einfluss auf einen eventuell zusätzlich vorhandenen amorphen Anteil. Für die Ermittlung von Sorptionsisothermen muss daher darauf geachtet werden, dass nur das freie Wasser in den Substanzen bestimmt wird.

In der Literatur wird häufig zur Beschreibung von Sorptionsisothermen das Modell von Brunauer, Emmet, und Teller (BET) [Brunauer u.a. 1938] verwendet. Es basiert auf Kinetiken, statistischer Mechanik und thermodynamischen Überlegungen.

$$\frac{X}{X_{monolayer}} = \frac{C_{BET} \cdot a_w}{(1-a_w)\cdot[1+(C_{BET}-1)\cdot a_w]} \qquad \text{(Gl. 2.16)}$$

X ist der Wassergehalt einer Probe, $X_{monolayer}$ ist der Wassergehalt, welcher sich aus einer monomolekularen Schicht auf der Oberfläche ergibt und C_{BET} ist eine Konstante, welche die Sorptionsenthalpie berücksichtigt. Eine vom BET-Modell abgewandelte Gleichung wurde von [Guggenheim 1966], [Anderson 1946], [Anderson/Hall 1948] und [De Boer 1953] (GAB) vorgeschlagen.

$$\frac{X}{X_{monolayer}} = \frac{C_{GAB} \cdot K_{GAB} \cdot a_w}{(1 - K \cdot a_w) \cdot [1 + (C_{GAB} - 1) \cdot K \cdot a_w]}, \qquad \text{(Gl. 2.17)}$$

wobei

$$C_{GAB} = c_0 \cdot \exp\left\{\frac{\Delta H_1}{\widetilde{R} \cdot T}\right\} \quad \text{und} \quad K_{GAB} = k_0 \cdot \exp\left\{\frac{\Delta H_2}{\widetilde{R} \cdot T}\right\}. \qquad \text{(Gl. 2.18)}$$

C_{GAB} und K_{GAB} sind in der GAB-Gleichung zwei Konstanten, welche die Sorptionsenthalpien ΔH_1 und ΔH_2 bei verschiedenen Temperaturen berücksichtigen [Weisser 1985]. Wie man aus den Gleichungen 2.16 und 2.17 erkennen kann, geht bei $a_w \rightarrow 1$ die adsorbierte Feuchte $X \rightarrow \infty$. Hieraus ergibt sich u.a., dass das BET- und das GAB-Modell in ihrer Anwendung auf niedrige Wasseraktivitäten von a_w = 0,3 – 0,5 beschränkt sind. Henderson und Oswin (siehe [Karel 1975]) schlagen ein Modell vor, in welchem die Sorptionsisothermen in einem Bereich von a_w = 0 – 1 bzw. $a_w = 0 \rightarrow \infty$ beschrieben werden können.

$$w = C \cdot F^n \qquad \text{(Gl. 2.19)}$$

F ist in der Gleichung eine Funktion von der Wasseraktivität und zwar bei Henderson

$$F = \ln\left(\frac{1}{1 - a_w}\right) \qquad \text{(Gl. 2.20)}$$

und bei Oswin

$$F = \frac{a_w}{1 - a_w}. \qquad \text{(Gl. 2.21)}$$

Diese Transformation der Parameter wenden [Schuchmann u.a. 1990] für die GAB-Gleichung an und können so gute Anpassungen an Messdaten für einen weiteren Bereich der Wasseraktivität erreichen.

Neben der GAB- und BET-Gleichungen, welche am häufigsten verwendet werden, gibt es weitere Sorptionsmodelle. Diverse Autoren bestimmen Sorptionsisothermen von Milchprodukten sowie von anderen Lebensmitteln [Dey u.a. 2000], [Schuck u.a. 2004] und vergleichen verschiedene vorgeschlagene Modelle [Van den Berg 1985], [Vuataz 2002], [Arlabosse u.a. 2003], [Bronlund/Paterson 2004], [Jouppila/Roos 1994] und [Lin u.a. 2004]. Die Untersuchungen haben gezeigt, dass für laktosehaltige Pulver das BET- und das GAB-Modell sich am besten für Modellierungen eignen. Eine gute Zusammenfassung zum Sorptionsverhalten von Lebensmitteln ist bei [Iglesias/Chirife 1982] zu finden.

2.2.4 Glasübergangsbereich, Viskosität und Klebrigkeit

Prinzip des Glasübergangs

Bei einer schnellen Trocknung einer Lösung wie z.B. bei der Sprüh- oder Gefriertrocknung oder bei einer schnellen Abkühlung einer Schmelze erstarren die darin enthaltenen Feststoffe amorph. Amorphe Strukturen entstehen auch beim Zerbrechen von Kristallen auf der Oberfläche der Bruchstelle [Roth 1977]. So haben [Willart u.a. 2004] nachgewiesen, dass kristallines α-Laktose-Monohydrat durch intensives Mahlen vollständig in den amorphen Zustand übergeht. Diese amorphen Formen von Stoffen sind thermodynamisch instabil und befinden sich in einem glasartigen Zustand. Bei Erhöhung der Temperatur oder bei Erhöhung des Anteils eines Lösungsmittels weisen viele Lebensmittelinhaltsstoffe, ähnlich wie Polymere, einen Glasübergang auf. Hierbei gehen sie von einem festen in einen gummiartig-plastischen Zustand über. Amorphe Materialien im Glaszustand sind praktisch feste Flüssigkeiten mit extrem hohen Viskositäten von $\eta > 10^{12}$ Pa s [Roos 1995]. Die Bewegungen der Moleküle sind darin auf Vibrationen und Rotationen von einzelnen Seitenketten beschränkt [Sperling 1986]. Beim Überschreiten des Glasübergangsbereichs nimmt das spezifische freie Volumen in der amorphen Matrix zu, wodurch die Moleküle frei rotieren können [Nayak u.a. 1998]. Die Viskosität fällt dabei auf Werte von etwa $\eta = 10^8 - 10^{10}$ Pa s ab. Aufgrund der erniedrigten Viskosität ist die Mobilität der Moleküle erhöht. Durch die erhöhte Beweglichkeit der Moleküle erhöht sich die spezifische Wärmekapazität der amorphen Substanz. Glasübergangstemperaturbereiche können daher mit Hilfe der dynamischen Differential-Scanning-Calorimetry (DSC) gemessen werden, indem man die Temperatur beim Auftreten des sprunghaften Anstiegs der Wärmekapazität bestimmt. Die ermittelte Glasübergangstemperatur ist hierbei von der Aufheizrate im DSC-Gerät abhängig und wird in der Literatur üblicherweise als die Onset-Temperatur angegeben, welche durch ein Tangentenverfahren ermittelt werden kann. Eine neuere Methode zur Bestimmung des Glasübergangs ist die Modulated-Differential-Scanning-Calorimetry (MDSC). Hierbei wird das Temperaturprogramm im DSC nicht linear durchschritten, sondern sinusförmig aufgeheizt und wieder abgekühlt. Nach [Hill u.a. 1998] ist diese Technik zur Bestimmung des Glasübergangs präziser, allerdings ist sie auch deutlich aufwändiger.

Einflüsse auf den Glasübergang

Plastifizierungsmittel können den Glasübergangsbereich einer Substanz herabsetzen bzw. die Beweglichkeit der Moleküle erhöhen [Palzer/Zürcher 2004]. Diese sogenannten Weichmacher besitzen meist ein niedrigeres Molekülgewicht als die amorphe Substanz. Im Falle von amorpher Laktose ist Wasser ein solcher Weichmacher, welcher die Glasübergangstemperatur in Abhängigkeit seines Anteils herabsetzen kann. Eine in der Literatur häufig verwendete Gleichung, welche die Abnahme der Glasübergangstemperatur T_G mit dem Feuchteanteil w beschreibt, wurde von [Gordon/Taylor 1952] vorgeschlagen:

$$T_G = \frac{(1-w) \cdot T_{G,TS} + k \cdot w \cdot T_{G,H_2O}}{(1-w) + k \cdot w} \qquad \text{(Gl. 2.22)}$$

Hierin sind $T_{G,TS}$ und $T_{G,H2O}$ die Glasübergangstemperaturen der reinen Trockensubstanz bzw. des reinen Wassers und k eine stoffspezifische Anpassungskonstante. Die Glasübergangstemperatur von trockener Laktose ist $T_{G,TS}$ = 101 °C und von reinem Wasser $T_{G,H2O}$ = - 135 °C. [Jouppila/Roos 1994] berechnen aus gemessenen Glasübergangstemperaturen von amorpher Laktose den Anpassungsparameter zu k = 6,7.

Weiter haben [Ohtake u.a. 2004] und [Anker u.a. 1999] nachgewiesen, dass sich Glasübergangstemperaturbereiche von Zuckern und Molkeproteinen durch Zugabe von Phosphatsalzen bzw. durch Veränderung des pH-Wertes verändern lassen. Ebenso konnte [Andersen u.a. 2001] zeigen, dass der Glasübergangstemperaturbereich in Molke durch NaCl herabgesetzt wird. Weitere Untersuchungen zum Thema Glasübergang bei Laktose und Polymeren in Abhängigkeit von Weichmachern sind u.a. bei [Brinke u.a. 1983], [Roos/Karel 1991a], [Roos/Karel 1992], [Ross 1993], [Lloyd u.a. 1996], [Fernandez u.a. 2003] und [Thomsen u.a. 2005a] wiedergegeben.

Auswirkungen des Glasübergangs auf die Viskosität

Wie schon beschrieben verringert sich die Viskosität von amorphen Substanzen beim Überschreiten des Glasübergangbereichs sprunghaft. [Williams, Landel und Ferry 1955] schlagen zur Berechung der Viskositätsänderung in Polymeren nach dem Überschreiten der Glasübergangstemperatur folgende Gleichung (WLF-Gleichung) vor:

$$\lg\left(\frac{\eta}{\eta_G}\right)=\frac{C_1\cdot(T-T_G)}{C_2+(T-T_G)} \qquad \text{(Gl. 2.23)}$$

Hierin bedeuten η und η_G die Viskosität bei gegebener Temperatur T und bei der Glasübergangstemperatur T_G. C_1, C_2 sind Anpassungskonstanten, welche universelle stoffunabhängige Werte von C_1 = -17,4 und C_2 = 51,6 °C haben sollen. Die WLF-Gleichung soll bei vielen Materialien wie z.B. Polymeren mit geringem Molekulargewicht, anorganischen sowie organischen Substanzen im Glaszustand anwendbar sein und in einem Temperaturbereich von T_G bis T_G + 100 °C gelten. Unterhalb der Glasübergangstemperatur gilt für die Temperaturabhängigkeit der Viskosität eine Arrhenius-Kinetik [Ollett/Parker 1990]. Die WLF-Gleichung ist eine in der Literatur häufig verwendete Gleichung zur Berechnung von Viskositäten, u.a. von [Wallack/King 1988], [Aguilera u.a. 1993] und [Roos/Karel 1991b]. Zum Teil werden dabei die universellen Konstanten C_1 und C_2 verwendet, zum Teil werden diese aber auch angepasst.

[Peleg 1992] hat gezeigt, dass die Annahme von universellen stoffunabhängigen Konstanten in der WLF-Gleichung problematisch ist. Auf Basis von Gleichung 2.23 schlägt er deshalb vor, die Konstanten C_1 und C_2 zu erweitern, um die Glasübergangstemperatur als eine Referenztemperatur entsprechend um ein δ anpassen zu können. Hieraus ergeben sich schließlich folgende Konstanten bzw. Gleichungen:

$$C_1=\frac{-17{,}44\cdot 51{,}6}{51{,}6+\delta} \quad \text{und} \quad C_2=51{,}6+\delta \qquad \text{(Gl. 2.24)}$$

$$\lg\left(\frac{\eta(T)}{\eta(T_G)}\right)=-899{,}9\cdot\frac{(T-T_G)}{(51{,}6+\delta)\cdot(51{,}6+\delta+T-T_G)} \qquad \text{(Gl. 2.25)}$$

Ein weiterer Ausdruck zur Beschreibung der Viskosität über der Glasübergangstemperatur wird von [Vogel 1921], [Tammann/Hesse 1926] und [Fulcher 1925] (VTF-Gleichung) vorgeschlagen:

$$\ln\left(\frac{\eta(T)}{\eta_0}\right)=\frac{B\cdot T_0}{(T-T_0)} \qquad \text{(Gl. 2.26)}$$

η_0, B und T_0 sind darin phänomenologische Anpassungskonstanten.

Umwandlungen in amorphen Lebensmitteln wie z.B. Klebrigkeit, Zerfall, Kristallisation und chemische sowie biologische Reaktionen während der Lagerung sind meist durch die Beweglichkeit der Moleküle kontrolliert. Wie schon erwähnt ist diese Beweglichkeit stark von der Temperaturdifferenz (T-T_G) abhängig, also davon, wie weit die Glasübergangstemperatur überschritten ist. Eine Abschätzung des Diffusionskoeffizienten δ als Funktion von der Temperatur T und Viskosität η gibt die Stokes-Einstein-Korrelation wieder, nämlich

$$\delta_{i,L}=\frac{k_B\cdot T}{6\cdot\pi\cdot r\cdot\eta}\sim\frac{T}{\eta}; \qquad T \text{ in K.} \qquad \text{(Gl. 2.27)}$$

Darin bedeuten k_B die Boltzmann-Konstante und r der hydrodynamische Durchmesser des diffundierenden Moleküls. Die Gleichung 2.27 zeigt, dass der Diffusionskoeffizient umgekehrt proportional zur Viskosität ist. Die Kristallisation einer amorphen instabilen Substanz ist trotz sehr starker Übersättigung gehindert. Dies ist mit der geringen Beweglichkeit der Moleküle in einer solchen Matrix zu erklären. Aus diesen Überlegungen ergibt sich, dass die Kristallisationszeit oder auch andere mechanische Relaxationen eine Funktion von der Viskosität sind und so mittels der WLF-Gleichung berechnet werden können. [Vuataz 2002] wendet die WLF-Gleichung zur Beschreibung der Zeit t_{Ind} bis zur Kristallisation von Laktose in Vollmilch an.

$$\lg\left(\frac{t_{Ind}}{t_G}\right)=\frac{C_1\cdot(T-T_G)}{C_2+(T-T_G)} \qquad \text{(Gl. 2.28)}$$

Hierin ist $t_G = 10^{10}$ s, was einer Kristallisationsverzögerung von über 300 Jahren bei Glasübergangstemperatur entspricht. Er verwendet bei der Modellierung der gemessenen Zeiten allerdings nicht die vorgeschlagenen universellen Konstanten, sondern passt diese zu C_1 = - 8,93 und C_2 = 14,4 °C an.

Im Gegensatz zu obigen Überlegungen zur WLF-Gleichung weisen [Champion u.a. 1997] für Saccharose-Lösungen nach, dass die Diffusion nicht im ganzen untersuchten Temperaturbereich umgekehrt proportional zur Viskosität ist. Obwohl die WLF-Gleichung den Viskositätsverlauf gut vorhersagen konnte, folgte der Diffusionskoeffizient einer schwächeren Temperaturabhängigkeit in der Nähe der Glasübergangstemperatur. Eine mögliche Erklärung hierfür ist, dass sich der hydrodynamische Radius des diffundierenden Moleküls ändert (Gl. 2.27). Eine Auftragung von gemessenen Werten mittels $\frac{T}{\delta_{i,L} \cdot \eta} \propto r$ über $\frac{T_G}{T}$ zeigt, dass der hydrodynamische Radius r zunächst von T_G an steigt und erst ab einer Temperatur von $T = 1{,}2 \cdot T_G$ konstant ist [Champion u.a. 2000].

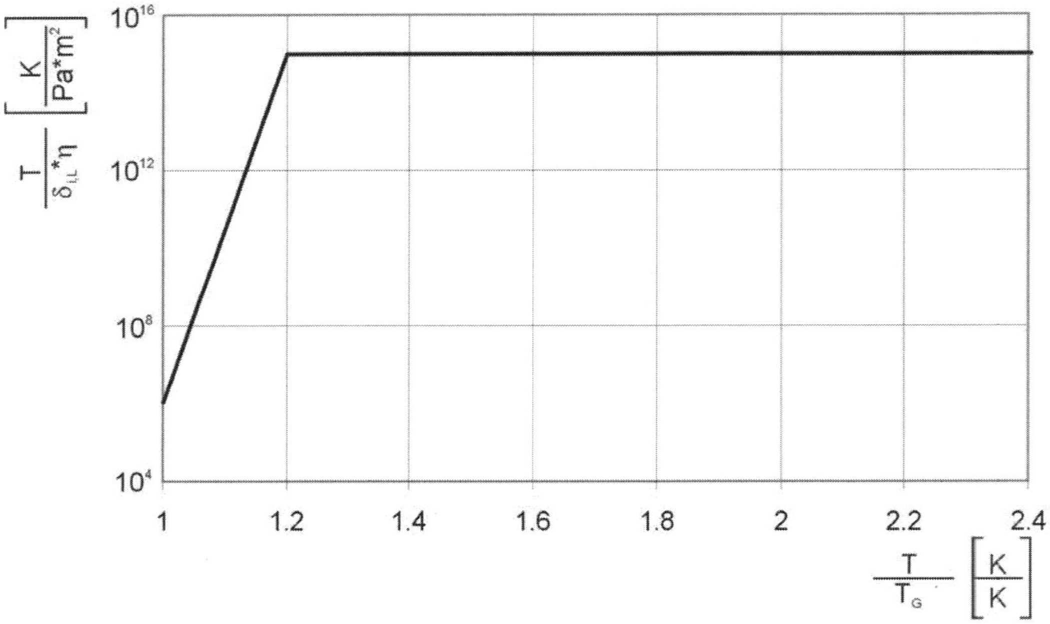

Abbildung 2.6: Diffusionskoeffizient von Fluorescein in konzentrierter Saccharose-Lösung.

Aus den Ergebnissen von [Champion u.a. 2000] ergibt sich somit, dass mit der WLF-Gleichung z.B. Induktionszeiten für die Kristallisation von Laktose ab einem bestimmten (T-T_G) gut wiedergegeben werden können. Ist (T-T_G) zu klein bzw. der Feuchteanteil w zu gering, so ist der Diffusionskoeffizient geringer als durch die WLF-Gleichung berechnet und somit die tatsächliche Induktionszeit länger als die vorhergesagte.

Auswirkungen des Glasübergangs auf die Produkteigenschaften

Amorphe Substanzen in Lebensmitteln neigen bei unsachgemäßer Lagerung und Verarbeitung dazu, klebrig zu werden. Bei höheren Temperaturen und/oder Feuchten tritt ein unerwünschtes verstärktes Haften der Partikeln an der Oberfläche auf [Palzer/Zürcher 2004]. Untersuchungen zum Mechanismus des Klebens und der Abhängigkeit von der Feuchte und Temperatur machen u.a. [Downton u.a. 1982], [Rennie u.a 1999] und [Özkan u.a. 2002]. [Ozmen/Langrish 2002] vergleichen die kalorimetrisch gemessene Glasübergangstemperatur mit der „sticky point"-Temperatur, welche rheologisch bestimmt werden kann. Sie kommen zu dem Ergebnis, dass im Falle von amorphem Magermilchpulver beide Temperaturen nahezu identisch sind. Im Gegensatz hierzu vergleichen [Kasapis u.a. 2003] die kalorimetrische mit der rheologischen Glasübergangstemperatur und kommen zu dem Schluss, dass diese nicht für alle Stoffsysteme vergleichbar sind. Untersuchungen von [Aguilera u.a. 1995] zeigen, dass das Phänomen des Verklebens von amorphen Pulvern zeitabhängig ist. [Palzer/Zürcher 2004] stellen eine Modellgleichung auf, mit der man in Abhängigkeit von den Partikeleigenschaften und den Umgebungsbedingungen abschätzen kann, wie groß die kritische Zeit ist, bis ein Agglomerieren, Kleben oder Verklumpen einsetzt.

2.2.5 Kristallformen der Laktose

α-Laktose-Monohydrat

Die kommerziell hauptsächlich vorkommende Form der Laktose ist α-Laktose-Monohydrat. Sie wird durch eine Aufkonzentrierung einer wässrigen Laktose-Lösung bei einer Temperatur von $T < 93{,}5$ °C gewonnen und ist die stabilste Kristallform bei Raumtemperatur. Der Habitus von α-Laktose-Monohydrat ist tomahawk-ähnlich [Ullmann's 1990].

α-Laktose-Anhydrat

Eine instabile Form von α-Laktose-Anhydrat wird gewonnen, indem man α-Laktose-Monohydrat im Vakuum über 100 °C für 48 h erhitzt [Buma/Wiegers 1967], [Olano 1978]. Das so erhaltene instabile α-Laktose-Anhydrat ist in trockener Luft stabil, jedoch ist es bei Umgebungsbedingungen hygroskopisch und bildet sich nach kurzer Zeit wieder zu α-Laktose-Monohydrat um [Nickerson 1974].

Eine weitere wasserfreie Kristallform der Laktose ist stabiles α-Laktose-Anhydrat [Nickerson/Lim 1974], [Simpson u.a. 1982]. Sie kann nasschemisch hergestellt werden, indem man α-Laktose-Monohydrat mit trockenem Methanol im Verhältnis 1 : 15 für 2 h bei Raumtemperatur rührt [Lim/Nickerson 1973], [Olano 1978], [Olano/Rios 1978]. α-Laktose-Anhydrat hat einen spezifischen Drehwinkel von $[\alpha]_D^{20}$ = 89,6 ° [Nickerson 1974].

β-Laktose

Kristallisiert man Laktose aus Wasser bei einer Temperatur von T > 93,5 °C, so kristallisiert β-Laktose aus [Olano 1978], [Parrish u.a. 1979]. Diese Kristallform hat einen spezifischen Drehwinkel von $[\alpha]_D^{20}$ = 35,0 ° [Nickerson 1974]. β-Laktose kann labortechnisch hergestellt werden, indem man z.B. 5 g α-Laktose-Monohydrat mit 80 ml trockenem Methanol und 200 mg NaOH für 15 h bei Raumtemperatur rührt [Olano/Rios 1978], [Drapier-Beche u.a. 1998].

Mischkristallformen

Messungen mit Hilfe der Kernresonanzspektroskopie (CP-MAS-^{13}C-NMR) von [Earl/Parrish 1983] haben gezeigt, dass es weitere Kristallformen von Laktose gibt, nämlich drei Mischkristalle, welche ein Verhältnis zwischen α- bzw. β-Laktose von α/β = 4/1, α/β = 5/3 und α/β = 3/2 besitzen [Drapier-Beche u.a. 1998], [Bushill u.a. 1962], [Olano u.a. 1977], [Olano u.a. 1983], [Parrish/Brown 1982], [Simpson u.a. 1982].

Die Anhydratform der Laktose im Verhältnis von 4α/1β-Lactose kann in azidischem und wasserfreiem Methanol gewonnen werden. Hierzu werden 5 g α-Laktose-Monohydrat mit 80 ml Methanol und 1,6 ml konzentrierter Salzsäure für 20 h bei Raumtemperatur gerührt [Simpson u.a. 1982].

Die Anhydratform der Laktose im Verhältnis von 5α/3β-Lactose kann ebenfalls in azidischem Methanol gewonnen werden. Allerdings muss hierbei in der Lösung zusätzlich noch 1 Gew.-% Wasser vorhanden sein. Zur Herstellung werden 5 g α-Laktose-Monohydrat mit 80 ml Methanol, 0,8 ml Wasser und 0,64 ml konzentrierter Salzsäure für 10 h bei T = 25 °C gerührt [Hockett/Hudson 1931], [Simpson u.a. 1982], [Drapier-Beche u.a. 1998].

Die Anhydratform der Laktose im Verhältnis von 3α/2β-Lactose kann in basischem Methanol gewonnen werden. Hierzu werden 5 g α-Laktose-Monohydrat mit 80 ml Methanol, 1 ml

Wasser und 0,64 ml konzentrierter Ammoniaklösung für 10 h bei $T = 25$ °C gerührt [Drapier-Beche u.a. 1998].

2.2.6 Analysemethoden zur Bestimmung des kristallinen Anteils und der verschiedenen Kristallformen

Neben den in Kapitel 2.2.1 beschriebenen Polarimetermessungen können zur Quantifizierung des Anteils an α- und β-Laktose in Molkepulver nach [Ross 1978b] auch die Schmelztemperaturen bzw. die Schmelzenthalpien der beiden Anomeren mittels DSC bestimmt werden. Weitere Untersuchungen und Angaben zu den Eigenschaften der verschiedenen Kristallformen wie z.B. Schmelztemperaturen, Schmelzenthalpien, Wärmekapazität, Dichte, spezifischer Drehwinkel und Kristallmorphologie machen u.a. [Ross 1978a], [Olano u.a. 1983]. [Drapier-Beche u.a. 1997], [Drapier-Beche u.a. 1998] und [Drapier-Beche u.a. 1999]. Die Bestimmung und Quantifizierung der einzelnen Kristallformen in einer Mischung aus den verschiedenen Formen über deren oben genannten Eigenschaften erweist sich allerdings als schwierig und schlecht reproduzierbar. So konnten z.B. [Simpson u.a. 1982] die Kristallformen 5α/3β und 4α/1β Laktose nicht anhand deren Schmelztemperaturen unterscheiden.

Eine anerkannte Methode zur qualitativen Bestimmung von Kristallformen bietet die Röntgendiffraktometrie (XRD). Eine ausführliche Strukturanalyse von α-Laktose-Monohydrat und α-Laktose-Anhydrat mittels XRD machen [Fries u.a. 1971] und [Platteau u.a. 2005]. Weitere Autoren untersuchen die Kristallformen von Laktose mittels XRD, u.a. [Buma/Wiegers 1967], [Simpson u.a. 1982], [Drapier-Beche u.a. 1997], [Drapier-Beche u.a. 1998] und [Jouppila u.a. 1998]. Bei der XRD-Messung wird Röntgenstrahlung durch die Molekülanordnung in einem Kristallgitter spezifisch gebeugt, wodurch sich in einem Diffraktogramm für jede Kristallform charakteristische Peaks bei bestimmten Beugungswinkeln 2Θ und mit bestimmten Intensitäten ergeben. Da die Aussagen der o.g. Autoren sich jedoch teils widersprechen bzw. stark differieren, ist im Folgenden nur eine Zusammenfassung der Beugungswinkel 2Θ angegeben, welche eindeutig der jeweiligen Kristallformen zugeordnet werden können. Untersucht man kristalline Laktose mittels XRD, so können aus den Diffraktogrammen folgende Informationen entnommen werden:

Tabelle 2.1: Beugungswinkel 2Θ (XRD) der verschiedenen Kristallformen von Laktose.

Kristallform	**Beugungswinkel 2Θ [°]**
α-Laktose-Monohydrat	12,4
	16,4
α-Laktose-Anhydrat	12,1
Mischkristalle	12,5
	18,2
β-Laktose	10,4

- Sind zwei Peaks bei 2Θ = 12,4 ° und 2Θ = 16,4 ° zu erkennen, so ist in der Probe α-Laktose-Monohydrat vorhanden.

- Ist ein Peak bei 2Θ = 10,4 ° zu erkennen, so ist in der Probe β-Laktose vorhanden.

- Ist ein Peak bei 2Θ = 18,2 ° zu erkennen, so ist ein Mischkristall aus α/β-Laktose in der Probe vorhanden. Zusätzlich kann bei einem Mischkristall ein Peak bei 2Θ = 12,5 ° auftreten.

- Ist ein Peak bei 2Θ = 12,1 ° vorhanden, aber kein Peak bei 2Θ = 16,4° und 2Θ = 18,2 °, so weist dies auf die Existenz von α-Laktose-Anhydrat hin.

Die Identifizierung von allen Kristallformen der Laktose in einer Mischung aus denselbigen ist schwierig und wegen der Überlappung von einzelnen Peaks nicht eindeutig. Bei der Bestimmung des Anteils von α-Laktose-Monohydrat und β-Laktose können XRD-Messungen jedoch reproduzierbare Messergebnisse liefern. [Barham/Hodnett 2005] entwickelten auf dieser Basis eine quantitative Methode zur Bestimmung des Anteils von α-Laktose-Monohydrat und β-Laktose, indem sie kristalline Laktose mit Kaliumchlorid in bestimmten Verhältnissen mischen und so über die Höhe bzw. über die Flächeninhalte der jeweiligen spezifischen Peaks in einem Diffraktogramm Kalibriergeraden erstellen.

[Gombás u.a. 2002] bestimmen den kristallinen Anteil in Laktosepulver mittels dynamischer DSC-Messungen, indem sie die exothermen Kristallisationsenthalpien ermitteln und diese mit einer Kalibriergeraden vergleichen. Des Weiteren stellen sie fest, dass α-Laktose-Monohydrat sein Kristallwasser in einem Temperaturbereich von T = 130 – 160 °C verliert. Dieser Vorgang ist endotherm und kann ebenfalls anhand der im DSC gemessenen Enthalpien quantifiziert werden. Ihre Untersuchungen haben jedoch ergeben, dass diese Methode nur für eine semiquantitaive Beurteilung herangezogen werden kann. Dagegen weisen [Briggner u.a. 1994] und [Dilworth u.a. 2004] nach, dass mit Hilfe von isothermen Kalorimetrie-Messungen die amorphen Anteile in Laktosepulver über die Kristallisationsenthalpien mit einer Genauigkeit von mindestens 1 % quantifiziert werden können. Eine weitere Methode zur Bestimmung des Anteils an α-Laktose-Monohydrat in sprühgetrockneten Milchprodukten schlagen [Schuck/Dolivet 2002] vor. Hierbei bestimmen sie zunächst den Anteil des freien Wassers, indem sie die Proben im Trockenschrank bei T = 87 °C bis zur Gewichtskonstanz trocknen. Danach werden die Proben für 7 h bei T = 105 °C im Vakuum getrocknet. Bei diesem zweiten Behandlungsschritt wird das gebundene Kristallwasser von α-Laktose-Monohydrat abgegeben, dessen Anteil schließlich über den Massenverlust bestimmt werden kann. Eigene Messungen haben gezeigt, dass diese Methode zur Bestimmung des Anteils von α-Laktose-Monohydrat in reiner Laktose sehr gut reproduzierbar ist. Für Molkepulver ist die Methode allerdings ungeeignet, da bei diesen hohen Temperaturen Maillardreaktionen stattfinden, welche eine Reaktion zwischen Laktose und Proteinen darstellt. Bei der Maillardreaktion entsteht unter anderem als Reaktionsprodukt Wasser, welches verdampft und somit das Ergebnis verfälscht. Die Bestimmung des Hydratwassers mittels einer Karl-Fischer-Titration nach [Hoffmann u.a. 1985] führte aufgrund der hohen Absorption von Wasser in Methanol ebenfalls zu stark streuenden Messergebnissen.

Aufgrund der sehr unterschiedlichen Sorptionsisothermen von amorpher und kristalliner Laktose ist es nach [Hogan/Buckton 2001] möglich, den kristallinen Anteil in Pulvern über deren Feuchteanteil w bei bestimmten Wasseraktivitäten zu bestimmen (Dynamic-Vapour-Sorption). Sie erhalten bei einem Vergleich der Messergebnisse mit Near-Infrared-Spectroscopy-Analysen (NIRS) Fehler-Abweichungen von < 1 %. [Fix/Steffens 2004] quantifizieren den amorphen Anteil an Laktose bzw. den kristallinen Anteil an α-Laktose-Monohydrat über Kalibrierkurven mittels DSC, XRD und NIRS und erhalten auf diesem Wege sehr gute Messgenauigkeiten für die XRD- und NIRS-Messungen.

Weitere Methoden zur quantitativen Bestimmung des kristallinen Anteils von Laktose schlagen [Susi/Ard 1974], [Celedón/Aguilera 2002], [Murphy u.a. 2005], [Norgaard u.a. 2005] und [Katainen u.a. 2005] mittels Ramanspektroskopie vor. Daneben visualisieren [Price/Young2004] und [Mahlin u.a. 2004] die Kristallisation mit Hilfe der Rasterkraftmikroskopie (atomic-force-microscopy) und [Mazzobre u.a. 2003] mittels der polarized-light-video-microscopy. Einen guten Überblick über verschiedene Messverfahren zur Bestimmung des amorphen bzw. des kristallinen Anteils in Zucker geben [Gehrich/Cammenga 2002].

Nicht alle in dem Kapitel 2.2.6 vorgeschlagenen Messmethoden zur Bestimmung des Anteils an α- und β-Laktose sowie des amorphen Anteils in laktosehaltigen Pulvern eignen sich für alle denkbaren Bedingungen. So kristallisiert Laktose nicht nur zu α-Laktose-Monohydrat, sondern zu sieben verschiedenen Kristallformen. Eine Untersuchung einer Mischung aus diesen Kristallformen wird zu größeren Ungenauigkeiten führen wie sie von manchen Autoren publiziert worden sind. Der Einfluss von Fremdstoffen wie z.B. Proteinen und Salzen in Milch- und Molkepulvern muss dabei zusätzlich beachtet werden.

2.2.7 Kristallisationswege und dabei entstehende Kristallformen

Erstarrt eine Laktoselösung sehr schnell, z.B. während einer Sprüh- oder Gefriertrocknung, so erhöht sich die Viskosität so schnell, dass eine Kristallisation nicht stattfinden kann [Holsinger 1998]. Es bildet sich ein glasartiger amorpher Zustand aus, in welchem das Verhältnis R zwischen α- und β-Laktose gleich dem der Ausgangslösung vor der Trocknung ist. [Zadow 1984] und viele andere Autoren haben gezeigt, dass Laktose in sprühgetrockneten Milchpulvern die gleichen Zusammensetzungen zwischen α- und β-Laktose besitzt wie die Ausgangslösungen vor der Trocknung. Die amorphe Form der Laktose ist instabil und kann bei einer Erhöhung des Feuchteanteils w oder der Temperatur T zu verschiedenen Kristallformen kristallisieren, nämlich zu α-Laktose als Monohydrat und Anhydrat, zu Mischkristallen aus α- und β-Laktose im Molverhältnis 5/3, 4/1 und 3/2 sowie zu β-Laktose. Diese Kristallformen wurden mittels Röntgenstrukturanalysen (XRD) von mehreren Autoren identifiziert, u.a. von [Buma/Wiegers 1967], [Bushill u.a. 1962], [Fries u.a. 1971] und [Simpson u.a. 1982].

[Haque/Roos 2005] untersuchen die Kristallisation von sprüh- und gefriergetrockneter amorpher Laktose bei Raumtemperatur und verschiedenen relativen Luftfeuchten mittels XRD-Messungen. Sie beobachten, dass die Laktose zu α-Laktose-Monohydrat, β-Laktose und den Mischkristallen von α- und β-Laktose im Molverhältnis von 5/3 und 4/1 kristallisieren. Je feuchter die Umgebungsbedingung und je länger die Lagerzeit, desto mehr α-Laktose-Monohydrat und desto weniger β-Laktose bildet sich. [Steckel/Bolzen 2005] zeigen, dass sich aus amorpher Laktose bei Raumtemperatur und einer relativen Luftfeuchte von $\varphi = 1$ α-Laktose-Monohydrat bildet. Bei niedrigeren relativen Luftfeuchten bildet sich im Gegensatz hierzu mehr β-Laktose. Ebenso belegen [Jouppila u.a. 1998], dass amorphe Laktose bei Raumtemperatur und relativen Luftfeuchten von $\varphi = 0{,}538$ / 0,662 und 0,764 hauptsächlich zu α-Laktose-Monohydrat und zu einem Mischkristall von α- und β-Laktose im Molverhältnis von 5:3 kristallisiert. Je höher die relative Luftfeuchte hierbei ist, desto höher ist der Anteil an α-Laktose-Monohydrat. Bei $\varphi = 0{,}444$ kristallisiert zusätzlich noch β-Laktose aus.

[Dilworth u.a. 2004] untersuchen die Kristallisation von amorpher Laktose mittels isothermer Mikrokalorimetrie. Sie stellen dabei fest, dass in den aufgenommenen Messkurven zunächst ein starker exothermer Kristallisationsenthalpie-Peak zu sehen ist. Dieser ist gefolgt von einer Schulter, welche von [Sebhatu u.a. 1994] als die Bildung von Monohydrat interpretiert worden ist. Weiter beobachten [Dilworth u.a. 2004] nach der Kristallisation einen exothermen Vorgang, welcher eine Mutarotation darstellen könnte. Einen guten Übersichtsbeitrag zur Bildung der verschiedenen Kristallformen geben [Olano u.a. 1983]. Dabei stellen sie fest, dass die einzelnen Formen sich nach der Kristallisation weiter umwandeln können. Bei hohen Temperaturen und relativen Luftfeuchten kristallisieren alle Formen zu β-Laktose um. Ebenfalls konnten [Briggner u.a. 1994] nachweisen, dass die amorphe Laktose zunächst zu einer Mischung aus α-Laktose-Monohydrat, Mischkristallformen und β-Laktose kristallisiert. Im Anschluss an die Kristallisation wandelt sich β-Laktose bei einer Temperatur von $T = 25$ °C zu α-Laktose-Monohydrat um. Ähnliche Ergebnisse erhalten auch [Barham/Hodnett 2005].

[Price/Young 2004] visualisieren die Kristallisation von Laktose aus dem amorphen Zustand mittels Atomic-Force-Microscopy. Das Ergebnis ihrer Untersuchungen ist, dass eine primäre Keimbildung von α-Laktose-Monohydrat bei einer Temperatur von $T = 25$ °C erst bei einer relativen Luftfeuchte von $\varphi > 94$ % stattfindet. Sie schließen daraus, dass eine Kristallisation der amorphen Laktose bei niedrigeren relativen Luftfeuchten durch sekundäre Keime hervorgerufen wird, welche die Aktivierungsenergien für Keimbildung und Kristallwachstum erheblich reduzieren. Nach [Ambarkhane u.a. 2005] tritt eine spontane Kristallisation in reiner Laktose auf, wenn die Temperatur 32 °C über der Glasübergangstemperatur ist ($T\text{-}T_G > 32$ °C).

[Saito 1988] untersucht die Kristallisation von amorpher Laktose in Milchpulvern. Er stellt dabei fest, dass in Vollmilchpulver hauptsächlich β-Laktose kristallisiert im Gegensatz zu Magermilch- und Molkepulvern. [Saito 1985] schließt daraus, dass Fett die Kristallisation zu α-Laktose-Monohydrat verzögert. [Nickerson/Moore 1974] haben gezeigt, dass entmineralisierte Molke die Kristallisation zu α-Laktose-Monohydrat in einer übersättigten Lösung beschleunigt. Dies kann damit erklärt werden, dass bei $T < 93{,}5$ °C prinzipiell α-Laktose-Monohydrat kristallisiert und Salze die Mutarotation beschleunigen [Patel/Nickerson 1970]. Dass Mutarotation in der festen Phase stattfinden kann, zeigen auch [Drapier-Beche u.a. 1997] am Beispiel von Milchpulver. Weiterhin stellt [Saito 1988] fest, dass rein amorphes Molkepulver schneller kristallisiert als teilweise vorkristallisiertes. Dies ist dadurch zu erklären, dass sich in den nur zum Teil amorphen Pulvern Proteine und Salze konzentrieren, welche die Kristallisation der restlichen amorphen Laktose verlangsamen. Eine verlangsamte Kristallisation von Laktose in Milchpulver konnten auch [Jouppila/Roos 1994] feststellen. [Haque/Roos 2004] untersuchen die Kristallisation von Laktose in sprühgetrockneten Laktose-Protein-Mischungen bei Raumtemperatur und verschiedenen Wasseraktivitäten. Sie stellen dabei fest, dass isoliertes Molkeprotein (WPI), Albumin und Gelatin die Glasübergangstemperaturbereiche der Laktosemischungen erhöhen. Na-Caseinat erniedrigt hingegen den Glasübergang. Des Weiteren verzögern WPI, Na-Caseinat, Albumin und Gelatin auch die Kristallisation.

[Jouppila u.a. 1997] fanden mittels XRD-Messung heraus, dass amorphe Laktose in Magermilch bei einer Temperatur von $T = 24$ °C hauptsächlich zu der Mischkristallform aus $\alpha/\beta = 5/3$ kristallisiert. Bei höheren relativen Feuchten $\varphi = 0{,}764$ und $0{,}858$ sind allerdings auch Spuren von α-Laktose Anhydrat und der Mischkristallform von α- und β-Laktose im Molverhältnis von 4/1 zu finden. Die Kristallisation zu β-Laktose konnte jedoch bei allen eingestellten relativen Luftfeuchten nicht festgestellt werden. [Vuataz 1988] untersucht die Kristallisation von amorpher Laktose in Magermilch. Er stellt dabei fest, dass Proben mit einer Wasseraktivität $a_w < 0{,}44$ nicht kristallisieren. Bei $a_w = 0{,}52$ und $T = 65$ °C kristallisiert die Laktose hauptsächlich zu der β-Form innerhalb von 1000 s. Bei $a_w = 0{,}55$ und $T = 80$ °C kristallisiert in den ersten 200 s zunächst β-Laktose, welche sich dann zu α-Laktose-Monohydrat umwandelt. Im Gegensatz hierzu wird bei $T = 98$ °C in den ersten 50 s zunächst α-Laktose gebildet, welche dann zu β-Laktose umkristallisiert. Ist $a_w = 0{,}58$, kristallisiert Laktose bei niedrigen Temperaturen zu der α-Form und bei hohen Temperaturen zu der β-Form [Roos/Karel 1992b]. [Knudsen u.a. 2002] untersuchen die Induktions- und Kristallisationszeit von amorpher Laktose mit einer Wasseraktivität von $a_w = 0{,}23$ in einem Temperaturbereich von $T = 55 - 80$ °C. Hierbei stellen sie fest, dass die Induktionszeit der Kristallisation in reiner Laktose kürzer ist als in Babynahrung und in Vollmilchpulver.

Zusammenfassend kann man sagen, dass amorphe Laktose in Milchpulvern ähnlich wie in reiner Laktose als α-Laktose-Monohydrat, als ein Mischkristall zwischen α- und β-Laktose im Molverhältnis 5:3 und als β-Laktose kristallisieren kann [Bushill u.a. 1962], [Vuataz 1988], [Würsch u.a. 1984], [Drapier-Beche u.a. 1997], [Saito 1985]. Die Formen der gebildeten Kristalle hängen hierbei von der relativen Luftfeuchte und von der Temperatur ab, mit welchen die Pulver behandelt werden. Die Kristallformen unterscheiden sich in den Schmelzpunkten, Dichten, Löslichkeiten, Kristallmorphologien und relativen Süßen [Nickerson 1974], [Aguilar/Ziegler 1994a], [Aguilar/Ziegler 1994b].

Aus den Ergebnissen der in der Literatur durchgeführten Untersuchungen lässt sich ein Schema entwickeln, welches die prinzipiellen Vorgänge bzw. Umwandlungen bei der Kristallisation von Laktose erläutert (siehe Abbildung 2.7). In einer übersättigten Laktoselösung kristallisiert bei einer Temperatur von $T < 93{,}5$ °C α-Laktose-Monohydrat und bei $T > 93{,}5$ °C β-Laktose aus. Sprühtrocknet man eine Laktoselösung, so erstarrt die Laktose während der Trocknung in einem amorphen glasartigen Zustand. Das Verhältnis R zwischen α- und β-Laktose in diesem Zustand ist nach Erreichen eines Gleichgewichts $R = 1{,}25$. Kristallisiert diese amorphe Laktose, so entstehen zunächst bis zu sechs Kristallformen. Werden diese Kristallformen für längere Zeiten hohen relativen Luftfeuchtigkeiten ausgesetzt, so können sich diese Formen in Abhängigkeit von der Temperatur entweder bei Raumtemperatur zu α-Laktose-Monohydrat oder bei höheren Temperaturen zu β-Laktose umwandeln.

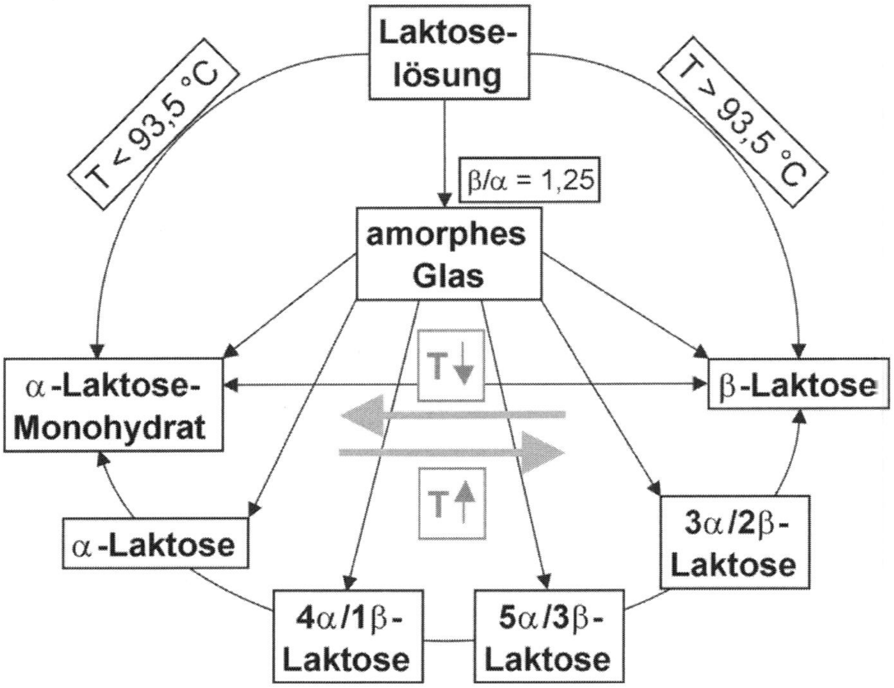

Abbildung 2.7: Mögliche Umwandlungen bei der Kristallisation von Laktose.

In Molke- oder Milchpulvern kristallisiert die Laktose, ähnlich wie bei reiner Laktose, zu verschiedenen Formen. Unterschied hierbei ist zum einen, dass die Kristallisation der Laktose in Molke- oder Milchpulvern verlangsamt ist und zum anderen, dass die Kristallisation je nach Prozessbedingung eher in Richtung α-Laktose-Monohydrat oder in Richtung β-Laktose abläuft. Dies kann durch die Mutarotation der Laktose erklärt werden, welche in Molke durch den erhöhten Salzanteil beschleunigt ist.

2.2.8 Kristallisationskinetik und Modelle

Üblicherweise wird die Kristallisation als ein Prozess betrachtet, bei welchem sich zunächst ein Molekülcluster in einer metastabilen Phase bildet, welches anschließend weiter anwachsen kann. Für die Bildung eines Clusters muss eine Energiebarriere überwunden werden, welche durch die Änderung der freien Enthalpie ΔG beschrieben wird. Damit dieses Cluster weiter anwachsen kann und nicht wieder zerfällt, muss aufgrund von statistischen Gegebenheiten eine Potentialschwelle (ΔG_{max}) überschritten werden, welche von der Größe des Molekülclusters abhängt. Hat ein solcher Molekülverbund die kritische Clustergröße erreicht, so spricht man von einem Keim, welcher weiter anwächst. [Muchová/Lednický 1995] und [Lednický/Muchová 1995] weisen in einem Polymer nach, dass die bei einer Kristallisation auftretende Induktionszeit die benötigte Zeit für den Prozess der Keimbildung widerspiegelt. Die Induktionszeit kann somit definiert werden als die wahrscheinlichste Zeit vom Beginn einer isothermen Kristallisation bis zu dem Punkt, an welchem ein stabiler Kristallkeim zu wachsen beginnt (kritische Clustergröße). Neben der homogenen Keimbildung kann ein Kristall auch an Fremdstoffen entstehen. In diesem Falle spricht man von heterogener Keimbildung.

Zur Modellierung von Umwandlungsreaktionen in einem festen Aggregatszustand, bei welchem Keimbildung und Keimwachstum auftreten wie z.B. bei der Kristallisation aus der amorphen Form einer Substanz, wird in der Literatur häufig die Johnson-Mehl-Avrami-Theorie (JMA) verwendet [Johnson/Mehl 1939], [Avrami 1939], [Avrami 1940], [Avrami 1941]. Aus dieser Theorie ergibt sich eine generelle Gleichung für den umgewandelten Anteil einer Substanz in Abhängigkeit von der Zeit:

$$\theta\,(t)=1-\exp\left\{-\int_0^t g\cdot\left[\int_\tau^t G(\Theta)\,d\Theta\right]^m\cdot N(\tau)\,d\tau\right\} \qquad \text{(Gl. 2.29)}$$

Hierin bedeuten θ der kristallisierte Anteil, N die Keimbildungsrate, G die Wachstumsrate in alle Wachstumsrichtungen m und g eine geometrische Konstante. τ ist die Zeit für die Bildung eines Keims, welcher dann für die Zeit $\Theta = (t - \tau)$ wächst. In der einfachsten Form sind die Keimbildungsrate N und die Wachstumsrate G nur von der Temperatur abhängig und können durch Arrhenius-Ansätze dargestellt werden:

$$N(T)=N_0\cdot\exp\left\{-\frac{E_{A,N}}{\widetilde{R}\cdot T}\right\} \qquad G(T)=G_0\cdot\exp\left\{-\frac{E_{A,G}}{\widetilde{R}\cdot T}\right\} \qquad \text{(Gl. 2.30)}$$

Die Umwandlungsgeschwindigkeiten können so unter isothermen Bedingungen z.B. mittels DSC-Messungen bestimmt werden, wobei darauf zu achten ist, dass die Keimbildungs- und Kristallwachstumsgeschwindigkeiten in Gleichung 2.29 zunächst nur für konstante Temperaturen gültig sind. [Henderson 1979] weist daraufhin, dass eine Übertragung dieser Kinetiken auf nicht-isotherme Bedingungen, z.B. beim Erwärmen oder Abkühlen von amorphen Zuständen bzw. Schmelzen, limitiert ist und in experimentellen Untersuchungen bestätigt werden muss. Die Gleichungen 2.29 und 2.30 können zu folgenden Ausdrücken vereinfacht werden [Schmitt 1998]:

$$\theta = 1 - \exp\left\{-\left(k \cdot \left(t - t_{Ind}\right)^n\right)\right\} \qquad k(T) = k_0 \cdot \exp\left\{-\frac{E_A}{\widetilde{R} \cdot T}\right\} \qquad \text{(Gl. 2.31)}$$

k ist die Reaktionsgeschwindigkeitskonstante der Kristallisation, t_{Ind} die Induktionszeit und n die Ordnung der Reaktion. n ist vom Mechanismus der Reaktion abhängig und kann unterschiedliche Werte annehmen. Aus der Gleichung 2.31 kann man erkennen, dass die Reaktionsgeschwindigkeitskonstante k somit die physikalische Dimension von $[(1/s)^n]$ besitzt und von der Reaktionsordnung abhängt. Um die korrekte Dimension von k, nämlich $[(1/s)]$ zu erhalten, muss die Gleichung 2.31 nach [Maffezzoli u.a. 1995] wie folgt lauten:

$$\theta = 1 - exp\left\{-\left(k \cdot \left(t - t_{Ind}\right)\right)^n\right\} \qquad \text{(Gl. 2.32)}$$

Ein weiteres Kinetikmodell zum Vorgang der Kristallisation in Polymeren schlagen [Lauritzen/Hoffman 1973] und [Hoffman u.a. 1976] vor. In der Literatur finden sich mehrere Autoren, welche dieses Modell für die Berechung von Kristallisationszeiten verwenden. [Maffezzoli, u.a. 1993], [Kenny u.a. 1993], [Torre u.a. 1995] und [Chan u.a. 1995] konnten mit dem Modell gute Übereinstimmungen in Bezug auf Kristallisationszeiten von Polymeren finden. In dem vorgeschlagenen Modell ist die Kristallisationskinetik zum einen von der Molekülbeweglichkeit abhängig, welche nach der WLF-Theorie in der Nähe der Glasübergangstemperatur T_G annähernd null wird. Zum anderen ist die Kristallisationszeit bei einer Kristallisation aus der Schmelze heraus von deren Triebkraft, nämlich dem Grad der Unterkühlung von der Schmelztemperatur T_M, abhängig. Für die Kinetik der Kristallisation ergeben sich somit zwei Parameter, nämlich die Temperaturedifferenzen $(T\text{-}T_G)$ und $(T_M\text{-}T)$. Abbildung 2.8 zeigt zur Erläuterung die sich daraus ergebenden Kristallisationszeiten zwischen T_G und T_M.

Im Gegensatz zu o.g. Autoren haben [Arvanitoyannis/Blanshard 1994] und [Kedward u.a. 2000a] dieses Modell für die Kristallisation von Laktose nur bedingt anwenden können. [Kedward u.a. 2000b] erklären dies damit, dass Laktose zu verschiedenen Formen auskristallisieren und sich innerhalb dieser Formen weiter umwandeln kann.

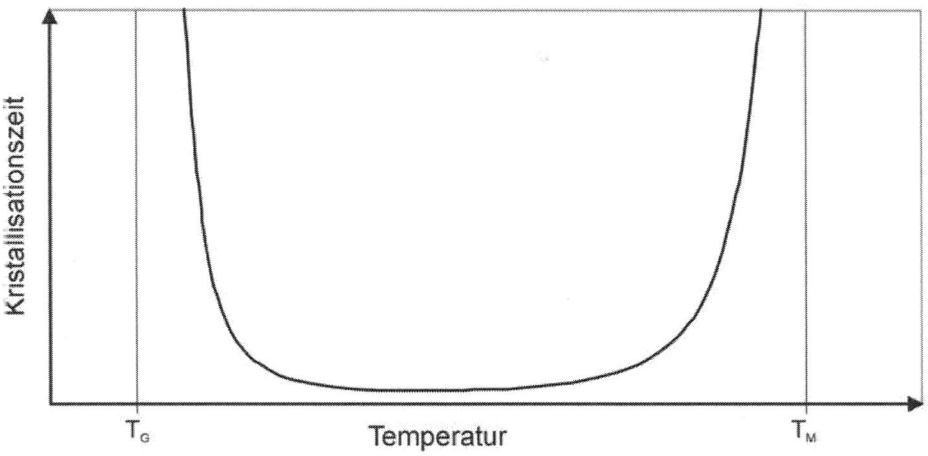

Abbildung 2.8: Kristallisationszeiten von Polymeren zwischen der Glasübergangstemperatur T_G und der Schmelztemperatur T_M.

Isotherme und nicht-isotherme Bestimmungen der Kristallisationskinetik von Laktose

[Roos/Karel 1990], [Roos/Karel 1991] und [Roos/Karel 1992a] untersuchen die Kristallisation von amorpher Laktose mittels isothermer DSC-Messung. Für die Untersuchungen befeuchten sie Proben, indem sie die Pulver für 24 Stunden in Vakuumexsikkatoren über verschiedenen gesättigten Salzlösungen bei T = 25 °C lagern. Bei ausreichend langer Lagerzeit stellt sich ein Gleichgewicht zwischen der Flüssigkeit (Salzlösung), der Gasphase (Luft) und des Feststoffs (Pulver) ein, sodass die Wasseraktivität a_w der jeweiligen Salzlösungen der der gelagerten Proben entspricht. Nach dem Einstellen der Wasseraktivität werden die Pulver in Aluminiumtiegeln hermetisch verschlossen und in einem DSC-Gerät bei verschiedenen Temperaturen isotherm behandelt. Bei diesem Vorgehen ergeben sich exotherme Phasenumwandlungen, welche durch die Kristallisation der Laktose begründet sind. Die so erhaltenen Kristallisationszeiten passen sie an die WLF-Gleichung (Gl. 2.28) an. Ihre Analysen haben gezeigt, dass bis auf vollständig trockene Laktose die Kinetiken von verschiedenen feuchten Pulvern mit der WLF-Gleichung gut berechenbar sind. Vollständig trockene Laktose hingegen kristallisiert erst bei höheren (T-T_G)-Temperaturen. [Roos/Karel 1990] erklären dieses Phänomen damit, dass feuchte Laktose bei der Kristallisation freies Wasser an die restliche amorphe Matrix abgibt und somit die Kristallisation durch Herabsenken des Glasübergangs stetig beschleunigt.

Eine weitere Methode, die Kristallisation von amorpher Laktose isotherm zu untersuchen, bietet das stark unterschiedliche Sorptionsverhalten von amorpher und kristalliner Laktose. Setzt man amorphe Laktose bei erhöhter Temperatur feuchter Luft aus, so erhöht sich zunächst der Feuchteanteil w des Laktosepulvers, wobei gleichzeitig die Glasübergangstemperatur herabgesenkt wird. Fällt die Glasübergangstemperatur weit unter die Umgebungstemperatur, so kann die amorphe Laktose kristallisieren. Da die kristalline Form der Laktose praktisch nur noch an der Oberfläche Wasser sorbieren kann, ist die Soprtionsisotherme der kristallinen Laktose niedriger als die der amorphen Form. Während einer Kristallisation wird demnach entsprechend dem Sorptionsgleichgewicht Wasser an die Umgebung abgegeben. Würde man den Feuchteanteil bzw. die Massenänderung einer Probe während einer Kristallisation aufzeichnen, könnte man aus den Daten Kristallisationskinetiken bestimmen, sofern das Verdampfen des freiwerdenden Wassers deutlich schneller als die Kristallisation ist [Elamin u.a. 1995], [Buckton/Darcy 1996] und [Stubberud/Forbes 1998].

[Jouppila u.a. 1997] untersuchen die isotherme Kristallisation von Laktose in Magermilch mittels XRD, indem sie amorphe Pulver bei Raumtemperatur einer erhöhten relativen Luftfeuchte aussetzen. Aus den sich ergebenden Röntgendiffraktogrammen können die Intensitäten der spezifischen Peaks von den einzelnen Kristallformen miteinander verglichen werden und so Kinetiken mittels der Avrami-Gleichung bestimmt werden. Sie erhalten für relative Luftfeuchten von $\varphi = 0{,}662 - 0{,}764$ Werte von k in der Größenordung von $k = 10^{-2} - 10^{-3}$ 1/h und $n = 1{,}5 - 3{,}0$. [Haque/Ross 2005] erhalten unter Anwendung derselben Messmethode für die Kristallisation von reiner Laktose bei $\varphi = 0{,}656 - 0{,}761$ Werte von $k = 10^{-1}$ 1/h und $n = 0{,}7 - 0{,}4$. [Miao/Roos 2005] geben für die Kristallisation von reiner Laktose und für Mischungen aus Laktose und Trehalose im Verhältnis 1 : 1 bei $\varphi = 0{,}656 - 0{,}761$ Werte von $k = 10^{-1} - 10^{-0}$ 1/h und $n = 0{,}5 - 0{,}09$ an.

Nach [Kissinger 1957] ist es möglich, Aktivierungsenergien von Umwandlungsreaktionen in einem DSC-Gerät dynamisch (nicht-isotherm) zu bestimmen. Hierzu werden Proben bei verschiedenen Aufheizraten ϕ erwärmt und die Umwandlungsenthalpien der Reaktionen aufgezeichnet. Je schneller die Proben erwärmt werden, desto höher ist die Temperatur, bei welcher die Reaktion ihr Maximum erreicht. Die Umwandlung wird beschrieben durch

$$\frac{d\theta}{dt} = A \cdot (1-\theta)^n \cdot exp\left\{-\frac{E_A}{\tilde{R} \cdot T}\right\}, \qquad \text{(Gl. 2.33)}$$

worin $\frac{d\vartheta}{dt}$ die Kristallisationsrate, θ der kristallisierte Anteil, n die Ordnung der Reaktion und E_A die Aktivierungsenergie bedeuten. Bei einer konstanten Aufheizrate gilt am Kristallisationsmaximum

$$\frac{d}{dt}\left(\frac{d\theta}{dt}\right) = 0\,. \qquad \text{(Gl. 2.34)}$$

Definiert man die Temperatur beim Maximum der Reaktionsrate als T_P, so ergibt sich die Gleichung

$$\frac{E_A \cdot \phi}{\tilde{R} \cdot T_P^2} = A \cdot n \cdot (1-\theta)_P^{n-1} \cdot \exp\left\{-\frac{E_A}{\tilde{R} \cdot T_P}\right\}. \qquad \text{(Gl. 2.35)}$$

Mit Hilfe einer Approximation von [Murray/White 1955] erhält man nach Substitution und Differenzierung den von n unabhängigen Ausdruck

$$\frac{d\left(ln\frac{\phi}{T_P^2}\right)}{d\left(\frac{1}{T_P}\right)} = -\frac{E_A}{\tilde{R}} \qquad \text{(Gl. 2.36)}$$

Trägt man nun in einem Diagramm $\ln\left(\frac{\phi}{T_P^2}\right)$ über $\frac{1}{T_P}$ auf, so kann aus der Steigung der Geraden ($-\frac{E_A}{\tilde{R}}$) die Aktivierungsenergie bestimmt werden.

Einen Vergleich zwischen isotherm und nicht-isotherm gewonnenen Kinetikparametern der JMA-Gleichung machen [De Bruijn u.a. 1981]. Sie kommen zu dem Schluss, dass zunächst eine isotherme Bestimmung der Reaktionsordnung n notwendig ist. Einen Vergleich von isotherm und nicht-isotherm bestimmten Aktivierungsenergien macht [Woldt 1992], welcher im Folgenden näher erläutert werden soll. Für den Fall, dass die Keimbildungs- und

Keimwachstumsrate nur eine Funktion von der Temperatur sind, ergeben sich drei mögliche Mechanismen bei einer Kristallisation:

1. Kontinuierliche Keimbildung (continuous)
   → Keime bilden sich kontinuierlich während der ganzen Kristallisationszeit

2. Konstante Anzahl an Keimen (fixed number)
   → Keime bestehen schon vor der Kristallisation und die Anzahl ist unabhängig von den Kristallisationsbedingungen.

3. Lokal gesättigte Keimbildung (site saturated)
   → Alle Keime haben sich schon vor der Kristallisation bzw. wurden bei einer deutlich niedrigeren Temperatur gebildet als der Temperatur, bei welcher Keime anfangen zu wachsen. Die Anzahl der Keime ist abhängig von den Kristallisationsbedingungen.

[Woldt 1992] beschreibt für die o.g. drei Fälle, wie man aus isothermen und nicht-isothermen Messungen die erhaltenen Aktivierungsenergien für Keimbildung und Keimwachstum vergleichen und daraus die effektive Aktivierungsenergie bestimmen kann. Tabelle 2.2 zeigt die Zusammenfassung der Bedeutung der JMA-Parameter von den verschiedenen Fällen:

Tabelle 2.2: Bedeutung der isothermen und nicht-isothermen effektiven Aktivierungsenergien nach [Woldt 1992].

Keimbildungs-mechanismus	**Reaktions-ordnung *n***	**isotherme effektive Aktivierungsenergie**	**nicht-isotherme effektive Aktivierungsenergie**
kontinuierlich	$m+1$	$\frac{E_A^N + m \cdot E_A^G}{m+1}$	$\frac{E_A^N + m \cdot E_A^G}{m+1}$
konstante Anzahl	m	E_A^G	E_A^G
lokal gesättigt	m	$\frac{E_A^N + m \cdot E_A^G}{m}$	E_A^G

Wie man aus Tabelle 2.2 erkennen kann, sind die effektiven Aktivierungsenergien einer Kristallisation für kontinuierliche Keimbildung und bei einer konstanten Anzahl an Keimen identisch für den Fall, dass Wachstum in gleich vielen Richtungen (Dimensionen) stattfindet. Bei einer lokal gesättigten Keimbildung unterscheiden sich die genannten Aktivierungsenergien. Aus isothermen und nicht-isothermen Bedingungen können so die Aktivierungsenergien für Keimbildung und Keimwachstum bestimmt werden.

[Schmitt u.a. 1999] untersucht die Kristallisation von amorpher Laktose mit und ohne Keime im Ausgangspulver. Dabei bestimmen sie die Aktivierungsenergien für isotherme Messungen mit und ohne Keime zu $E_A = 89{,}5(\pm 5{,}6)\frac{kJ}{mol}$ und $E_A = 186{,}5(\pm 17{,}6)\frac{kJ}{mol}$ sowie für nicht-isotherme Messungen zu $E_A = 71(\pm 7{,}5)\frac{kJ}{mol}$ und $E_A = 80{,}9(\pm 8{,}9)\frac{kJ}{mol}$. Aus den unterschiedlichen Aktivierungsenergien im Falle der Kristallisation ohne Keime schließt er, dass die Keimbildung lokal gesättigt stattfinden muss. Daraus ergibt sich, dass sich bereits zu Beginn der Behandlung alle Keime gebildet haben und nur diese während der weiteren Kristallisation wachsen.

2.2.9 Chemische Reaktionen in laktosehaltigen Pulvern

Erhitzt man α-Laktose-Monohydrat, so entweicht bis zu einer Temperatur von T = 130 °C zunächst das Hydratwasser. Bei höheren Temperaturen wird intramolekular Wasser abgespalten und es entstehen braungefärbte Reaktionsprodukte (Pyrolyse) [Töpel 1987]. In Abhängigkeit von der Temperatur und des pH-Werts kann Laktose auch zu Lactulose, bestehend aus Galactose und Fructose, isomerisieren. Bei sehr hohen Temperaturen und niedrigen pH-Werten oder bei Enzymspaltung durch Lactase kann Laktose hydrolysieren und sich zu seinen Monosacchariden Galactose und Glucose aufspalten [Muir, 2002]. Des Weiteren liegt in laktosehaltigen Pulvern ein geringer Teil der Laktose in einer offenen Ringform vor, welche mit der geschlossenen Konfiguration im Gleichgewicht steht [Plock 1994]. Neben Lactolose werden als hauptsächliche Derivate noch Lactitol und Laktobionsäure gebildet. Lactitol ist ein Zuckeralkohol, welcher durch Reduktion des Glucose-Teils in Laktose entsteht. Laktobionsäure ist ein Produkt aus einer Oxidation der Laktose. Weitere Derivate der Laktose und mögliche Reaktionen sind von [Holsinger 1988] aufgeführt.

In Milch- und Molkepulver wird bei höheren Temperaturen ebenfalls eine Braunfärbung festgestellt. Diese Färbung der Pulver beruht hierbei allerdings nicht auf der vorher genannten Pyrolyse wie in reiner Laktose, sondern wird hauptsächlich durch Reaktionsprodukte der Maillardreaktion hervorgerufen. Die Maillardreaktion tritt in vielen Lebensmitteln auf und ist eine chemische Reaktion zwischen Proteinen und Kohlenhydraten. Speziell in Milch- und Molkepulvern reagiert das Lysin der Milchproteine mit der Laktose [Jones u.a. 1998]. Die sogenannte nicht-enzymatische Bräunung wird in der Literatur üblicherweise als eine Reaktion nullter-Ordnung modelliert [Labuza/Braisier 1992]. Als Produkte der Maillardreaktion entstehen Wasser und Melanoidine, welche die bräunliche Färbung der Pulver hervorrufen [Kessler 1996]. Neben der Braunfärbung kann sich bei zu starker Hitzeeinwirkung auch der Geschmack verändern. Dieser Aspekt ist bei einer Behandlung von Milchprodukten unbedingt zu berücksichtigen. Weitere chemische Veränderungen wie z.B. Proteindenaturierung und Vitaminabbau, in Milchprodukten durch Hitzebehandlung oder durch einen veränderten pH-Wert sind in [Kessler 1996] dargestellt. Die Maillardreaktion ist neben der Temperatur auch vom Wassergehalt bzw. von der Wasseraktivität a_w in Milch- und Molkepulvern abhängig. Hierbei hat die Reaktion ein Maximum zwischen a_w = 0,7 – 0,8. Dies begründet [Simatos/Karel 1988] damit, dass Wasser zum einen als Plastifizierungsmittel wirkt und somit die Mobilität der Moleküle beeinflusst und die Reaktion beschleunigt. Zum anderen ist Wasser ein Reaktionsprodukt der Maillardreaktion, wodurch bei höheren Wasseraktivitäten die Reaktion gehemmt wird.

Zur Bestimmung der Aktivierungsenergie und der Maillardreaktionskonstante k misst [Vuataz 1988] den Verlust an reaktivem Lysin über der Zeit in Abhängigkeit von Temperatur und Wasseraktivität in amorphen und kristallinen Magermilchpulver. Er kommt zu dem Ergebnis, dass die Form der Laktose (amorph/kristallin) und die unterschiedlichen Wasseraktivitäten im untersuchten Bereich von a_w = 0,3 – 0,6 nur einen geringen Einfluss auf die Geschwindigkeit der Reaktion haben. Für Temperaturen von T = 65 / 80 / 98 und 110 °C bestimmt er Werte von ln(k) = -12,0 / 10,3 / -8,4 und -7,3. Für die Aktivierungsenergie gibt er einen Wert von E_A = 106 – 112 kJ/mol an. Im Vergleich hierzu ergaben Untersuchungen bei T = 80 °C in flüssiger Magermilch mit einem Feststoffgehalt von 10 bis 50 % Werte von ln(k) = -15 bis -13. Für Magermilchpulver mit einem Feuchteanteil von w = 2 bis 4 % ergeben sich Werte von ln(k) = -12 und von w = 6 bis 12 % ergeben sich Werte von ln(k) = -10. [Sithole u.a. 2005] messen die Bräunung von verschiedenen Süßmolkepulver bei a_w = 0,44 und Temperaturen zwischen T = 35 – 50 °C. Sie bestimmen so Werte von

$\ln(k)$ = -6,7 bis –3,7 und Aktivierungsenergien von E_A = 66,5 – 120 kJ/mol. Die verschiedenen Molkepulver unterscheiden sich dabei u.a. in der Höhe des pH-Werts, welcher die Maillardreaktion beeinflusst. Weiterhin bestätigen sie in Ihren Ergebnissen, dass die Maillardreaktion in Molkepulvern eine Reaktion mit nullter-Ordnung ist. Weitere Untersuchungen zur Maillardreaktion in laktosehaltigen Pulvern machen u.a. [Burin u.a. 2000], [Lievonen/Roos 2002], [Burin u.a. 2004], [Thomsen u.a. 2005b] und [Thomsen u.a. 2005c].

2.3 Fazit der Grundlagen

Aus der Literatur ist bekannt, dass die Verbackungsneigung von sprühgetrockneten laktosehaltigen Pulvern durch den amorphen Laktoseanteil verursacht wird. Durch eine Erhöhung des Feuchteanteils in den Pulvern kann die Glasübergangstemperatur soweit herabgesetzt werden, dass die Partikeln klebrige Eigenschaften erhalten und nach einer gewissen Induktionszeit kristallisieren. Um die Verbackungsneigung der genannten instabilen Pulver zu vermindern, sollen diese nun in einem Verfahren gezielt kristallisiert werden. In der vorliegenden Arbeit soll daher zunächst untersucht werden, bei welchen Feuchteanteilen und Behandlungstemperaturen sich welche Aktivierungsenergien und Induktionszeiten der Kristallisation ergeben und ob diese sich durch Modelle, z.B. der WLF-Gleichung, beschreiben lassen. Zeigt sich bei den Untersuchungen, dass eine Kristallisation in technisch sinnvollen Zeiten prinzipiell möglich ist, sollen die benötigten Verweilzeiten in einem Verfahren für eine Umwandlung bei verschiedenen relativen Luftfeuchten und Temperaturen bestimmt werden. Da Laktose verschiedene Kristallmodifikationen besitzt, sollen die kristallisierten Proben im Anschluss an deren Umwandlungen analysiert werden. Dies soll klären, bei welchen Prozessbedingungen sich bevorzugt die bei Raumtemperatur stabilste Form (α-Laktose-Monohydrat) bildet. Unter Beachtung der Kinetiken von ungewünschten Reaktionen, z.B. der Maillardreaktion, ergeben sich aus den Untersuchungen die benötigten Prozessparameter für eine Behandlung. Auf der Basis von diesen geforderten Betriebsbedingungen und der sich daraus ergebenden Kinetiken, sollen anschließend mögliche Verfahren vorgeschlagen werden und deren Praxistauglichkeit experimentell überprüft werden.

3 Aktivierungsenergien und Induktionszeiten der Kristallisation

Für die Auslegung eines Verfahrens zur Verminderung der Verbackungsneigung von amorphen laktosehaltigen Pulvern bzw. für eine Nachkristallisation der Laktose sind Kenntnisse über die Glasübergangsbereiche und Kristallisationskinetiken in Abhängigkeit von den Feuchteanteilen und den Behandlungstemperaturen notwendig. Es ist daher das Ziel der in diesem Kapitel durchgeführten Versuche, die genannten Parameter zu ermitteln. Hierzu werden die laktosehaltigen Proben zunächst nach der in Kapitel 2.2.3 beschriebenen Methode bei einer bestimmten Wasseraktivität befeuchtet. Mittels einfachen und praktikablen Differential-Scanning-Calorimetry-Messungen (DSC) werden von diesen Proben die Glasübergangstemperaturbereiche sowie die Aktivierungsenergien und Induktionszeiten der Kristallisation in Abhängigkeit der eingestellten Feuchte gemessen. Die so erhaltenen Daten dienen im Anschluss daran für weitere und aufwändigere Untersuchungen zur Abschätzung der einzustellenden Versuchsbedingungen.

3.1 Versuchsmaterialien

Für die Untersuchungen in Kapitel 3 und Kapitel 4 wurden jeweils drei für die Milchindustrie relevante Stoffsysteme mit unterschiedlichen Laktoseanteilen ausgewählt, nämlich **Laktose** (Fa. Uelzena), **Molkepermat** (Fa. Meggle) und **Molke** (Fa. Lactoprot u. Fa. Uelzena), welche von den jeweiligen genannten Firmen sprühgetrocknet worden sind.

Für die Sprühtrocknung wurden hierbei Lösungen mit einem Feststoffanteil von 30 Gew.-% angesetzt, welche zunächst auf eine Temperatur von ca. $T = 75$ °C erhitzt worden sind. Durch den hohen Feststoffanteil sollten die zerstäubten Tropfen während der Sprühtrocknung möglichst als Vollkugeln erstarren, was für die späteren Untersuchungen in Kapitel 4 von Vorteil ist. Nach dem Auflösen wurden die Lösungen der Laktose, des Molkepermeats und der Molke der Fa. Lactoprot für mindestens 24 Stunden bei Raumtemperatur stehen gelassen, damit diese abkühlen und sich die Mutarotationsgleichgewichte zwischen α- und β-Laktose einstellen können. Die übersättigten Lösungen wurden anschließend in Technikumssprühtrocknern der jeweiligen Firmen sprühgetrocknet und danach die entstehenden Pulver in luftdichten Verpackungen verschlossen. Die Molkelösung der Fa. Uelzena wurde hingegen gleich nach dem Erhitzen auf $T = 75$ °C im

Sprühturm zerstäubt und getrocknet. Die Ein- und Austrittstemperaturen der Trocknungsluft waren bei den Sprühtrocknungen der vier Lösungen T_{ein} = 175 – 190 °C und T_{aus} = 85 – 102 °C. Um eine Kristallisation der Pulver aufgrund von Feuchteaufnahmen aus der Umgebung während der Lagerung zu vermeiden, wurden die Pulver entweder in Exsikkatoren mit P_2O_5 als Trocknungsmittel oder in einer Vakuumkammer gelagert.

Die in den Untersuchungen verwendeten Pulver wurden im Anschluss an die Sprühtrocknungen charakterisiert. Mit Hilfe eines Laserbeugungsspektrometers (Mastersizer S, Fa. Malvern, Trockendispergierung) wurden die Partikelgrößenverteilungen der Pulver gemessen und daraus deren mittlere Partikeldurchmesser $d_{50,3}$ bestimmt. Abbildung 3.1 zeigt die Summenverteilungen Q_3 der Pulver.

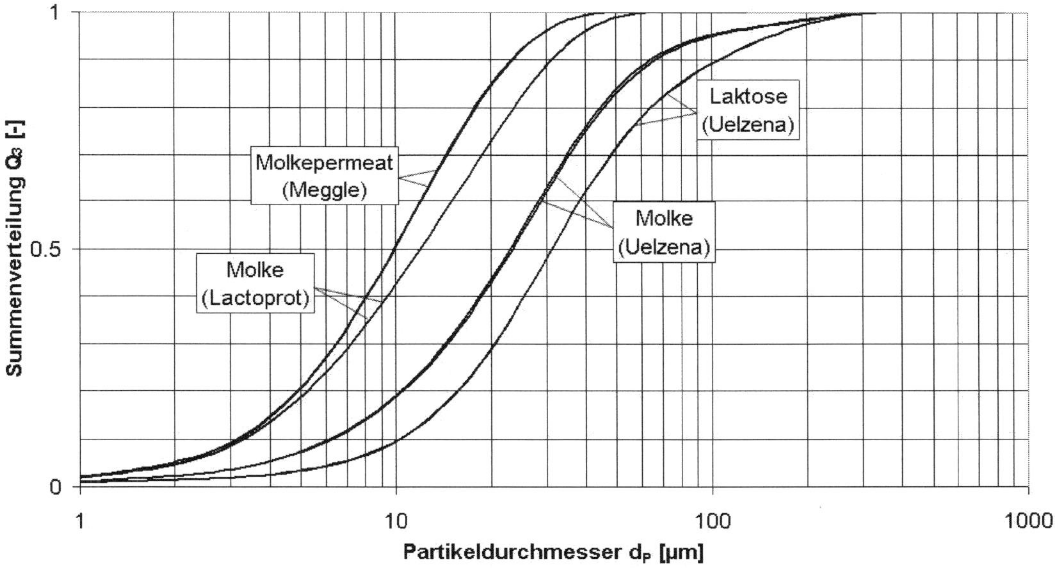

Abbildung 3.1: Summenverteilungen Q_3 der Partikeldurchmesser von den verwendeten laktosehaltigen Pulvern.

Tabelle 3.1 zeigt die mittleren Partikeldurchmesser sowie die Zusammensetzungen (Spezifikationen lt. Hersteller) der vier Pulver im Vergleich:

Tabelle 3.1: Charakterisierung der verwendeten laktosehaltigen Pulvern.

		Anteile		
	$d_{50,3}$ [µm]	**Laktose [Gew.-%]**	**Proteine [Gew.-%]**	**Salze [Gew.-%]**
Laktose (Fa. Uelzena)	31	99,7	n.b.	n.b.
Süßmolkepermeat (Fa. Meggle)	12	≈ 78 - 80	≈ 3 - 4	≈ 10
Süßmolke (Fa. Lactoprot)	10	≈ 73	≈ 12	≈ 3
Süßmolke (Fa. Uelzena)	23	≈ 70	≈ 13,5	≈ 3

Um eine mögliche Kristallisation der Laktose während des Herstellungsprozesses oder während der Lagerung festzustellen, wurden von den sprühgetrockneten Pulvern Röntgendiffraktogramme (XRD) aufgenommen. Abbildung 3.2 zeigt die Ergebnisse dieser Messungen, wobei diese nicht mit der in Kapitel 5.5 beschriebenen Methode normiert worden sind. Für eine bessere Anschauung wurde die Skalierung jedoch so gewählt, dass die Kurven mit denen der kristallinen Pulver in den Abbildungen 5.13 – 5.15 in etwa verglichen werden können.

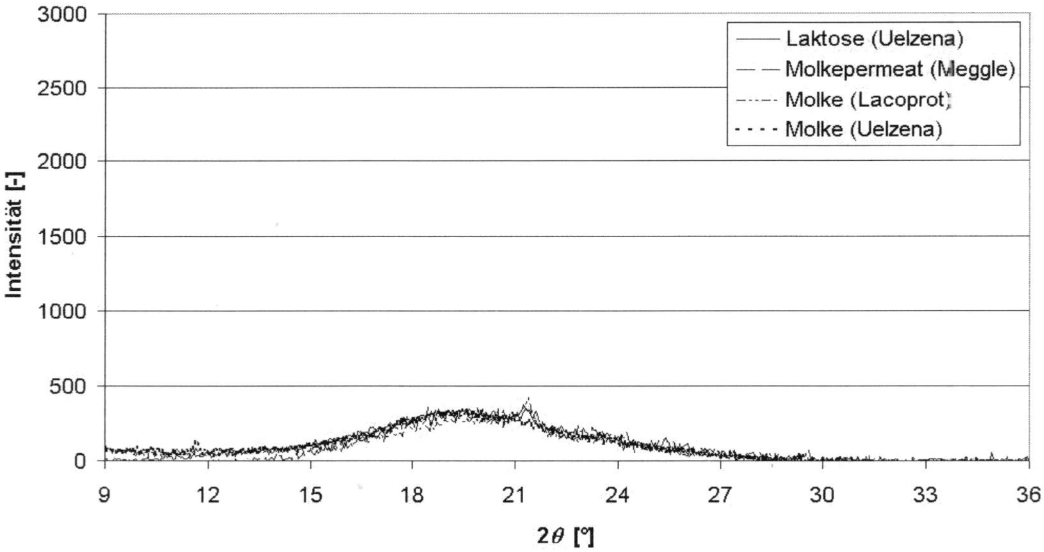

Abbildung 3.2: Röntgendiffraktogramme der verwendeten sprühgetrockneten Pulver.

Wie man erkennen kann, weisen die Diffraktogramme der sprühgetrockneten laktosehaltigen Pulver keine spezifischen Peaks auf. Dies bedeutet, dass die verwendeten Pulver vollständig amorph vorlagen. Weitere Ausführungen und Erläuterungen zu den durchgeführten XRD-Messungen sind in Kapitel 5.5 aufgeführt.

Eine Analyse der amorphen Laktose mittels Polarimetermessungen ergab einen spezifischen Drehwinkel von $[\alpha]_D^{20} = 59{,}2°$. Dies entspricht einem α-Laktoseanteil von 44,5 %, also einem Verhältnis von $R = \beta/\alpha \approx 1{,}25$.

Zur Bestimmung der Morphologie der sprühgetrockneten Partikeln wurden rasterelektronenmikroskopische Aufnahmen (REM) im Laboratorium für Elektronenmikroskopie der Universität Karlsruhe (Gemini1530, Fa. Leo) aufgenommen. Die Abbildungen 3.3 bis 3.5 zeigen die Morphologien der sprühgetrockneten Partikeln von Laktose, Molkepermat und Molke der Fa. Lactoprot.

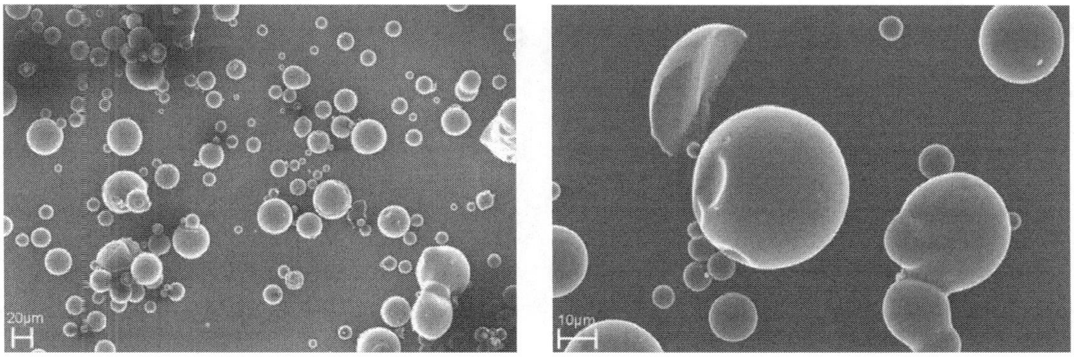

Abbildung 3.3: REM-Aufnahmen der sprühgetrockneten amorphen Laktosepartikeln. (Fa. Uelzena).

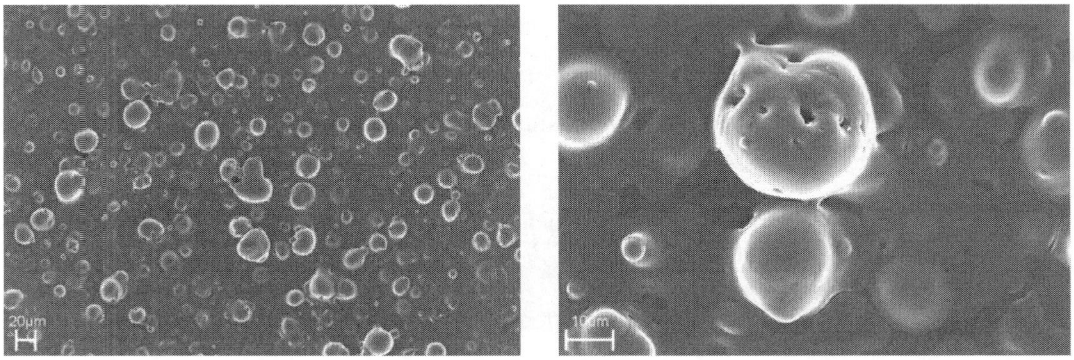

Abbildung 3.4: REM-Aufnahmen der sprühgetrockneten amorphen Molkepermeatpartikeln. (Fa. Meggle).

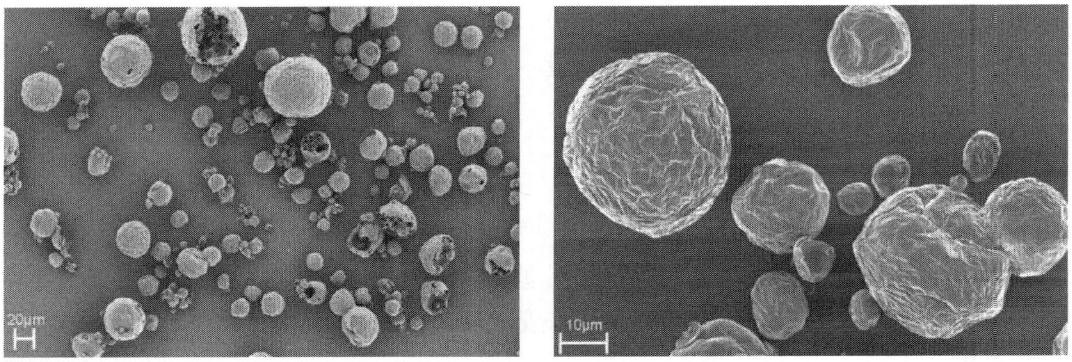

Abbildung 3.5: REM-Aufnahmen der sprühgetrockneten amorphen Molkepartikeln (Fa. Lactoprot).

Wie man aus den Abbildungen 3.3 erkennen kann, sind die Laktosepartikeln regelmäßige Kugeln. An einem Bruchstück einer solchen Kugel im rechten Bild ist zu sehen, dass es sich um Vollkugeln handelt. Die Partikeln des Molkepermeats und der Molke sind ebenfalls Kugeln, welche allerdings im Vergleich zur Laktose Unregelmäßigkeiten besitzen.

3.2 Bestimmung der Sorptionsisothermen

Wie in Kapitel 2.2.4 beschrieben, sind die Glasübergangs- und Kristallisationstemperaturen von amorpher Laktose von dem Feuchteanteil w abhängig. Demzufolge ist die Kenntnis über die Gleichgewichtsfeuchteanteile bei entsprechenden relativen Luftfeuchten und Temperaturen, also die Sorptionsisothermen der untersuchten Pulver, von Bedeutung. Zur Bestimmung von Sorptionsisothermen wurden amorphe sprühgetrocknete laktosehaltige Pulver zunächst für 24 h in einem Vakuumtrockenschrank bei einer Temperatur von T = 70 °C getrocknet. Im Anschluss daran wurden die Pulver über gesättigte Salzlösungen in Exsikkatoren für mindestens 14 Tage bei einer Sorptionstemperatur von T = 30 °C gelagert (siehe Kapitel 2.2.3). Da für die Temperierung nur ein Trockenschrank ohne Kühlung zur Verfügung stand, war die Einstellung einer niedrigeren Sorptionstemperatur (z.B. T = 25 °C) vor allem in den Sommermonaten nicht möglich. Zur Herstellung der verschiedenen gesättigten Salzlösungen wurden die Salze NaOH, LiCl, CH_3COOK, $MgCl_2$, NaJ und K_2CO_3 (p.a.) in VE-Wasser dispergiert. Die Wasseraktivitäten der Lösungen sind im Anhang in Tabelle 8.1 aufgeführt und wurden nach dem [VDI-Wärmeatlas 1997] berechnet. Die Feuchtebestimmung der Pulver erfolgte gravimetrisch, indem die eingelagerten Proben für 24 h im Vakuumtrockenschrank bei T = 70 °C getrocknet und rückgewogen worden sind.

Bei den Untersuchungen hat sich ergeben, dass bei $a_w = 0{,}42$ und $T = 30$ °C der Feuchteanteil w der Proben so hoch bzw. der Glasübergangstemperaturbereich der Laktose so niedrig ist, dass die Kristallisation im genannten Einlagerungszeitraum bereits eingesetzt hat. Eine Bestimmung des Sorptionsgleichgewichts in den amorphen Phasen ist bei diesen Bedingungen und dieser Methode somit nicht möglich. Für die Untersuchungen bei den niedrigeren Wasseraktivitäten konnten die Feuchteanteile hingegen bestimmt werden. Es zeigte sich allerdings, dass die so ermittelten Sorptionsisothermen nicht reproduzierbar angefertigt werden konnten. Eine Erklärung hierfür könnte sein, dass die Zeit für die Sorption in den Exsikkatoren zu gering war und das Gleichgewicht in den Pulvern noch nicht erreicht worden war. Aus diesem Grund wurden zur Bestimmung der Sorptionsisothermen die Untersuchungen wiederholt, wobei jeweils zwei Proben der verschiedenen Pulver für drei Monate über den gesättigten Salzlösungen gelagert wurden. Abbildung 3.6 zeigt die gemessenen Feuchteanteile w bei verschiedenen Wasseraktivitäten a_w bei $T = 30$ °C für die untersuchten laktosehaltigen Pulver sowie zum Vergleich Sorptionsisothermen von Laktose- und Magermilchpulver, welche von [Bronlund/Paterson 2004] und [Vuataz 2002] für $T = 25$ °C gemessen und mit Hilfe der GAB- bzw. BET-Gleichung (siehe Kapitel 2.2.3) angepasst worden sind.

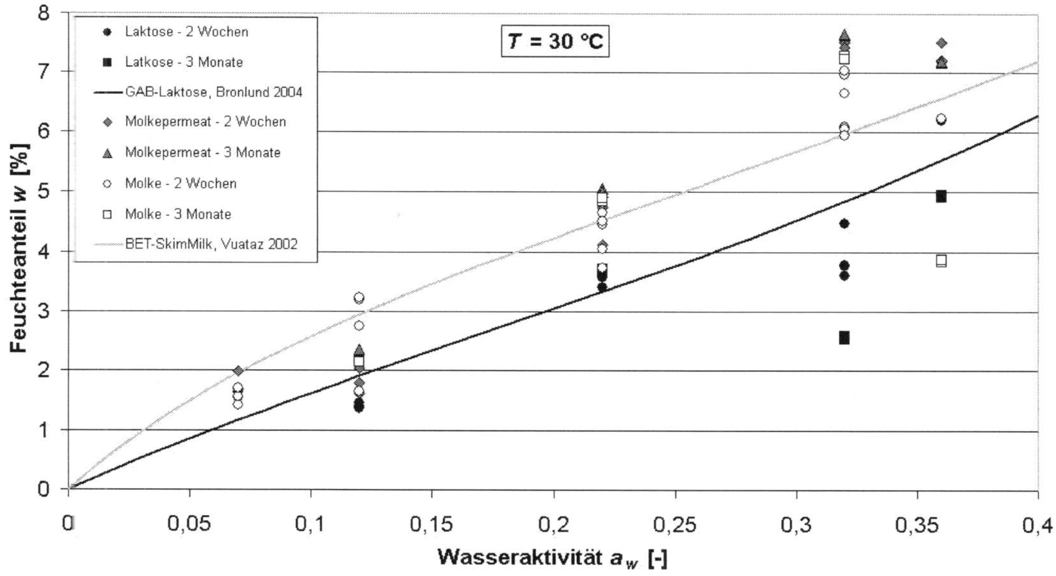

Abbildung 3.6: Sorptionsisothermen für amorphe laktosehaltige Pulver bei $T = 25$ und 30 °C.

Wie man erkennen kann, unterscheiden sich die Probenpaare der für drei Monate eingelagerten Pulver um weniger als 0,1 % voneinander. Dies ist ein Hinweis dafür, dass die Methodik zur Bestimmung der Feuchteanteile über Trocknung und Gravimetrie hinreichend genau durchgeführt werden konnte. Demzufolge müssen sich die Feuchteanteile der Pulver bei den verschieden langen Sorptionsversuchen unterscheiden. Eine Erklärung für diese großen Abweichungen der erhaltenen Feuchteanteile könnte wie schon beschrieben darin begründet sein, dass bei zu kurzen Sorptionszeiten sich noch kein Gleichgewicht eingestellt hat und bei zu langen Zeiten, die Kristallisation der Laktose bei hohen Wasseraktivitäten schon vorangeschritten ist. Da kristalline Laktose deutlich weniger Feuchtigkeit absorbiert als die amorphe Form, würde somit der mittlere Feuchteanteil des gesamten Pulvers sinken. Eine weitere Erklärung könnten Undichtigkeiten der Exsikkatoren oder Verunreinigungen der Salzlösungen sein, wodurch die sich einstellende Wasseraktivität der Gasphase beeinflusst würde.

Bei den Untersuchungen hat sich demnach gezeigt, dass mit der vorgeschlagenen Vorgehensweise zur Bestimmung von Sorptionsisothermen bzw. zur Einstellung der Wasseraktivität in amorphen laktosehaltigen Pulvern keine reproduzierbaren Ergebnisse erzielt werden konnten. Da die Feuchteanteile wie beschrieben von den Einlagerungszeiten abhängen, sollten diese entweder online aufgezeichnet oder in kurzen Zeitabständen ermittelt werden, um so dass Erreichen des Gleichgewichtes erkennen zu können. In dieser Arbeit wurde dies jedoch nicht durchgeführt. Daher entsprechen die Wasseraktivitäten der verwendeten Pulver nicht unbedingt denen der Salzlösungen. Aus diesem Grund wurde auf eine Auftragung der Messergebnisse über deren Wasseraktivitäten in dieser Arbeit verzichtet und nur deren Feuchteanteile w angegeben.

Um den Einfluss der Feuchte auf die Glasübergangstemperaturbereiche sowie die Aktivierungsenergien und Induktionszeiten der Kristallisation bestimmen zu können, wurden die Pulver über den gesättigten Salzlösungen für zwei Wochen in einer Petrischale der feuchten Atmosphäre ausgesetzt. Für die nachfolgenden DSC-Messungen wurden im Anschluss daran jeweils ca. 3 – 5 mg der Proben in bis zu 20 Aluminiumtiegeln abgefüllt und mittels einer Handpresse hermetisch verschlossen. Da die Proben nicht in einem klimatisierten Raum abgefüllt werden konnten, wurden die Proben während der Abfüllung je nach eingestellter Wasseraktivität bzw. herrschender Umgebungsluftfeuchte entweder feuchter oder trockener. Um diese Abweichungen abschätzen zu können, wurden vor der ersten und nach der letzten Tiegelabfüllung jeweils eine Probe abgewogen und deren Feuchteanteile über die gravimetrische Trocknungsmethode ermittelt. Die bei den DSC-Messungen angegebenen Feuchteanteile entsprechen dem Mittelwert w_{Mittel} dieser beiden

Werte. Des Weiteren wurden von der ersten, einer mittleren und der letzten Probe die jeweiligen Glasübergangstemperaturbereiche bei einer Aufheizrate von ϕ = 5 K/min bestimmt. Die sich ergebenden Feuchteanteile w und Glasübergangstemperaturen $T_{G,W}$ sind im Anhang in den Tabellen 8.2 und 8.3 aufgeführt. Wie man daraus erkennen kann, variieren die Feuchteanteile und Glasübergangstemperaturbereiche der jeweiligen Pulver um bis zu w = 0,7 % bzw. $T_{G,W}$ = 7 °C. Die genannten Abweichungen müssen bei den nachfolgenden Untersuchungen in den Kapiteln 3.3 - 3.5 berücksichtigt werden.

3.3 Bestimmung der Aktivierungsenergie der Kristallisation mittels der dynamischen Differential Scanning Calorimetry (DSC)

Die Aktivierungsenergie einer Reaktion bzw. einer Phasenumwandlung ist ein Maß für die Temperaturabhängigkeit der Reaktionsgeschwindigkeit. Mit Hilfe der Aktivierungsenergie können Aussagen darüber getroffen werden, wie stark sich eine Phasenumwandlung durch eine Temperaturerhöhung beschleunigen lässt. Aus diesem Grund wurden die Aktivierungsenergien der Kristallisation von amorpher Laktose in Laktose-, Molkepermeat- und Molkepulver mittels der dynamischen Differential Scanning Calorimetry bestimmt. Wie in Kapitel 2.2.8 beschrieben kann durch einen Vergleich von dynamisch und isotherm bestimmten Aktivierungsenergien einer Kristallisation auf den Keimbildungs- und Keimwachstumsmechanismus geschlossen werden. Die Aktivierungsenergien der Kristallisation bei isothermen Bedingungen werden in Kapitel 4.4 bestimmt. Die erhaltenen Ergebnisse können im Anschluss für eine Abschätzung der einzustellenden Betriebsparameter in einem Verfahren zur Umwandlung von amorpher Laktose dienen.

3.3.1 Prinzip der Differential Scanning Calorimetry

Die Differential Scanning Calorimetry ist eine Technik zur Bestimmung der Änderung der inneren Energie von Substanzen während kalorischer Prozesse. Es können exotherme sowie endotherme Vorgänge oder Änderungen der Wärmekapazitäten von Stoffen ermittelt werden. Hierfür werden in einer Probenkammer die zu untersuchende Substanz und ein inertes Referenzmaterial entweder einer bestimmten Temperaturrampe (dynamisch) oder einem bestimmten Temperaturniveau (isotherm) ausgesetzt. Das DSC-Gerät zeichnet dabei die

Wärmeströme auf, welche benötigt werden, um Probe und Referenz auf gleicher Temperatur zu halten. Dies kann in zwei getrennten Messkammern erfolgen, welche separat erhitzt oder gekühlt werden (Power-Compensation-DSC). Eine weitere Methode ist die Heat-Flux-DSC, bei welcher die Probe und Referenz zusammen in einer Messkammer stehen, welche bei einer Messung erhitzt bzw. abgekühlt wird. Durch Wärmetönungen in der Probe ergeben sich Temperaturunterschiede zwischen Probe und Referenz, welche durch Sensoren aufgezeichnet werden können. Aus diesen gemessenen Temperaturunterschieden lassen sich so über Kalibrierungen mittels Schmelzwärmestandards die ab- bzw. eingehenden Wärmeströme in die Probe quantifizieren. Die in dieser Arbeit durchgeführten dynamischen und isothermen DSC-Messungen wurden in einem Differential Scanning Calorimeter (204 Phoenix, Fa. Netzsch) durchgeführt, welches nach dem Heat-Flux-Prinzip funktioniert. Als Kalibrierstandards wurden Indiumproben verwendet.

3.3.2 Ergebnisse und Diskussion

Zur Bestimmung der Aktivierungsenergien der Kristallisation in laktosehaltigen amorphen Pulvern wurden Proben mit verschiedenen Feuchteanteilen mittels der dynamischen DSC-Messung analysiert. Hierzu wurden die in Kapitel 3.2 befeuchteten Proben bei verschiedenen Aufheizraten von ϕ = 2,0 – 10,0 K/min im DSC behandelt. Abbildung 3.7 zeigt die gemessenen Kurven am Beispiel von amorpher Laktose (Fa. Uelzena) mit einem Feuchteanteil von w = 3,8 %. Wie man erkennen kann, findet in einem Temperaturbereich von ca. T = 45 - 60 °C eine Änderung der Wärmekapazität der Proben statt, welches das Überschreiten des Glasübergangstemperaturbereichs anzeigt. Die sich in dem Bereich ergebenden Maxima der Kurven weisen nach [Vuataz 2002] auf Relaxationen der amorphen Matrix hin. In dem Temperaturbereich von ca. T = 70 – 90 °C werden exotherme Reaktionen aufgezeichnet, welche als Kristallisation der amorphen Laktose zu identifizieren sind. Wie man sieht, erhöht sich die Temperatur des Peakmaximums, je schneller die Proben im DSC aufgeheizt werden. Um die einzelnen Kurven visuell besser miteinander vergleichen zu können, wurden die Graphen entlang der vertikalen Achse verschoben, sodass die Werte der Wärmeströme zwischen den Glasübergängen und der Kristallisation auf der x-Achse liegen. Dies ist zulässig, da in den durchgeführten Untersuchungen nicht die sich ergebenden Wärmemengen von Interesse sind, sondern herausgefunden werden soll, welche

Glasübergangstemperaturbereiche die Pulver aufweisen und bei welcher Temperatur bzw. nach welcher Zeit die amorphe Laktose in den Pulvern kristallisiert.

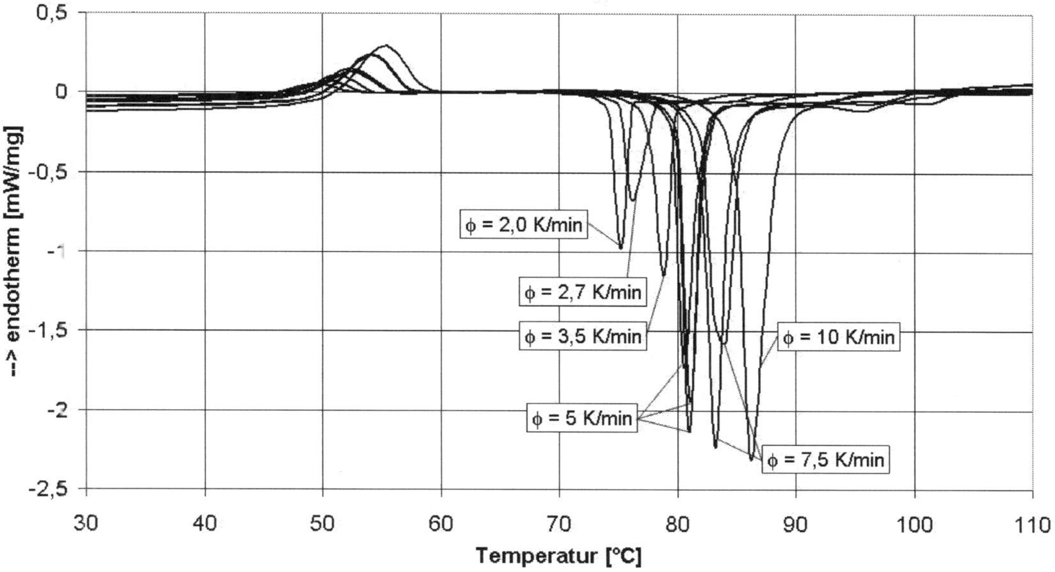

Abbildung 3.7: Dynamische DSC-Messungen von amorphem Laktosepulver (Fa. Uelzena, w = 3,8 %) bei diversen Aufheizraten ϕ.

Ähnliche Messergebnisse liefern Untersuchungen von weiteren Laktose- sowie von Molkepermeat- und Molkepulvern mit unterschiedlichen Feuchteanteilen, welche im Anhang in den Abbildungen 8.1 – 8.15 dargestellt sind.

Die Abbildungen 3.8 und 3.9 zeigen die dynamischen DSC-Messungen von Molkepermeat mit einer Feuchte von w = 1,9 und 4,4 %. Wie man erkennen kann, kristallisiert die Laktose in Molkepermeat mit der geringeren Feuchte von w = 1,9 % selbst bei der langsamsten Aufheizrate von ϕ = 2,0 K/min bis zu einer Temperatur von ca. T = 130 °C nicht. Bei höheren Temperaturen können in Molkepermeat oder Molke u.a. Proteindenaturierungen, Maillard- und Zersetzungs- bzw. Verrußungsreaktionen auftreten. Diese sind in den DSC-Messungen als exotherme Wärmetönungen in den Graphen zu erkennen. Ab einer Temperatur von ca. T = 170 °C sind endotherme Peaks zu sehen, welche auf das Schmelzen der Probeninhaltsstoffe hinweisen. Dies bedeutet, dass bei hohen Temperaturen die Wärmetönungen von eventuell auftretenden Kristallisationen nicht mehr im DSC bestimmt werden können. Ähnliche Ergebnisse konnten für amorphe Molke mit einem Feuchteanteil von w = 1,6 % erzielt werden.

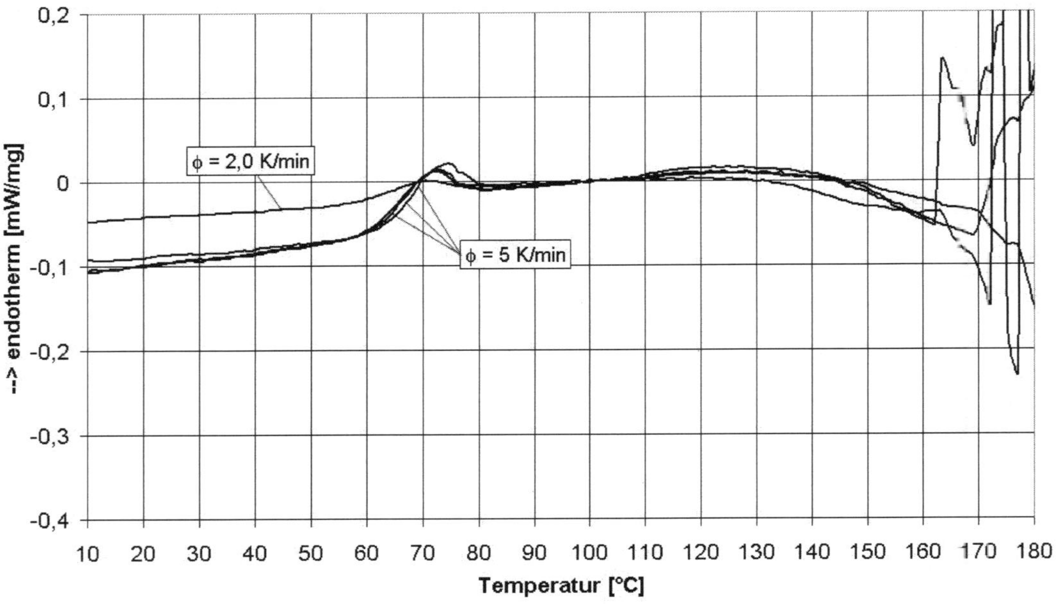

Abbildung 3.8: Dynamische DSC-Messungen von amorphem Molkepermeatpulver (Fa. Meggle, w = 1,9 %) bei diversen Aufheizraten ϕ.

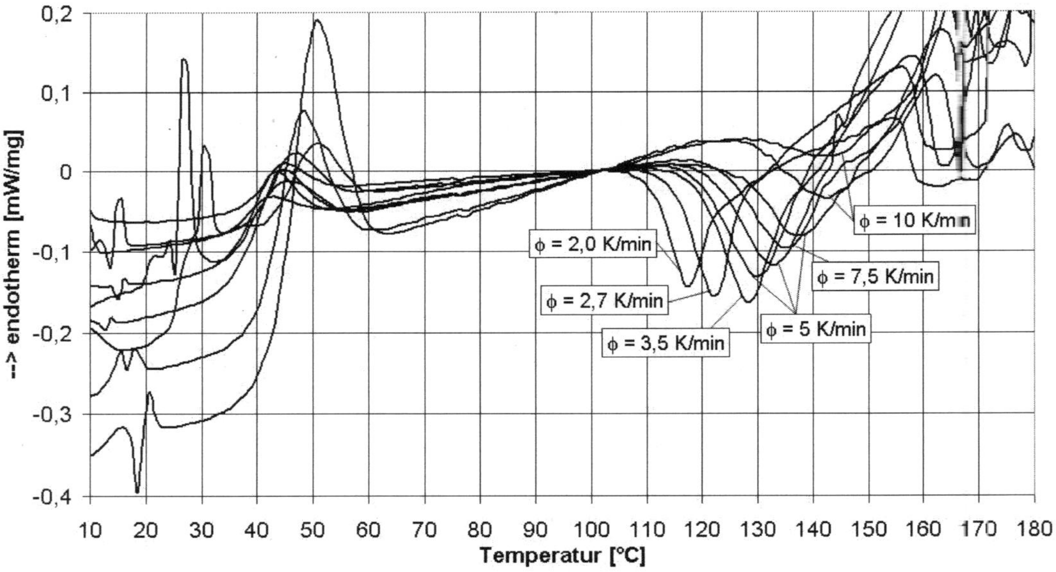

Abbildung 3.9: Dynamische DSC-Messungen von amorphem Molkepermeatpulver (Fa. Meggle, w = 4,4 %) bei diversen Aufheizraten ϕ.

Aus den Gegebenheiten folgt, dass die Aktivierungsenergien der Kristallisation von Laktose in Molkepermeat- und Molkepulver für zu niedrige Feuchteanteile mit dieser Methode nicht bestimmt werden können. Aufgrund dieser Tatsache und dem Phänomen, dass zu feuchte

Pulver schon während der Lagerung bei der Sorption kristallisieren, konnten die Aktivierungsenergien für Molkepermeat- und Molkepulver nur in einem sehr kleinen Feuchtebereich bestimmt werden.

Wie in Kapitel 2.2.8 beschrieben, können aus den dynamischen DSC-Messungen nach [Kissinger 1957] Aktivierungsenergien der Kristallisation bestimmt werden. Hierfür werden zunächst die Temperaturen T_P ermittelt, bei denen die Maxima der Kristallisationpeaks auftreten. Diese Werte werden anschließend in einem Diagramm $\ln\left(\frac{\phi}{T_P^2}\right)$ über $\frac{1}{T_P}$ aufgetragen. Die Abbildungen 3.10 – 3.12 zeigen die Ergebnisse von solchen Kissinger-Auftragungen für amorphes Laktose-, Molkepermeat- und Molkepulver.

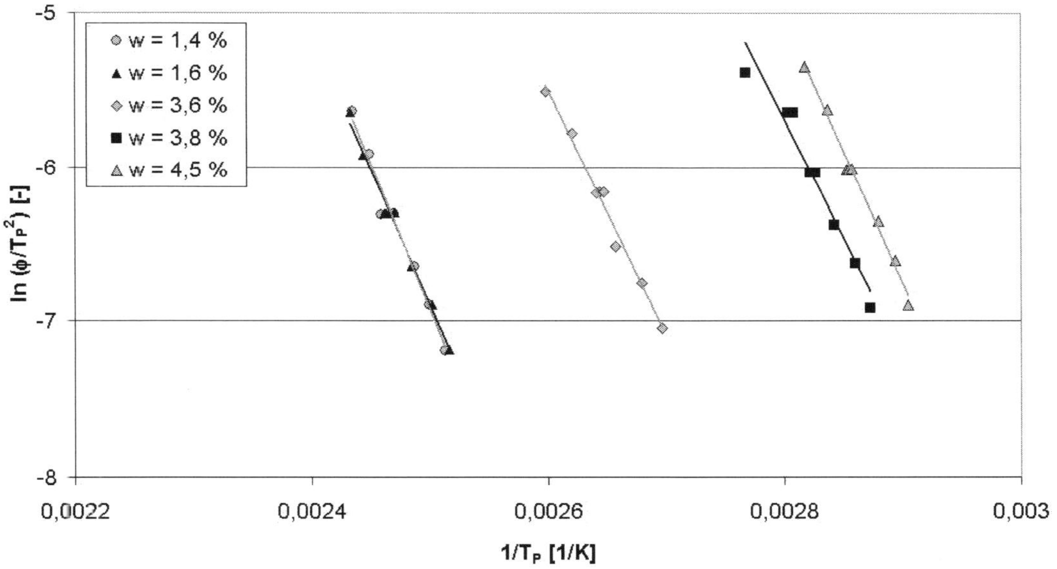

Abbildung 3.10: Kissinger-Auftragung der dynamischen DSC-Messungen von Laktosepulver (Fa. Uelzena) mit verschiedenen Feuchteanteilen w.

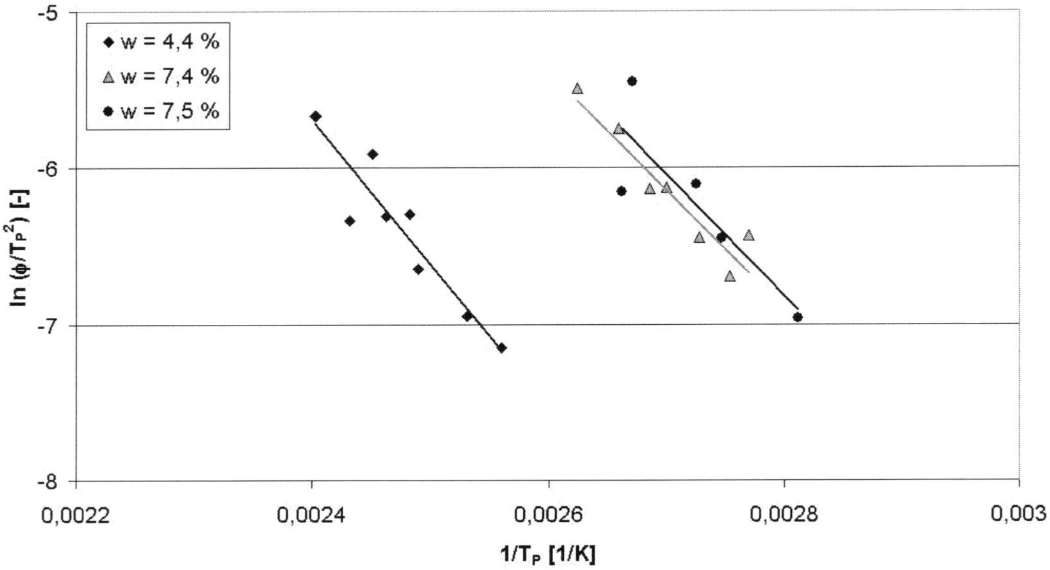

Abbildung 3.11: Kissinger-Auftragung der dynamischen DSC-Messungen von Molkepermeatpulver (Fa. Meggle) mit verschiedenen Feuchteanteilen w.

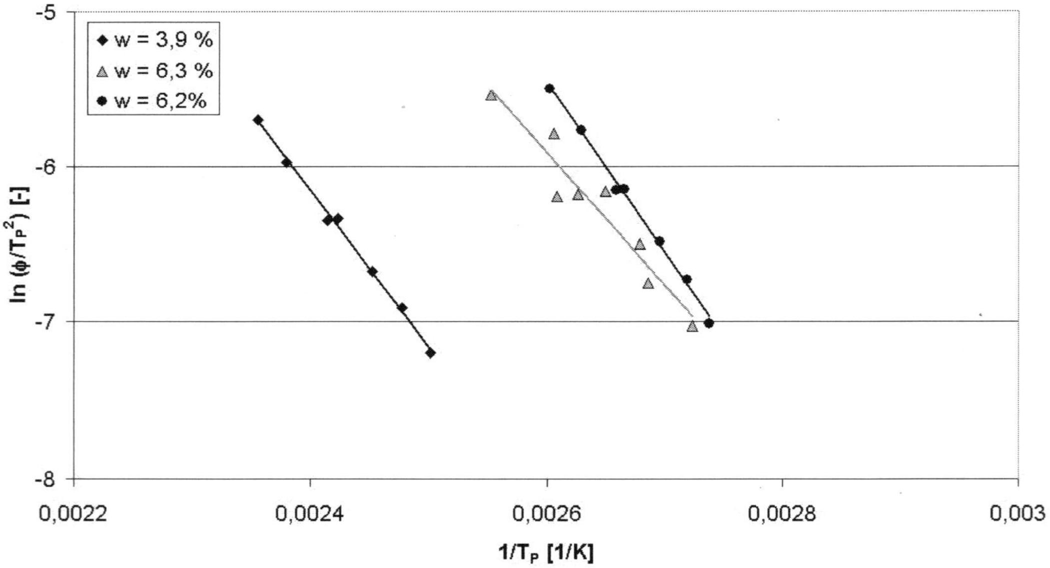

Abbildung 3.12: Kissinger-Auftragung der dynamischen DSC-Messungen von Molkepulver (Fa. Uelzena) mit verschiedenen Feuchteanteilen w.

Legt man durch die aufgetragenen Datenpunkte Ausgleichsgeraden, so haben deren Steigungen m die Bedeutung $m = -\frac{E_A}{R}$, mit der jeweiligen Aktivierungsenergie der Kristallisation E_A. Abbildung 3.13 zeigt die sich ergebenden Aktivierungsenergien für die

Kristallisation von den untersuchten laktosehaltigen Pulvern mit unterschiedlichen Feuchteanteilen.

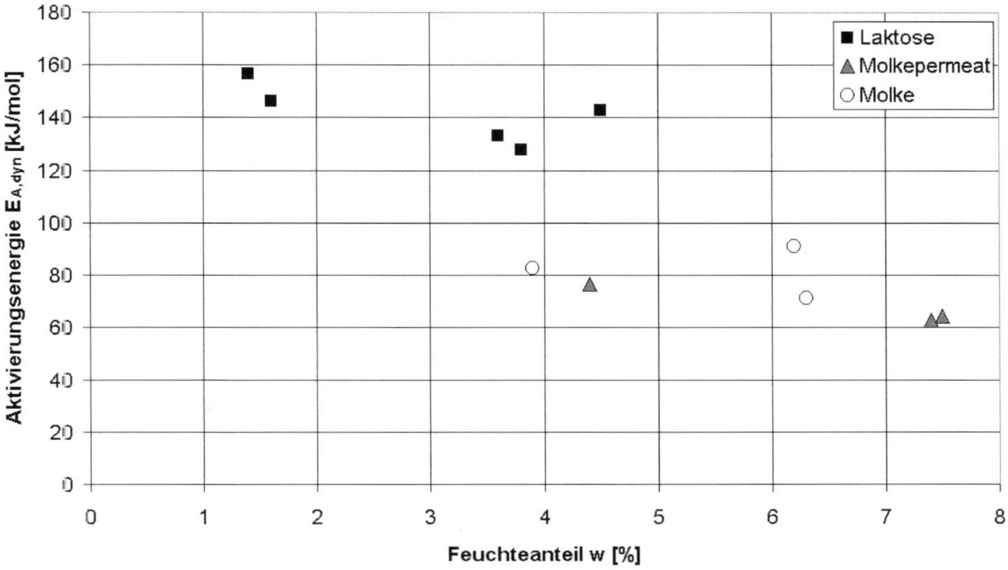

Abbildung 3.13: Aktivierungsenergien $E_{A,dyn}$ von laktosehaltigen Pulvern bei diversen Feuchten.

Abbildung 3.13 zeigt, dass die Kristallisation der reinen Laktose höhere Aktivierungsenergien besitzt, als die Kristallisation der Laktose in Molkepermeat- und Molkepulver. Dies bedeutet, dass sich durch eine Erhöhung der Prozesstemperatur die Kristallisationsraten von Laktose in Molkepermeat- und Molkepulver nicht so stark beschleunigen lassen wie dies bei gleicher Temperaturerhöhnung in reiner Laktose möglich ist. Des Weiteren scheinen die unterschiedlichen Feuchteanteile in den Pulvern im untersuchten Bereich nur einen geringen Einfluss auf die Aktivierungsenergien der Kristallisation zu haben. Eine leichte Absenkung der Aktivierungsenergie mit Zunahme der Feuchtigkeit könnte damit erklärt werden, dass sich aufgrund der höheren Feuchte die Molekülbeweglichkeit erhöht und dadurch die Kristallisation beschleunigt wird. Eine weitere Beschleunigung der Kristallisation durch eine Temperaturerhöhung kann sich demnach nicht mehr so stark auswirken wie bei trockenen Pulvern, wodurch die Aktivierungsenergie mit zunehmender Feuchte sinkt.

3.4 Bestimmung von Glasübergangstemperaturbereiche mittels der dynamischen Differential Scanning Calorimetry (DSC)

Wie in Kapitel 2.2.4 beschrieben, weisen amorphe Zucker Glasübergänge auf, deren Temperaturen von dem Feuchteanteil des Zuckers abhängig sind. Da sich die Viskosität einer Substanz nach Überschreiten dieses Glasübergangstemperaturbereichs sprunghaft verringert und so die Substanz klebrige Eigenschaften erhält, ist die Kenntnis der Glasübergangstemperaturbereichs in Abhängigkeit von der Feuchte von großer Bedeutung. Aus diesem Grund wurden die Glasübergangstemperaturbereiche der einzelnen Proben aus den in Kapitel 3.3.2 durchgeführten dynamischen DSC-Messungen bestimmt. Da die gemessenen Glasübergangstemperaturbereiche hierbei von den Aufheizraten abhängig sind (vgl. Abbildungen 3.7 – 3.9) wurden die im Folgenden angegebenen Glasübergangstemperaturen von den Messungen bei den Aufheizraten von ϕ = 5 K/min bestimmt. Abbildung 3.14 zeigt die ermittelten Glasübergangstemperaturen $T_{G,W}$ bei verschiedenen Feuchte- bzw. Feststoffanteilen. Zum Vergleich wurden die von [Vuataz, 2002] ermittelten und an die Gordon/Taylor-Gleichung angepassten Werte für Laktose- und Magermilchpulver im Diagramm dargestellt.

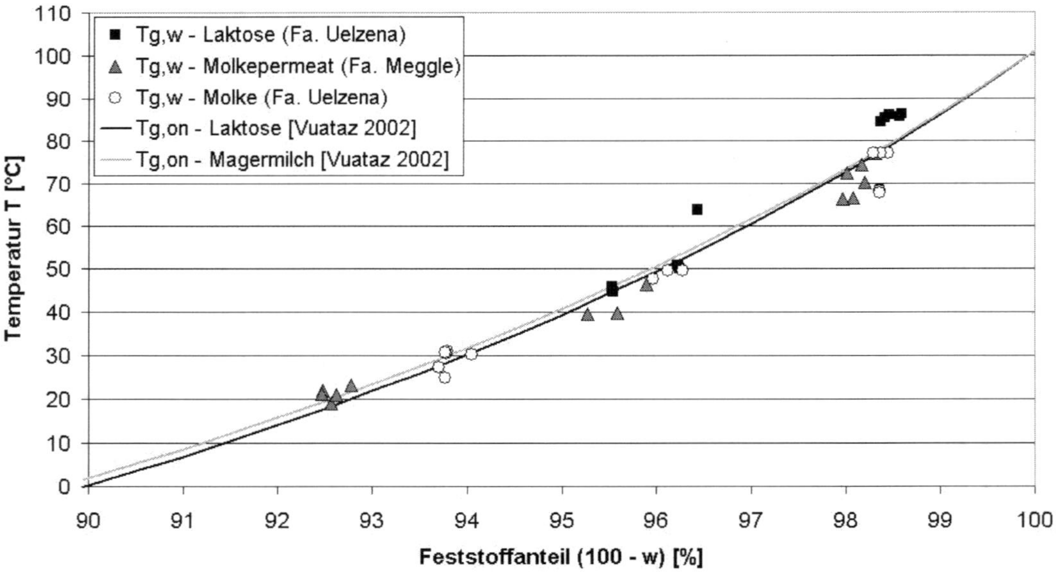

Abbildung 3.14: Glasübergangstemperaturen von amorphen laktosehaltigen Pulver.

Die Werte von [Vuataz, 2002] entsprechen den Onset-Temperaturen $T_{G,On}$ der Glasübergänge, welche durch ein Tangentenverfahren ermittelt werden können. Im Gegensatz hierzu, wurden in dieser Arbeit die mathematisch besser definierten Wendepunkte $T_{G,W}$ der Übergänge als die

Glasübergangstemperaturen angegeben. Diese wurden mit Hilfe einer Software des DSC-Geräteherstellers bestimmt und besitzen im Vergleich zu $T_{G,On}$ ca. 2 - 3 °C höhere Werte, was in Abbildung 3.14 berücksichtigt werden muss. Wie man aus der Abbildung erkennen kann, sind die Glasübergänge von den verschiedenen Pulvern eine Funktion vom Feuchteanteil w. Des Weiteren scheinen sich die Glasübergangstemperaturen der Laktose-, Molkepermeat- und Molkepulver in dem untersuchten Bereich in Abhängigkeit von deren Feuchteanteilen nur wenig voneinander zu unterscheiden. Weiterhin konnte festgestellt werden, dass die gemessenen Glasübergangstemperaturen in etwa in den von [Vuataz 2002] angegebenem Bereich liegen.

3.5 Bestimmung von Induktionszeiten der Kristallisation mittels der isothermen Differential Scanning Calorimetry

Zur Bestimmung der Induktionszeiten der Kristallisation von laktosehaltigen amorphen Pulvern wurden die in Kapitel 3.2 eingelagerten Proben mit Hilfe des DSC-Geräts isotherm bei verschiedenen Temperaturen behandelt. Für die Durchführung der Messungen wurde vor Versuchsstart das Temperaturprogramm des DSC-Geräts gestartet. Um eventuelle Umwandlungen des Pulvers vor Versuchsstart ausschließen zu können, wurden die zu untersuchenden Proben während der Aufheizzeit erst kurz vor dem Erreichen der gewünschten Behandlungstemperatur in die Messkammer des DSC-Geräts eingelegt. Durch die gegebenen Temperaturunterschiede zwischen der Probe und der Messkammer bzw. durch die Störung des Temperaturprofils in der Messkammer beim Einlegen der Probe, ermittelt das DSC-Gerät anfänglich einen übergehenden Wärmestrom in oder aus der Probe. Die Peaks, welche in den ersten zwei Minuten im DSC-Diagramm angezeigt werden, können demnach nicht als eine tatsächlich stattfindende Reaktion in der Probe interpretiert werden. Die Abbildungen 3.15 und 3.16 zeigen die erhaltenen Messkurven von amorpher Laktose mit unterschiedlichen Feuchteanteilen bei verschiedenen Temperaturen. Die Basislinien der erhaltenen Kurven wurden hierbei zur besseren Betrachtung in vertikaler Richtung verschoben.

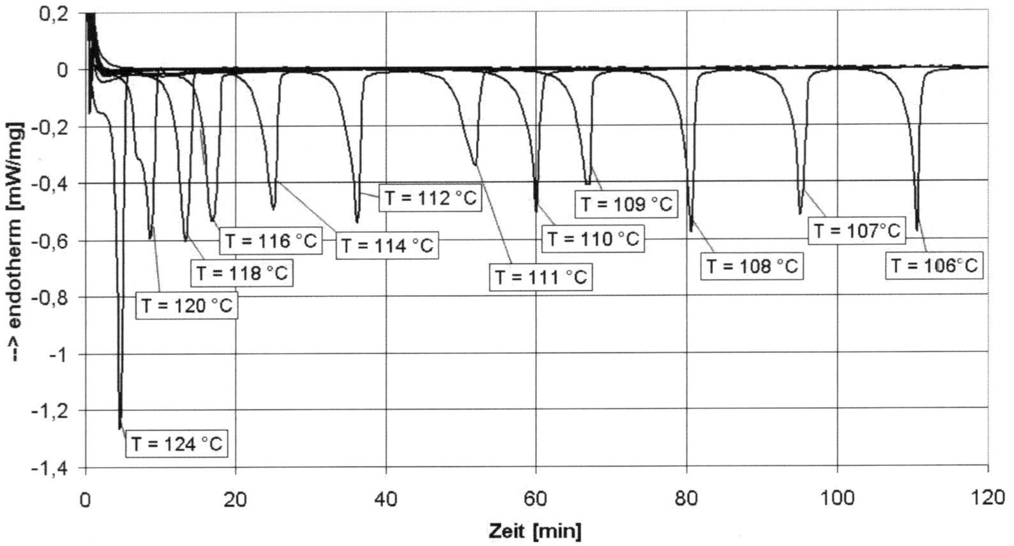

Abbildung 3.15: Isotherme DSC-Messungen von amorphem Laktosepulver (Fa. Uelzena, w = 1,6 %) bei diversen Temperaturen.

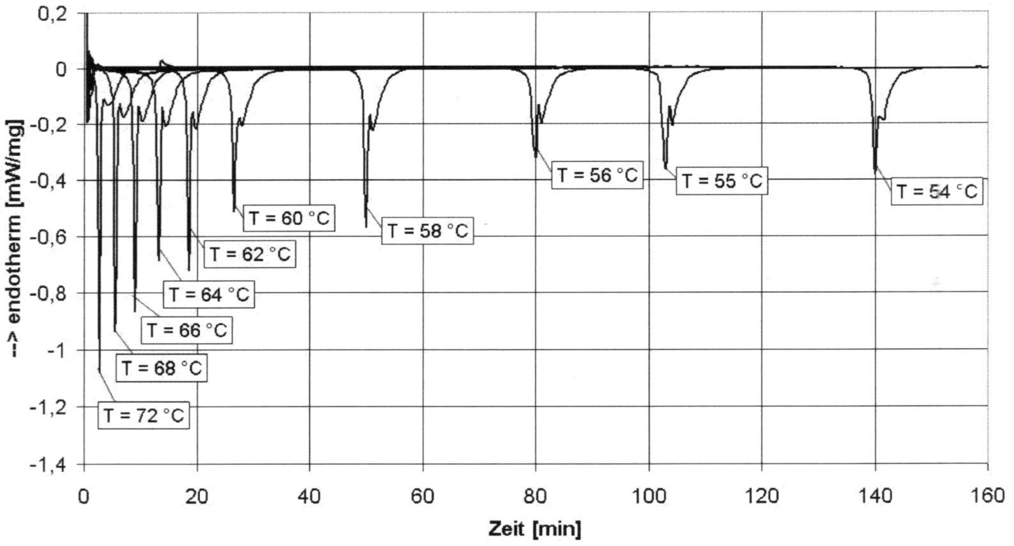

Abbildung 3.16: Isotherme DSC-Messungen von amorphem Laktosepulver (Fa. Uelzena, w = 4,5 %) bei diversen Temperaturen.

Wie man erkennen kann, sind die Induktionszeiten, also die Zeiten bis zum Beginn der Kristallisation umso länger, je niedriger die Behandlungstemperaturen sind. Ebenso zeigt sich, dass für vergleichbare Induktionszeiten umso niedrigere Behandlungstemperaturen benötigt werden, je höher die Feuchteanteile der Pulver sind. Im Anhang sind in Kapitel 8.3 die DSC-Diagramme aller durchgeführten Messungen mit Laktose in den Abbildungen 8.16 –

8.20 dargestellt. Hierin weisen die Kurven mit höheren Feuchtigkeiten einen zweiten Peak bzw. eine Schulter nach dem Kristallisationspeak auf. Wie in Kapitel 2.2.7 beschrieben, deuten [Sebhatu u.a. 1994] diese Schulter als eine Umwandlung von α-Laktose-Anhydrat in deren Monohydrat-Form. [Briggner u.a. 1994] hingegen berichten, dass während der Kristallisation sich zunächst eine Mischung aus α- und β-Laktose bildet und sich die gebildete kristalline β-Laktose durch Mutarotation zu α-Laktose umwandelt. Da die Untersuchungen in diesem Kapitel nur der Bestimmung von Induktionszeiten der Kristallisation in Abhängigkeit von Temperatur und Feuchte dienten, wurde auf weiterführende Analysen der Proben zur Klärung dieser Vorgänge verzichtet.

Die Abbildung 3.17 zeigt die Ergebnisse der DSC-Messungen für amorphes Molkepermeatpulver mit einem Feuchteanteil von w = 1,9 %.

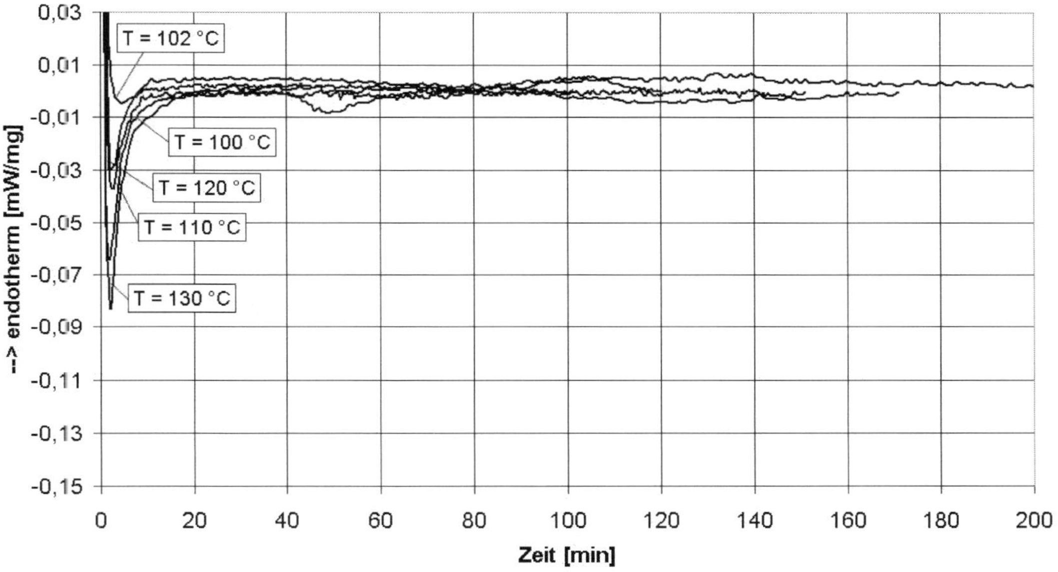

Abbildung 3.17: Isotherme DSC-Messungen von amorphem Molkepermeatpulver (Fa. Meggle, w = 1,9 %) bei diversen Temperaturen.

Für die Proben konnten hierbei keine Kristallisationspeaks bis zu einer Temperatur von T = 130 °C identifiziert werden. Die gemessenen Peaks zu Beginn der Versuche sind wie schon beschrieben, auf die anfänglichen Störungen des Temperaturprofils in der Messkammer und auf chemische Umwandlungen zurückzuführen. Es kann demnach daraus geschlossen werden, dass die amorphe Laktose in Molkepermeatpulver bei solch einer geringen Feuchtigkeit erst bei Temperaturen kristallisiert, bei welchen u.a. Zersetzungsreaktionen in

Molkepermeat- und Molkepulver stattfinden. Die Induktionszeiten der beiden Pulver für die zu trockenen Proben konnten daher mittels DSC-Messungen nicht bestimmt werden.

Abbildung 3.18 zeigt die DSC-Messungen von Molkepermeatpulver mit $w = 7{,}4\ \%$. Wie man erkennen kann, beginnt die Laktose umso früher zu kristallisieren, je höher die Temperatur ist. Die Höhen der Peaks sind im Vergleich zur Kristallisation von reiner Laktose nicht so stark ausgeprägt.

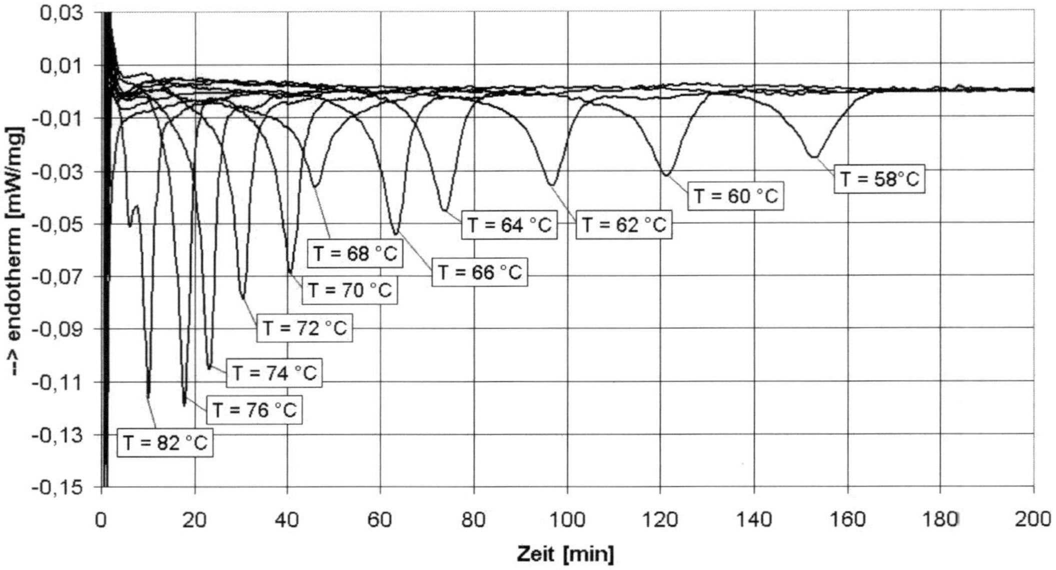

Abbildung 3.18: Isotherme DSC-Messungen von amorphem Molkepermeatpulver (Fa. Meggle, w = 7,4 %) bei diversen Temperaturen.

DSC-Messungen von weiteren Molkepermeat- und Molkeproben mit verschiedenen Feuchteanteilen ergaben ähnliche Ergebnisse und sind im Anhang in den Abbildungen 8.21 – 8.30 aufgeführt.

Abbildung 3.19 zeigt eine Zusammenfassung der Onset-Zeiten bis zum Beginn der Kristallisation (Induktionszeit) von unterschiedlich feuchten Laktoseproben in Abhängigkeit von der Behandlungstemperatur *T*. Aus der Abbildung ist deutlich zu erkennen, dass die Induktionszeiten der Kristallisation mit steigenden Behandlungstemperaturen und Feuchteanteilen herabgesetzt werden. Ähnliche Ergebnisse ergaben die isothermen DSC-Messungen mit Molkepermeat- und Molkepulver. Die zusammengefassten Darstellungen der Messergebnisse sind im Anhang in den Abbildungen 8.31 – 8.33 wiedergegeben.

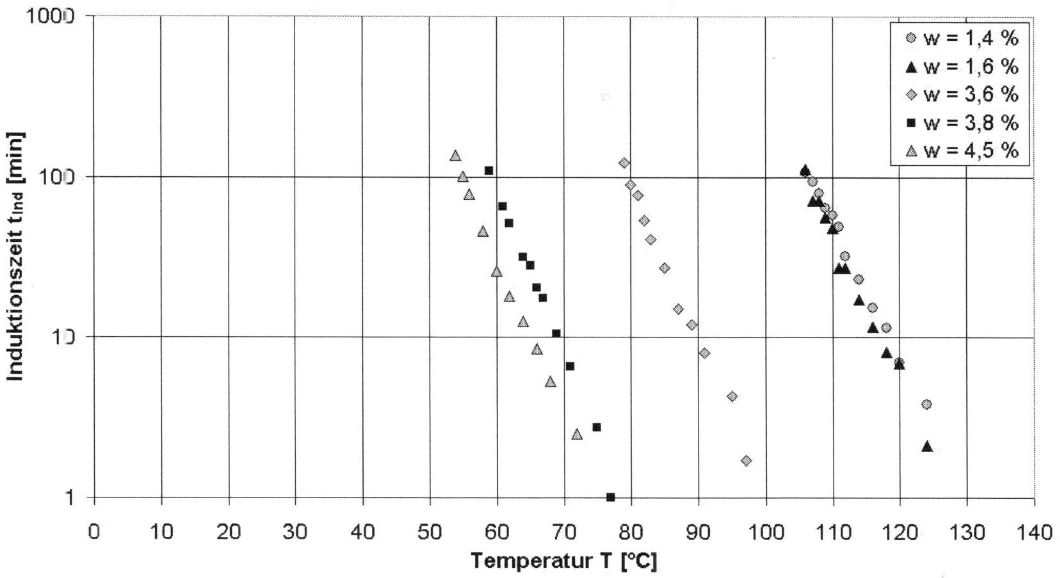

Abbildung 3.19: Induktionszeiten von amorpher Laktose mit unterschiedlichen Feuchte-Anteilen w bei verschiedenen isothermen Behandlungstemperaturen T.

In Abbildung 3.20 sind die jeweiligen Glasübergangstemperaturen T_G der Laktoseproben, welche in Abbildung 3.14 aufgeführt sind, von den Behandlungstemperaturen T subtrahiert worden und die Induktionszeiten in Abhängigkeit von $(T\text{-}T_G)$ aufgetragen. Die Abbildung zeigt, dass bei Temperaturen von ca. 20 °C bis 30 °C über der jeweiligen Glasübergangstemperatur die Laktose innerhalb von ca. 10 Minuten zu kristallisieren beginnt. Man kann daraus schließen, dass ein Verfahren zur Umwandlung von amorpher Laktose prinzipiell möglich und innerhalb einer technisch sinnvollen Zeit durchführbar ist. Zum Vergleich der gemessenen Induktionszeiten der Kristallisation und der nach dem WLF-Modell vorhergesagten Kristallisationszeiten wurde die WLF-Gleichung (Gl. 2.28) mit den universellen Anpassungskonstanten in Abbildung 3.20 abgebildet. Nach der WLF-Theorie müssten die Laktoseproben bei gleichen Werten für $(T\text{-}T_G)$ gleiche Kristallisationszeiten besitzen und diese auf der dargestellten Kurve (universelle WLF-Gleichung) liegen. Wie man erkennen kann, lassen sich die Induktionszeiten mit dieser Gleichung nicht vorausberechnen. Das ursprüngliche WLF-Modell ist für Viskositäten von Polymeren erstellt worden, welche wie in Kapitel 2.2.4 beschrieben umgekehrt proportional zu der Kristallisationszeit ist. Die Anwendbarkeit der universellen WLF-Gleichung für die Modellierung der Induktionszeiten eines Zuckers ist somit fragwürdig. Des Weiteren sind die Induktionszeiten stärker von den Feuchteanteilen abhängig als dies durch $(T\text{-}T_G)$ berücksichtigt wird. Modellierungsversuche der Induktionszeiten mittels der von [Peleg 1992] vorgeschlagenen abgewandelten WLF-

Gleichung (Gl. 2.25) und mittels eines exponentiellen Ansatzes nach der VTF-Gleichung (Gl. 2.26) ergaben keine Übereinstimmungen mit den Messergebnissen [Ibach/Kind 2006].

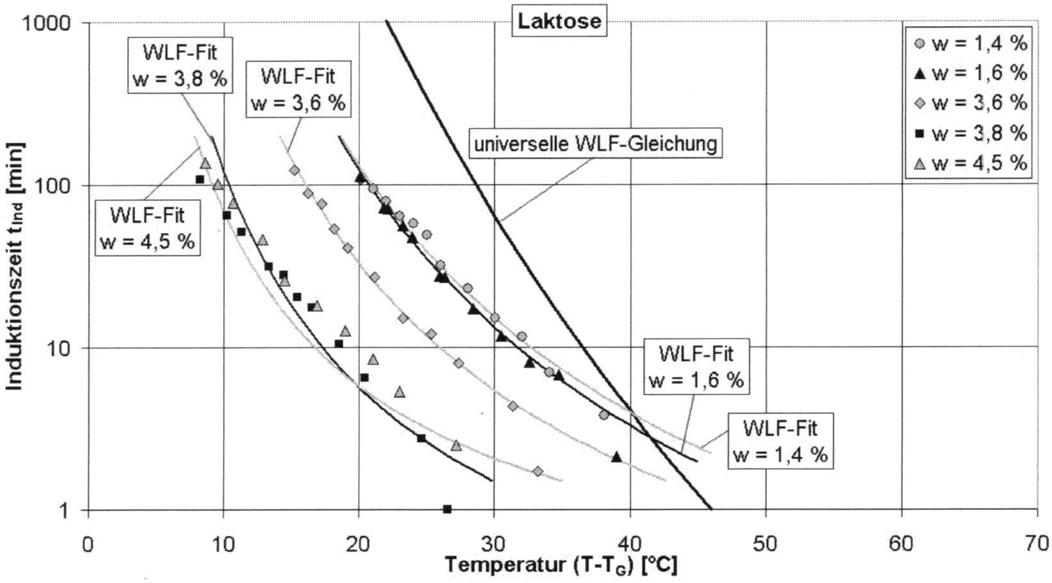

Abbildung 3.20: Induktionszeiten von amorphem Laktosepulver mit unterschiedlichen Feuchteanteilen w in Abhängigkeit von (T-T_G).

[Vuataz 2002] wendet die WLF-Gleichung zur Beschreibung der Zeit t_{Ind} bis zur Kristallisation von Laktose in Vollmilch an (Gl. 2.28), wobei er hierfür die beiden Konstanten zu C_1 = - 8,93 und C_2 = 14,4 anpasst. Bei der Anwendung der von [Vuataz 2002] vorgeschlagenen Methode müssten die gemessenen Induktionszeiten aus Abbildung 3.20 für die verschiedenen feuchten Pulver auf einer Kurve liegen. Im Gegensatz hierzu weisen [Champion u.a. 1997] in Saccharose-Lösungen nach, dass die Diffusion und somit die Kristallisationszeit nicht direkt über die Viskosität verbunden ist. [Champion u.a. 2000] schließen aus ihren Ergebnissen, dass mit der WLF-Gleichung z.B. Induktionszeiten für die Kristallisation von Laktose ab einem bestimmten (*T*-T_G) mit der WLF-Gleichung gut wiedergegeben werden können. Ist (*T*-T_G) zu klein bzw. der Feuchteanteil *w* zu gering, so ist der Diffusionskoeffizient geringer als durch die WLF-Gleichung vorhergesagt und somit die Induktionszeit länger. Die Ergebnisse aus Abbildung 3.20 bestätigen dieses Phänomen, nämlich dass für gleiche Induktionszeiten bei trockeneren Pulvern höhere Werte für (*T*-T_G) eingestellt werden müssen als dies bei feuchteren Pulvern notwendig ist. Es wurde daher der Versuch unternommen, die von [Vuataz 2002] vorgeschlagene Methode zur Modellierung (Gl. 2.28) an die gemessenen Induktionszeiten anzupassen, wobei die Konstanten C_1 und C_2 an die jeweiligen Messreihen mit den gleichen Feuchteanteilen angepasst worden sind. Die durchgezogenen Linien (WLF-Fit) in Abbildung 3.20 stellen diese Anpassungen dar (siehe Tabelle 8.4).

Die Abbildungen 3.21 und 3.22 zeigen die auf gleichem Wege erhaltenen Ergebnisse der Induktionszeiten der Laktosekristallisation in Molkepermeat- und Molkepulver.

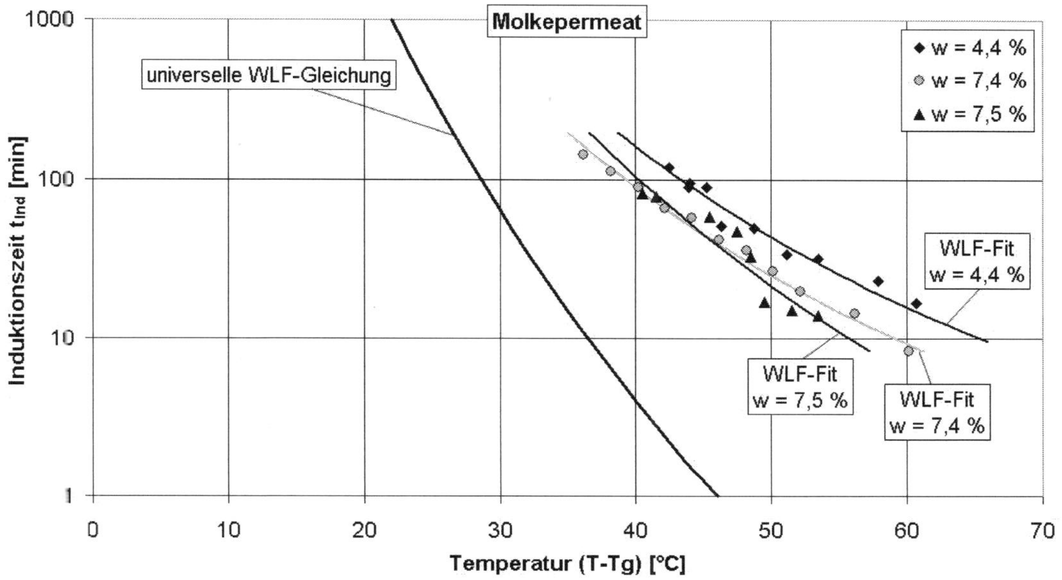

Abbildung 3.21: Induktionszeiten von amorphem Molkepermeatpulver mit unterschiedlichen Feuchteanteilen w in Abhängigkeit von (T-T_G).

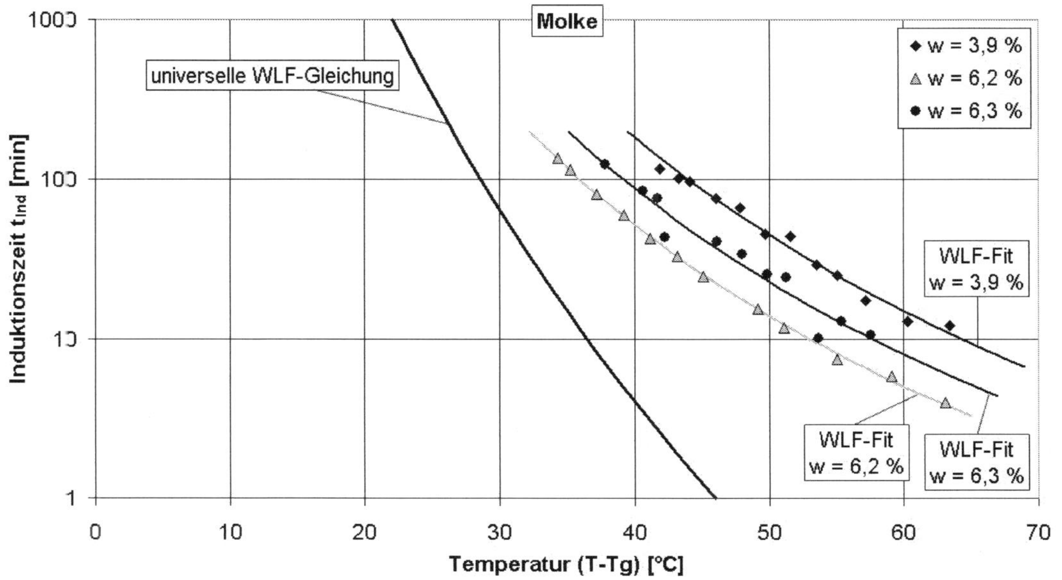

Abbildung 3.22: Induktionszeiten von amorphem Molkepulver mit unterschiedlichen Feuchteanteilen w in Abhängigkeit von (T-T_G).

Wie in Abbildung 3.20 entsprechen die durchgezogenen Linien der an die Gleichung 2.28 angepassten Kurven. Wie man aus den Abbildungen erkennen kann, kristallisiert die Laktose in Molkepermeat- und Molkepulver erst ab Temperaturen von ca. 50 °C bis 70 °C über den jeweiligen Glasübergangstemperaturen. Im Vergleich zu reiner Laktose scheint die Kristallisation in diesen Pulvern verzögert zu sein. Dies kann durch die Anteile an Proteinen und Salzen erklärt werden, welche die Kollisionswahrscheinlichkeit zwischen den Laktosemolekülen verringert und somit die Kristallisation verlangsamt.

Die isothermen DSC-Messungen haben somit ergeben, dass die Induktionszeiten der relativ trockenen untersuchten Pulver nicht nur von (T-T_G) abhängen. Die von den Feuchteanteilen abhängigen Anpassungskonstanten C_1 und C_2 sowie die Bestimmtheitsmaße R^2 der Anpassungen sind im Anhang in Tabelle 8.4 wiedergegeben. Auf eine Modellierung der Konstanten als eine Funktion von der Feuchtigkeit wurde aufgrund der wenigen Messreihen verzichtet. Eine vollständige Modellierung der Induktionszeiten der laktosehaltigen Pulver konnte demnach nicht erreicht werden. Die durchgeführten isothermen DSC-Messungen haben jedoch gezeigt, dass eine gezielte Kristallisation von amorphen laktosehaltigen Pulvern durch eine Erhöhung der Feuchtigkeit und der Temperatur in einer technisch sinnvollen Zeit möglich ist. Die Ergebnisse können für eine Abschätzung der einzustellenden Betriebsparameter in den folgenden Untersuchungen dienen.

4 Verweilzeiten für eine Nachkristallisation

Mit Hilfe der vorangegangenen Versuchen aus Kapitel 3 und den daraus erhaltenen Aktivierungsenergien sowie Induktionszeiten der Kristallisation von laktosehaltigen Pulvern können die Bedingungen abgeschätzt werden, bei welchen Feuchteanteilen w und Temperaturen T die Pulver in einem technisch relevanten Zeitraum kristallisieren. Für die Auslegung eines Verfahrens zur Behandlung von genannten Pulvern können die erhaltenen Kristallisationszeiten jedoch nicht verwendet werden. Bei den durchgeführten DSC-Messungen aus Kapitel 3 wurden die Proben in einem hermetisch abgedichteten Tiegel vermessen. Bei einer einsetzenden Kristallisation wird hierbei Wasser an den restlichen amorphen Anteil der Probe abgegeben, wodurch die Glasübergangstemperatur herabgesenkt wird und somit die Kristallisationsgeschwindigkeit stetig ansteigt. Bei einer technisch relevanten Behandlungsweise würde das durch die Kristallisation freiwerdende Wasser entsprechend den herrschenden relativen Luftfeuchten abtrocknen, womit sich eine konstante Kristallisationsgeschwindigkeit einstellt. Des Weiteren sind für die Auslegung eines Verfahrens zur Nachbehandlung von amorphen laktosehaltigen Pulvern die Zeiten für die Sorption von Wasser in die Probe von Interesse. Aus diesem Grund wurde eine Versuchsapparatur realisiert, mit welcher es möglich ist, die **Sorptions-**, **Induktions-** und **Kristallisationszeiten** online aufzunehmen. Aus den Untersuchungen können so die erforderlichen Verweilzeiten in einem möglichen Verfahren ermittelt werden. Aus den Messkurven lassen sich außerdem die Reaktionsordnungen n und die Reaktionsgeschwindigkeitskonstanten k der Kristallisation bestimmen.

Für die Untersuchungen zur Sorption und Kristallisation von amorpher Laktose wurden drei aus den in Kapitel 3.1 charakterisierten Pulvern verwendet, nämlich **Laktose** (Fa. Uelzena), **Molkepermat** (Fa. Meggle) und **Molke** (Fa. Lactoprot).

4.1 Versuchsanlage

Die Versuchsanlage wurde von Weck (WECK und SCHLÜNDER, 1992) für die Heißdampftrocknung wasserfeuchter Einzelkörper konzipiert. Zur Untersuchung des Sorptions- und Kristallisationsverhalten von laktosehaltigen amorphen Pulvern wurde sie weitestgehend umgebaut. Mit der modifizierten Anlage ist es möglich, amorphes Pulver feuchter und warmer Luft bei relativen Luftfeuchten von $\varphi = 0{,}1 - 0{,}8$ und Temperaturen von $T = 50 - 110$ °C auszusetzen. In der Messkammer wird die zu untersuchende Probe von der Prozessluft bei annähernd Atmosphärendruck mit einer Geschwindigkeit von $u = 0{,}2$ m/s umströmt.

4.1.1 Messprinzip

Wird trockenes laktosehaltiges Pulver einer feuchten Umgebung ausgesetzt, sorbiert Wasser in Abhängigkeit der relativen Luftfeuchte und Temperatur in die Probe. Durch die Sorption erhöht sich die Masse der Probe. Ist der Feuchteanteil w und die Temperatur T der Probe ausreichend, kristallisiert die Laktose unter Wasserabgabe an die Atmosphäre. Nach vollständiger Umwandlung stellt sich das Sorptionsgleichgewicht von kristalliner Laktose ein. Dieses liegt bei Laktose-Anhydrat bei Wasseraktivitäten von $a_w = 0{,}3 - 0{,}7$ bei $w = 0{,}3 - 0{,}5$ %. Aufgrund der stark unterschiedlichen Sorptionsisothermen von amorpher und kristalliner Laktose ist es somit möglich, anhand der Massenänderungen einer Probe die Sorption und Kristallisation mittels einer Waage aufzuzeichnen und zu verfolgen.

4.1.2 Beschreibung der Versuchsanlage

Abbildung 4.1 zeigt ein Fließbild der Versuchsanlage mit den wichtigsten Mess- und Regeleinrichtungen. Die Versuchsanlage besteht aus einem Versorgungsteil und der eigentlichen Messstrecke. Im Versorgungsteil wird Umgebungsluft durch den Seitenkanalverdichter F1 angesaugt und zur Verbesserung der Temperaturregelung in einem thermostatisierten Luftkühler W1 gekühlt. Danach wird die Prozessluft über die elektrische Heizung W3 (3 x 1 kW) erwärmt. Zur Einstellung der gewünschten relativen Luftfeuchte φ wird VE-Wasser aus dem Vorlagebehälter B1 über die Exzenterschneckenpumpe P1 in den Plattenwärmetauscher W4 gefördert. Der Plattenwärmetauscher wird hierbei als Totalverdampfer betrieben und mittels Heizdampf aus dem Dampfnetz der Universität beheizt. Die Dampfleitung vom Plattenwärmetauscher W4 zur Prozessluft sowie die Messzelle sind als Doppelmantel ausgeführt. Die Dampfleitung wird mit Heizdampf und die Messzelle mit thermostatisiertem Heizöl schutzbeheizt. Vor der Messzelle wird der Prozessgasstrom über den statischen Mischer M1 durchmischt.

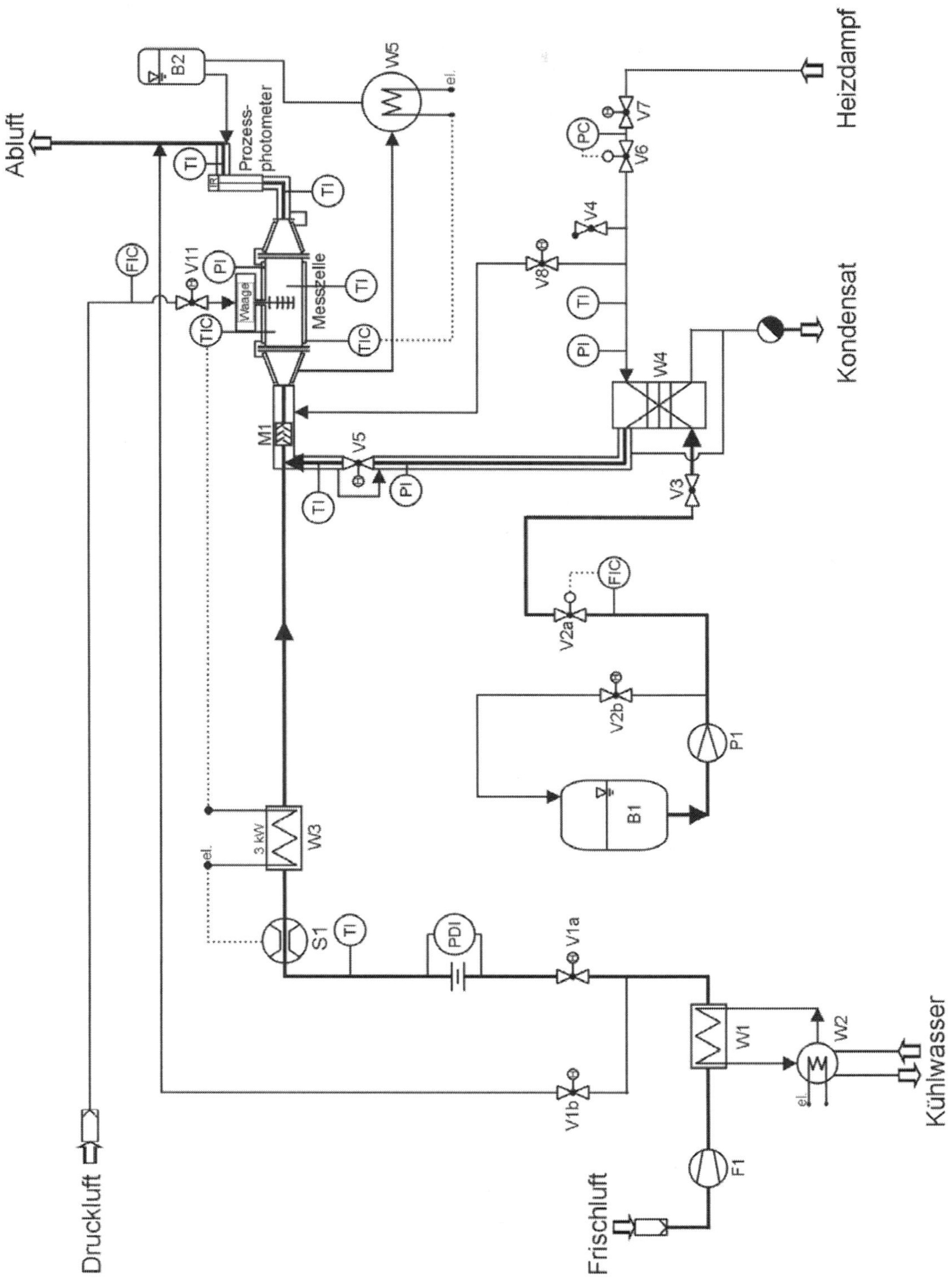

Abbildung 4.1: Fließbild der Versuchsanlage zur Nachkristallisation.

Abbildung 4.2 zeigt die Messzelle in einer vergrößerten Darstellung.

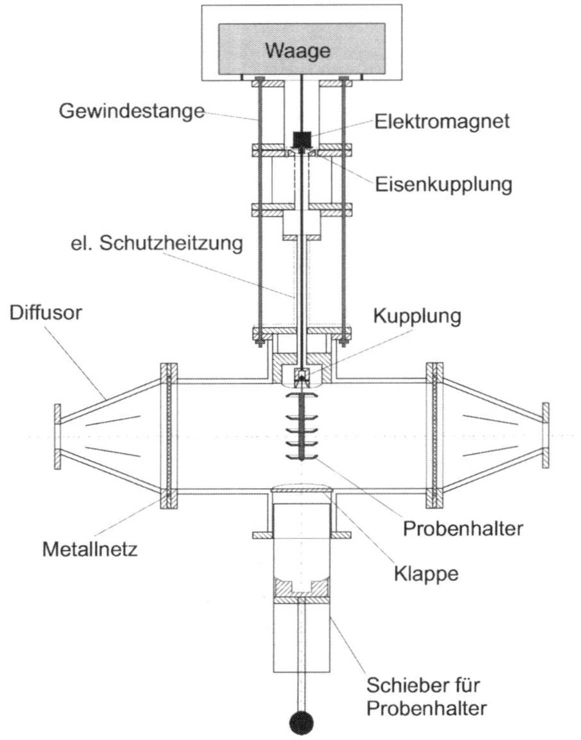

Abbildung 4.2: Schnitt durch die zylindrische Messzelle (Innendurchmesser d_i = 210 mm).

Am Ein- und Austritt der Messzelle befinden sich Diffusoren mit jeweils einem Innenkonus, welcher die Strömung vergleichmäßigt. Feinmaschige, mehrlagige Metallnetze am Ein- und Austritt der Messzelle erzeugen nach [POTHMANN 1997] einen Druckverlust, der wesentlich größer als der dynamische Druck der Strömung ist. In der Messzelle soll so eine Kolbenströmung erzeugt werden.

Die Messzelle ist mit vier radialsymmetrisch angebrachten Stutzen bestückt. Alle Stutzen werden durch Passstücke verschlossen, die so geformt sind, dass die zylindrische Form der Messkammer erhalten bleibt. Die waagrecht angebrachten Stutzen sind mit Fenstern versehen. Durch den vorderen Stutzen werden die Proben nach Versuchsende aus der Messzelle entnommen.

Das Passstück im nach oben gerichteten Stutzen ist durch Rohre mit einem dichten Plexiglasgehäuse verbunden, in dem sich die Waage befindet. Die Rohre dienen als

Durchführung für das Verbindungsgestänge zwischen der Probekörperkupplung in der Messzelle und der Unterfluraufhängung der Waage. Durch einen Elektromagneten ist die Möglichkeit gegeben, die Eisenkupplung abzusetzen und die Waage während eines Versuches zu tarieren. Damit kein heißes und feuchtes Prozessgas an die Waage gelangen kann, wird Druckluft aus dem Druckluftnetz der Universität vom Plexiglasgehäuse durch die Rohre in die Messzelle geleitet. Der erforderliche Luftstrom wird über ein Mass-Flow-Controller (Typ 5850E Fa. Brooks Instruments, Veenendaal, Holland) eingestellt und ist gegenüber dem Prozessgasstrom vernachlässigbar. Der nach oben gerichtete Stutzen der Messzelle sowie das untere Rohr werden elektrisch schutzbeheizt, um eine mögliche Kondensation von Wasserdampf an der Kupplung und dem Verbindungsgestänge zu vermeiden.

Am unteren Stutzen der Messzelle ist eine Schleuse mit einer Klappe angebracht, die es ermöglicht, die Probenhalter mit den amorphen Pulvern mit Hilfe eines Schiebers innerhalb weniger Sekunden in die Messzelle einzubringen und an der Kupplung zu befestigen. Eine Störung der Strömung und der eingestellten Betriebsparameter durch das Öffnen der Messzelle ist somit nicht erforderlich. In Abbildung 4.3 ist eine Skizze des Probenhaltes dargestellt. Er besteht im Wesentlichen aus fünf Schalen mit einem Durchmesser von d = 62 mm, wobei vier Schalen als Probenhalter verwendet werden. Die fünfte Schale ist um 180 ° gedreht als oberste Schale angeordnet, welche das Pulver vor dem Einfluss der von der Waage herkommenden einströmenden trockenen Druckluft schützen soll. Bis auf eine Mutter aus Eisen zur Befestigung der Schalen an einer Gewindestange, sind alle Teile des Probenhalters aus Aluminium angefertigt.

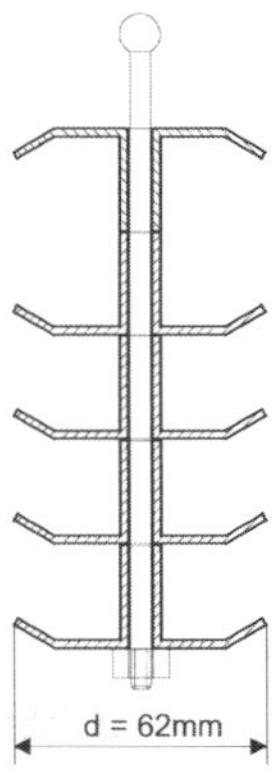

Abbildung 4.3: Skizze des Probenhalters für die Sorptionskristallisation.

Nach der Messzelle durchströmt das Prozessgas ein Infrarot-Prozessphotometer, welches den Anteil an Wasser in der Luft bestimmt.

4.1.3 Messtechnik und Steuerung der Versuchsanlage

Masse

Bei den Untersuchungen wurde eine Waage vom Typ E 2000 D der Firma Sartorius, Göttingen, verwendet. Die Waage hat eine Auflösung vom 1 mg im verwendeten Wägebereich bis 500 g.

Durchfluss

Der Massenstrom an VE-Wasser, welcher im Plattenwärmetauscher W4 vollständig verdampft wird, wird über einen magnetisch-induktiven Durchflussmesser (Typ promag33, Fa. Endress+Hauser, Weil am Rhein) gemessen. Der Durchflussmesser gibt ein Stromstärkesignal an einen PI-Regler mit Proportionalventil (Typ 8624-2 bzw. 6223, Fa. Bürkert, Ingelfingen) weiter, welcher den Wassermassenstrom regelt.

Der Massenstrom der Prozessluft wird mit einer Blendenmessstrecke nach [Norm DIN 1952] bestimmt. Aus den Messgrößen Blendenvordruck, Differenzdruck und Temperatur nach der Blendenmessstrecke werden die Massenströme nach DIN 1952 berechnet und über ein Handventil eingestellt.

Temperatur

Sämtliche Temperaturen werden in der Versuchsapparatur mittels Widerstands-Thermometern Pt100 (Typ A – 4 Leiter, Fa. Electronic-Sensor, Heilbronn) aufgenommen. Die Temperaturregelung in der Messzelle erfolgt mit Hilfe eines PID-Reglers (Typ dtron 16.1, Fa. Jumo, Fulda).

Druck

Der Blendenvordruck wird über ein Manometer gemessen. Die Druckdifferenz in der Blendenmesstrecke sowie der Überdruck in der Messzelle gegenüber der Atmosphäre werden mit wassergefüllten U-Rohr-Manometern gemessen. Zusätzlich wird der Umgebungsdruck über ein Barometer (Typ 370, Fa. Setra Systems, Acton, USA) aufgenommen.

Luftfeuchte

Die Umgebungsluftfeuchte wird mit einem Thermo-Hygrometer vom Typ TH3120 (D) der Fa. Airflow Lufttechnik, Rheinbach, gemessen.

Der Feuchteanteil in der Prozessluft wird nach der Messzelle mittels eines Infrarot-Prozessphotometers (Typ Spectran IR 677, Fa. Bodenseewerk Geosystem, Überlingen), bestimmt. Bei der verwendeten Wellenlänge ist die Abschwächung der IR-Strahlung in der durchströmten Küvette ein Maß für die Konzentration an Wasser im Prozessgas. In dieser Arbeit wurde auf eine Kalibrierung des Photometers verzichtet und das Photometer nur als Indikator für einen stationären Betrieb der Anlage verwendet.

Messwerterfassung und Steuerung

Die automatische Messwerterfassung besteht aus einem Digitalmultimeter (Typ 5017, Fa. Prema, Mainz), einem Messstellenumschalter (Typ 5017SC, Fa. Prema, Mainz) und einem Personal-Computer. Der Computer ist über eine IEEE488-Schnittstelle mit dem Digitalmultimeter verbunden, an welchem die Widerstandsthermometer, das magnetisch-induktive Durchflussmessgerät und das IR-Prozessphotometer angeschlossen sind. Die Waage ist über eine serielle Schnittstelle (RS 232) mit dem Computer verbunden. Die Steuerung der automatischen Messwerterfassung erfolgt über ein LabView-Programm, das in bestimmten Zeitintervallen die einzelnen Werte abfragt und aufzeichnet. Während eines Versuches kann der zeitliche Verlauf aller Messgrößen am Monitor des Computers verfolgt werden.

Des Weiteren kann der Elektromagnet über eine parallele Schnittstelle sowie die Waage vom LabView-Programm angesteuert werden, was eine automatische Tarierung der Waage während eines Versuches in bestimmten Zeitintervallen ermöglicht.

4.2 Versuchsdurchführung

In der beschriebenen Apparatur aus Kapitel 4.1 werden Untersuchungen durchgeführt, welche der Bestimmung von erforderlichen Verweilzeiten in einem Verfahren zur Nachbehandlung von amorphen laktosehaltigen Pulvern dienen. In der Apparatur können Proben verschiedenen Temperaturen und relativen Luftfeuchten ausgesetzt werden, wobei deren Massenänderungen während einer Behandlung online verfolgt werden kann. Aus den Massenänderungen können Sorptions-, Induktions- und Kristallisationszeiten während einer Behandlung bestimmt werden.

4.2.1 Laktose

Vor Versuchsbeginn wird zunächst das Leergewicht des Probenhalters gewogen. Danach wird das amorphe Pulver in vier Schalen des Probenhalters mit Hilfe eines Netzes mit der Maschenweite von 150 µm homogen verteilt. Wichtig ist bei dieser Vorbereitung, dass das Pulver möglichst monopartikulär auf den Schalenoberflächen verteilt ist. Vorversuche haben gezeigt, dass eine Schüttung aus mehreren amorphen Partikelschichten nach Überschreiten der Glasübergangstemperatur zu einer einzigen Schicht zusammenbackt. Dies führt zu einem um Größenordnungen höheren Diffusionswiderstand für das freiwerdenden Wassers als dies in einem Einzelpartikel der Fall wäre. Hierdurch erhöht sich die gemessene Kristallisationszeit aufgrund der langsameren Trocknung bzw. Massenänderung im Vergleich zu der tatsächlichen Kristallisationszeit. Um eine Verzögerung der Massenabnahme aufgrund von längeren Diffusionszeiten auszuschließen, wurden in Vorversuchen für jede der drei Substanzen Kristallisationen bei gleichen Prozessbedingungen mit unterschiedlichen Schichthöhen bzw. Probenmassen in den Probenhalterschalen durchgeführt. Bei den Vorversuchen wurden so kritische Schichthöhen bzw. Probenmassen ermittelt. Für das verwendete Laktosepulver zeigte sich, dass eine deutlich höhere Probenmasse verwendet werden konnte ($M_{P,Laktose} > 3$ g) als dies bei Molkepermeat- ($M_{P,Molkepermeat} < 1$ g) und Molkepulver ($M_{P,Molke} < 1$ g) der Fall war. Wie man an einem Bruchstück in den REM-Aufnahmen in Kapitel 3.1 erkennen kann, sind die Laktosepartikeln als Vollkugeln erstarrt. Das Molkepulver weist hingegen poröse Strukturen auf, wodurch sich die Schüttdichte des Pulvers verringert. Die geringere Schüttdichte von Molke erhöht somit die Schütthöhe des Pulvers pro Gewichtseinheit, wodurch sich bei Verkleben der Schichten vermutlich größere Diffusionswiderstände ergeben als dies bei monopartikulären Schichten der Fall ist. Aus diesem Grund konnten bei den Untersuchungen mit Molkepermeat und Molke im Vergleich zu den Untersuchungen mit Laktose nur geringere Probenmassen verwendet werden.

Nach dem Befüllen des Probenhalters wird die Laktose zusammen mit dem Probenhalter über Nacht bei $T = 40$ °C in Vakuum getrocknet. Vor Versuchsbeginn wird die Probe in einem Trockenschrank für 1 Stunde erwärmt, um Kondensation von Wasser aus der feuchten Prozessluft an einer kalten Probe zu vermeiden. Die eingestellte Temperatur des Trockenschranks ist hierbei ca. 10 °C höher als die Betriebstemperatur in der Messzelle. Diese Überhitzung soll eine Abkühlung der Probe während der Zeit zwischen der Entnahme des Probenhalters aus dem Trockenschrank und dem Einführen in die Versuchsanlage kompensieren.

Parallel zur Vorbereitung der Pulverprobe werden in der Versuchsapparatur die gewünschten Prozessbedingungen eingestellt. Sobald die Temperatur und relative Luftfeuchte in der Messzelle konstant sind, kann ein Versuch gestartet werden. Zunächst wird die Messwerterfassung gestartet und im Anschluss daran wird der Probenhalter aus dem temperierten Trockenschrank entnommen. Mit Hilfe des Schiebers kann der Probenhalter durch die Schleuse in die Messzelle eingeführt werden, ohne die konstanten Prozessbedingungen durch das Öffnen der Apparatur zu stören. Der Probenhalter wird über die Kupplung, das Verbindungsgestänge sowie die elektromagnetische Kupplung an der Unterfluraufhängung der Waage befestigt. Nach Versuchsende wird der Probenhalter durch den Frontflansch aus der Messzelle entnommen und zum Abkühlen für $t \geq 30$ Min bei Raumtemperatur in der Umgebung stehen gelassen.

Für die Bestimmung der Feuchteanteile während den Versuchen ist die genaue Kenntnis über die verwendeten Trockenmassensubstanzen unabdinglich. Hierbei haben Vorversuche gezeigt, dass die Bestimmung bei der amorphen Form der Laktose aufgrund der extremen Hygroskopizität nicht praktikabel ist. Daher werden nach Versuchsende die Anteile des freien und des Hydrat-Wassers in den kristallisierten Proben gravimetrisch ermittelt. Hierzu wird direkt im Anschluss an das Rückwiegen des Probenhalters ein Teil der Probe eingewogen und über Nacht bei $T = 40$ °C im Vakuum getrocknet. Nach Abkühlung in einem Exsikkator mit P_2O_5 als Trocknungsmittel, folgt aus der Rückwaage der Probe der Feuchteanteil des freien Wassers w_{frei}. Danach wird die Probe über Nacht bei $T = 105$ °C im Vakuum getrocknet, im Exsikkator abgekühlt und rückgewogen. Aus dem Trocknungsverlust ergibt sich so der Feuchteanteil des Hydratwassers w_{Hydrat}. Aus der Summe von w_{frei} und w_{Hydrat} lässt sich der Gesamtfeuchteanteil w_{ges} nach Versuchsende und somit die verwendete Trockenmassensubstanz berechnen. Die restliche kristalline Laktose wird für weitere Analysen abgefüllt und in einem Exsikkator mit P_2O_5 als Trocknungsmittel gelagert.

4.2.2 Molkepermeat und Molke

Die Kristallisationsversuche von Laktose in Molkepermeat- und Molkepulver werden nach dem gleichen Vorgehen wie die von Laktose durchgeführt. Die Trockenmassesubstanz wird im Falle von Molkepermeat und Molke allerdings vor Versuchsbeginn bestimmt und nicht erst im stabilen kristallinen Zustand. Dies ist zwar aufgrund der genannten Hygroskopizität schwierig, allerdings ist es nicht möglich, die Proben bei einer Temperatur von $T = 105$ °C zur Bestimmung des Hydratwassers zu trocknen. Zur Klärung der Temperaturempfindlichkeit von Molke wurden in Voruntersuchungen Trocknungsversuche bei einer Trocknungszeit von 24 Stunden und verschiedenen Temperaturen im Vakuum durchgeführt (Abbildung 4.4)

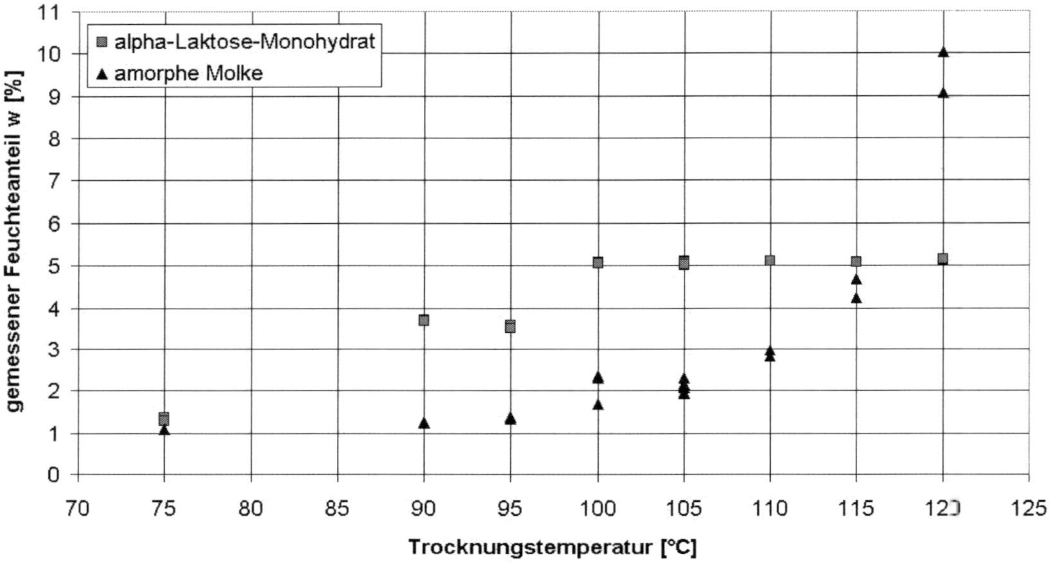

Abbildung 4.4: Gemessene Feuchteanteile w von α-Laktose-Monohydrat und amorpher Molke nach 24 Stunden-Trocknungen im Vakuum bei verschiedenen Temperaturen.

Bei den Untersuchungen hat sich gezeigt, dass das Hydratwasser in α-Laktose-Monohydrat ab einer Temperatur von $T = 100$ °C im Vakuum vollständig abgespalten wird. Aufgrund der Molmassenverhältnisse zwischen Wasser und Laktose entspricht der theoretische Massenanteil des Hydratwassers in α-Laktose-Monohydrat einem Wert von $w_{Hydrat} = 5$ %. Da der Anteil an freiem Wasser w_{frei} in kristalliner Laktose vernachlässigbar ist und die gemessenen Feuchteanteile von α-Laktose-Monohydrat-Proben ca. $w = 5$ % sind, zeigen diese Trocknungsversuche, dass mit dieser gravimetrischen Methode der Anteil an α-Laktose-Monohydrat in einer Laktoseprobe bei $T = 105$ °C im Vakuum sehr gut bestimmt werden kann. Im Gegensatz hierzu haben die Trocknungen von amorpher Molke mit einem anfänglichen Feuchteanteil von $w = 1{,}3$ % gezeigt, dass es bei derartig hohen Temperaturen in Molkepermeat und Molke zu Maillardreaktionen zwischen Proteinen und Laktose kommt. Bei diesen Reaktionen entsteht als Reaktionsprodukt Wasser, welches verdampft und so den Messwert der tatsächlichen Trockenmasse verfälscht. Bei Molkepermeat und Molke werden deshalb nach dem Befüllen des Probenhalters die Proben zunächst in einem Vakuumtrockenschrank bei $T = 70$ °C über Nacht getrocknet. Die Probenhalter werden dann aus dem Vakuumtrockenschrank entnommen und gleich in einen Exsikkator mit P_2O_5 als Trocknungsmittel gestellt. Beim Öffnen des Exsikkatordeckels strömt hierbei allerdings feuchte Umgebungsluft in den Exsikkator. Um eine Sorption von Wasser in die Probe zu vermeiden, wird der wieder verschlossene Exsikkator fünf Minuten mit trockenem Stickstoff gespült. Nach 30 Minuten ist die Probe abgekühlt und es kann die Trockenmasse bestimmt werden. Die weitere Versuchsdurchführung erfolgt dann wie bei Laktose in Kapitel 4.2.1 beschrieben.

4.2.3 Einstellung der Versuchsparameter

Die Überströmgeschwindigkeit u_Z des Prozessgases $\dot{M}_{Fluid}$ in der Messzelle wurde in allen Versuchen konstant auf $u_Z = 0{,}2$ m/s eingestellt. Nach dem idealen Gasgesetz ergibt sich hierfür:

$$u_Z = \frac{\dot{V}}{A} = \frac{\dot{M}_{Fluid}}{\widetilde{M}_{Fluid}} \cdot \frac{p_Z}{A \cdot \widetilde{R} \cdot T_Z} \qquad \text{(Gl. 4.1)}$$

Die Molmasse der Prozessluft $\widetilde{M}_{Fluid}$ ist gegeben durch

$$\widetilde{M}_{Fluid} = \frac{\widetilde{M}_L}{1 + (\frac{\widetilde{M}_L}{\widetilde{M}_D} - 1) \cdot \frac{Y_{D,Z}}{1 + Y_{D,Z}}}, \qquad \text{(Gl. 4.2)}$$

wobei der Massengehalt von Wasser $Y_{D,Z}$ durch den Molanteil $\widetilde{y}_{D,Z}$ definiert ist:

$$Y_{D,Z} = \frac{\widetilde{M}_D}{\widetilde{M}_L} \cdot \frac{\widetilde{y}_{D,Z}}{1 - \widetilde{y}_{D,Z}} \qquad \text{(Gl. 4.3)}$$

Der Molanteil $\widetilde{y}_{D,Z}$ ist über den herrschenden Gesamtdruck p_Z und den Dampfpartialdruck $p_{D,Z}$ bestimmt:

$$\tilde{y}_{D,Z} = \frac{p_Z}{p_{D,Z}} \qquad \text{(Gl. 4.4)}$$

Aus der gewünschten relativen Luftfeuchte φ_Z und dem Sättigungsdampfdruck p^*_D des Wassers

$$\varphi_Z = \frac{p_{D,Z}}{p_D^*(T_Z)} \qquad \text{(Gl. 4.5)}$$

ergibt sich über eine Massenbilanz der einzustellende trockene Luftstrom $\dot{M}_L$ und der zu verdampfende Wasserstrom $\dot{M}_{H_2O}$.

$$\dot{M}_L = \frac{\pi \cdot d_{Zelle}^2 \cdot u_Z \cdot p_Z \cdot \tilde{M}_{Fluid}}{4 \cdot \tilde{R} \cdot T_Z \cdot (1 + Y_{D,Z} - Y_{D,Um})} \qquad \text{(Gl. 4.6)}$$

$$\dot{M}_{H_2O} = \dot{M}_L \cdot \left(Y_{D,Z} - Y_{D,Um}\right) \qquad \text{(Gl. 4.7)}$$

Der Umgebungsluftdruck p_{Um}, der Feuchtegehalt der Umgebungsluft $Y_{D,um}$ und der in der Messzelle herrschende Überdruck $p_{\ddot{U},Z} = \left(p_Z - p_{Um}\right)$ werden hierbei separat ermittelt.

4.2.4 Versuchsauswertung

Aufgrund der geringen Massenänderung der Probe während eines Versuchs müssen die unterschiedlichen Auftriebskräfte für die verschiedenen Dichten des Fluides in der Messzelle unbedingt berücksichtigt werden. Der Auftrieb wird durch folgende Gleichung korrigiert:

$$M_{real} = M_{Anz} + \left(\frac{P_Z \cdot \tilde{M}_{Fluid}}{\tilde{R} \cdot T_Z}\right) \cdot \left(V_{PH} + V_P\right) \qquad \text{(Gl. 4.8)}$$

mit: M_{Anz} = angezeigtes Gewicht nach Tarierung

V_{PH} = Volumen des Probenhalters

V_P = Volumen des laktosehaltigen Pulvers

Die Gesamtzeiten t_{Ges} der Sorption, Induktion und Kristallisation werden als Schnittpunkt der Tangenten von den durch Kristallisation abfallenden Teil des Graphen und der Tangente an die Endwerte der Messung von Hand bestimmt. Hierbei soll angemerkt werden, dass sich durch das Tangentenverfahren für sehr flach verlaufende Messkurven frühere Endzeiten ergeben, als es tatsächlich der Fall ist. In dieser Arbeit sind allerdings vor allem die schnelleren Kristallisationsvorgänge von Bedeutung, bei denen die Endzeiten hinreichend genau bestimmt werden können. Abbildung 4.5 zeigt ein Beispiel dieses Auswerteverfahrens:

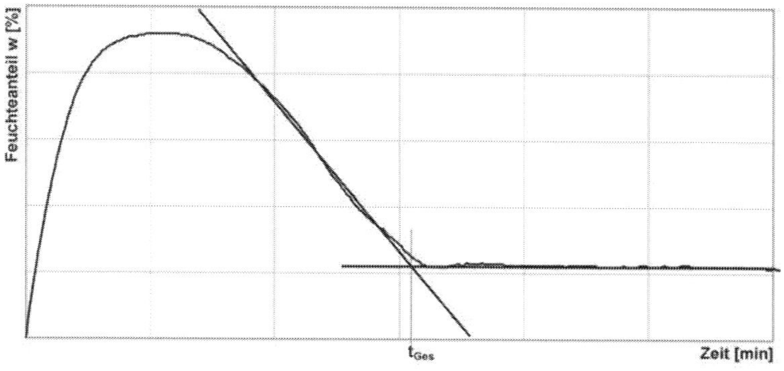

Abbildung 4.5: Auswertung der Gesamtzeit von Sorption, Induktion und Kristallisation mittels Tangentenverfahren.

4.3 Ergebnisse und Diskussion

4.3.1 Laktose

In Abbildung 4.6 sind die gemessenen Verläufe der Feuchteanteile w bei einer Sorptionskristallisation mit einer Behandlungstemperatur von T = 60 °C in der Messzelle dargestellt. Alle Versuche wurden hierbei zweimal durchgeführt. Wie man erkennen kann, nimmt die Masse bzw. der Feuchteanteil w der Probe zunächst bis zu einem bestimmten Feuchteanteil w zu. Dieser Feuchteanteil w ist bei milden Prozessbedingungen durch das Sorptionsgleichgewicht bei der jeweiligen herrschenden relativen Luftfeuchte (a_w-Wert) bestimmt (vgl. Abbildung 4.10). Nach einer eventuell auftretenden Induktionszeit kristallisiert die amorphe Laktose und es wird entsprechend dem Sorptionsgleichgewicht von kristalliner Laktose Wasser freigegeben. Hierbei soll angemerkt werden, dass kristalline Laktose kein freies Wasser absorbieren, sondern nur an der Oberfläche adsorbieren kann. Dementsprechend sollten sich die Anteile des freien Wasser im kristallinen Pulver bei unterschiedlichen Luftfeuchten nur sehr gering unterschieden. Des Weiteren kann bei niedrigen Temperaturen und hohen relativen Luftfeuchten die Laktose in ihrer Monohydratform kristallisieren, wobei sich der Endwert durch das eingelagerte Kristallwasser erhöht. Bei höheren Temperaturen und relativen Luftfeuchten ist das Erreichen des Sorptionsgleichgewichtswerts nicht möglich, da die Kristallisation mit der verbundenen Wasserabgabe schon zuvor einsetzt.

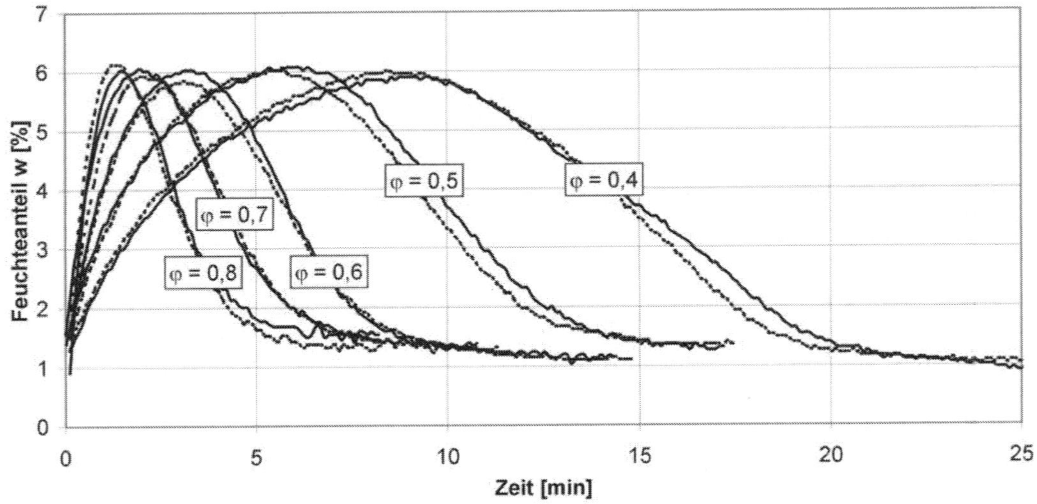

Abbildung 4.6: Sorptions- und Kristallisationsverlauf von amorpher Laktose bei T = 60 °C.

Das durch die Kristallisation freiwerdende Wasser trocknet ab, was als eine Massenabnahme der Probe zu verfolgen ist. Somit lassen sich anhand der Massenänderungen die Zeiten für die Sorption, Induktion und Kristallisation **online** verfolgen. Die gewonnenen Daten können dann für eine Auslegung etwaiger Apparate zur Nachkristallisation von laktosehaltigen Pulvern verwendet werden. Die Abbildungen 4.7 – 4.12 zeigen die Messergebnisse für Behandlungstemperaturen von T = 50 – 110 °C. Bei der Durchführung wurde jede Betriebseinstellung zweimal gemessen, wobei sich gezeigt hat, dass die Messungen reproduzierbare Ergebnisse liefern. Im Folgenden sind für den einfacheren Überblick jeweils nur ein Verlauf je Einstellung dargestellt. Die restlichen Messkurven sind im Anhang in den Abbildungen 8.34 – 8.39 wieder zu finden.

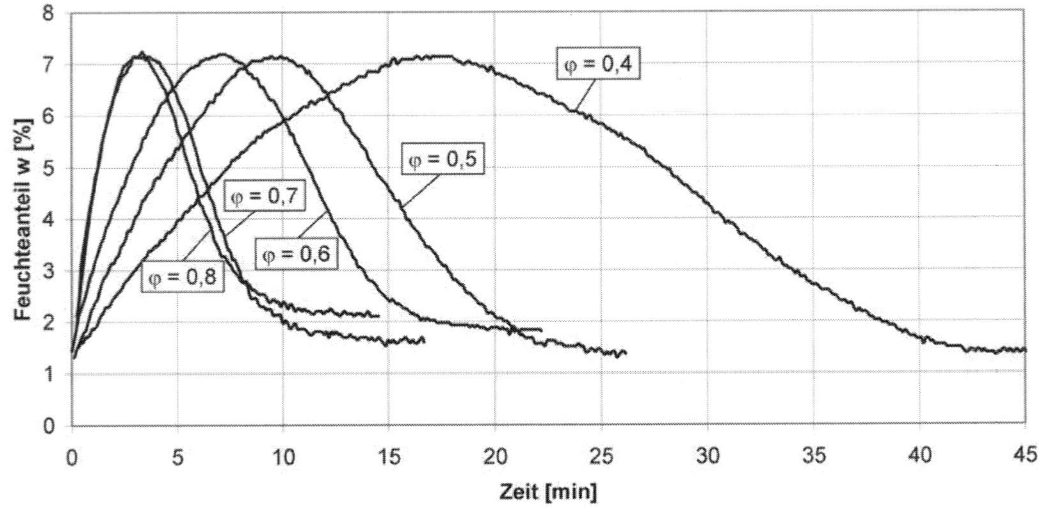

Abbildung 4.7: Sorptions- und Kristallisationsverlauf von amorpher Laktose bei T = 50 °C.

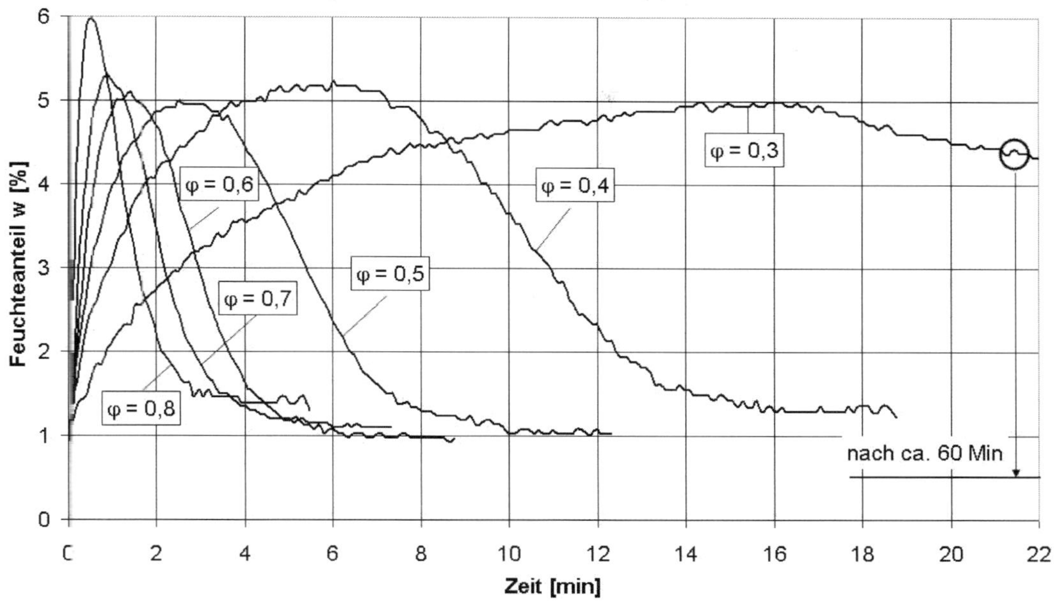

Abbildung 4.8: Sorptions- und Kristallisationsverlauf von amorpher Laktose bei T = 70 °C.

Da sich bei niedrigen relativen Luftfeuchten teilweise sehr lange Behandlungszeiten ergeben, wurden für einen einfacheren Überblick die Zeitachsen in den Diagrammen nicht vollständig aufgetragen. In Abbildung 4.8 entspricht der bei $w \approx 0{,}5\ \%$ eingezeichnete waagrechte Balken dem Feuchteanteil der bei $\varphi = 0{,}3$ kristallisierten Proben am Ende der Kristallisation nach ca. 60 Minuten.

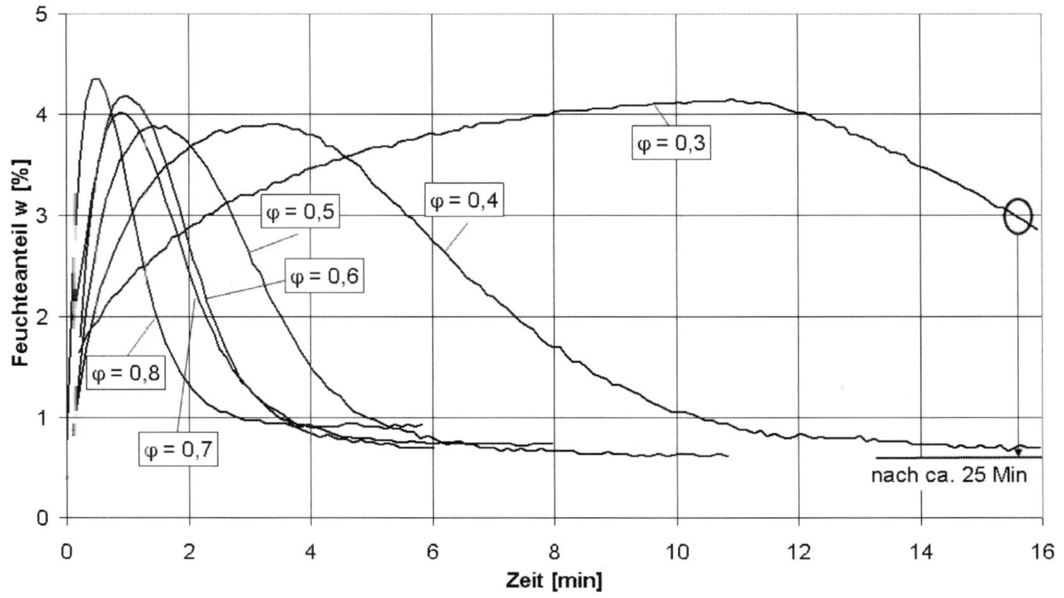

Abbildung 4.9: Sorptions- und Kristallisationsverlauf von amorpher Laktose bei T = 80 °C.

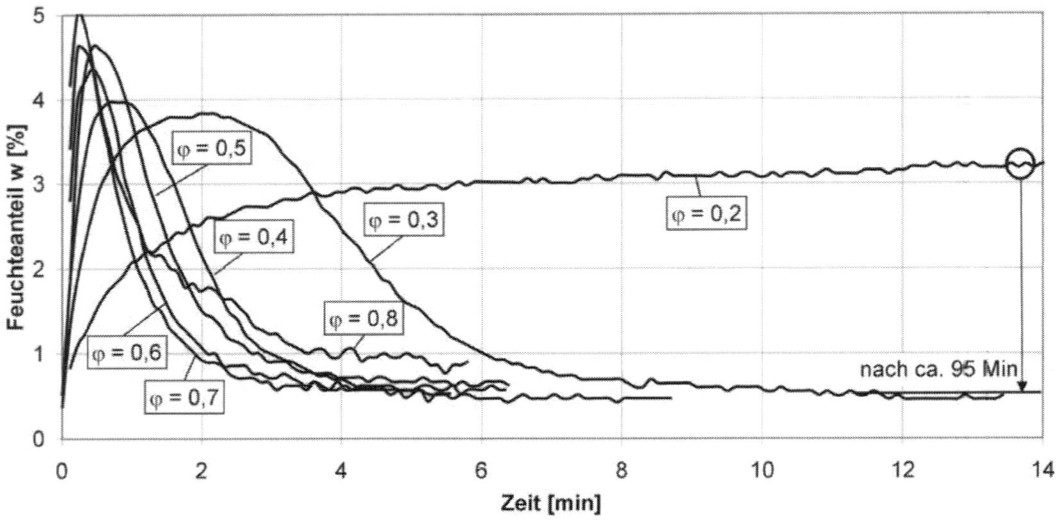

Abbildung 4.10: Sorptions- und Kristallisationsverlauf von amorpher Laktose bei T = 90 °C.

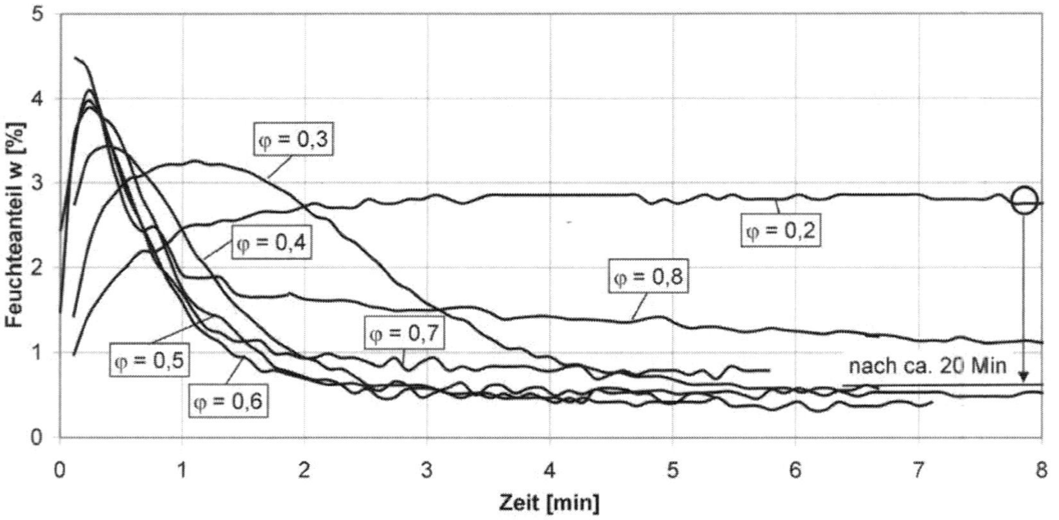

Abbildung 4.11: Sorptions- und Kristallisationsverlauf von amorpher Laktose bei T = 100 °C.

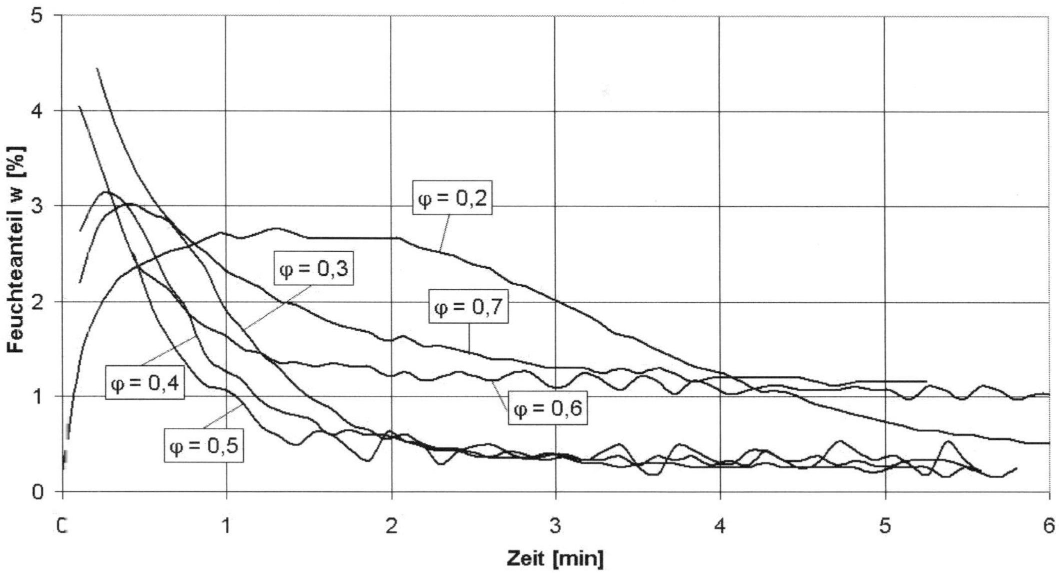

Abbildung 4.12: Sorptions- und Kristallisationsverlauf von amorpher Laktose bei T = 110 °C.

Wie man aus den Abbildungen 4.6 – 4.12 erkennen kann, verringert sich die Behandlungszeit mit Erhöhung der Temperatur sowie der relativen Luftfeuchte. Aus den Messkurven lässt sich außerdem schließen, dass Laktose zunächst nicht komplett zu α-Laktose-Monohydrat kristallisiert. Der Massenanteil des Hydrats in α-Laktose-Monohydrat beträgt w_{Hydr} = 5 %. Da die Feuchteanteile am Ende der Messungen niedriger sind, müssen sich somit Anhydratformen gebildet haben wie z.B. β-Laktose, α-Laktose-Anhydrat sowie Mischkristallformen aus α- und β-Laktose. Das amorphe Ausgangsmaterial hat einen α-Laktoseanteil von 44,5 %. Würde bei den Versuchen die gesamte α-Laktose zu α-Laktose-Monohydrat und β-Laktose zu β-Laktose kristallisieren, so wäre der Massenanteil des Hydrats w_{Hydr} = 2,2 %. Abbildungen 4.6 zeigt, dass der Feuchteanteil am Ende der Kristallisation bei T = 50 °C und φ = 0,8 diesem Wert entspricht. Prinzipiell zeigt sich in den Abbildungen 4.6 – 4.12, dass die Feuchteanteile der kristallinen Endprodukte geringer sind, je höher die Temperatur und je niedriger die relative Luftfeuchte eingestellt waren. Bei sehr hohen Temperaturen und relativen Luftfeuchten (vgl. T = 100 °C, φ = 0,8 / T = 110 °C, φ = 0,6 – 0,7) zeigen die Messkurven ungewöhnlich hohe Feuchteanteile bei den Endwerten. Dies könnte damit begründet sein, dass sich die Laktose chemisch umwandelt. Eine Analyse der entstandenen Produkte bzw. Kristalle wird in Kapitel 5 zeigen, dass die Laktose bei diesen Bedingungen im Gegensatz zu milderen Temperaturen vollständig zu β-Laktose kristallisiert.

Abbildung 4.13 zeigt die Zusammenfassung der gemessenen Gesamtzeiten für die Sorption, Induktion und Kristallisation von amorpher Laktose bei verschiedenen Temperaturen in Abhängigkeit der eingestellten relativen Luftfeuchten φ. Die durchgezogenen Linien stellen die angepassten Trendlinien der Isothermen dar, welche für eine bessere Übersicht in das Diagramm eingezeichnet worden sind.

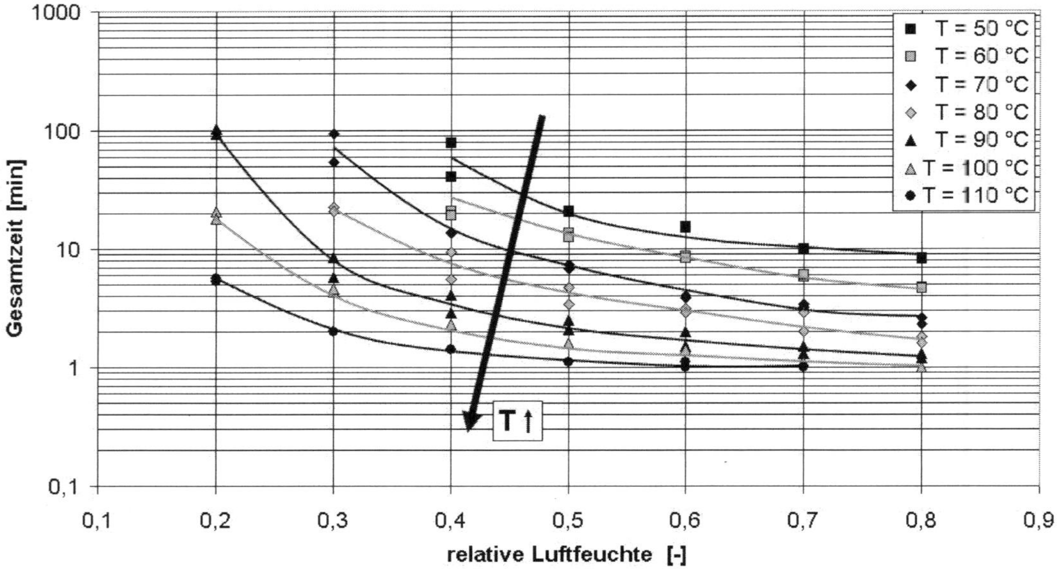

Abbildung 4.13: Gesamtzeiten der Sorption, Induktion und Kristallisation von amorpher Laktose bei verschiedenen Temperaturen und relativen Luftfeuchten.

Bei sehr hohen Temperaturen und relativen Luftfeuchten nähert sich die benötigte Gesamtzeit der Umwandlung an eine Minute an. Dies könnte damit erklärt werden, dass bei sehr schnellen Umwandlungsprozessen die Diffusion von Wasser während der Sorption und Desorption in einem Laktosepartikel die gemessene Umwandlungsgeschwindigkeit limitiert. Des Weiteren sind in der verwendeten Versuchsanlage Grenzen aufgrund der Messwerterfassung gesetzt. Dies ist z.B. mit der benötigten Zeit für das Aufhängen der Probe an die Waage zu erklären. Die Ergebnisse der Messungen können aber als eine konservative Abschätzung der Verweilzeiten zur Auslegung von möglichen Verfahren zur Umwandlung von amorpher zu kristalliner Laktose herangezogen werden.

4.3.2 Molkepermeat

Die Abbildungen 4.14 – 4.19 zeigen die Messergebnisse der Nachkristallisation von sprühgetrocknetem Molkepermeatpulver. Alle Untersuchungen wurden wie bei Laktose zweimal durchgeführt, um eine Reproduzierbarkeit der Messergebnisse zu gewährleisten. Zur besseren Übersicht sind in den folgenden Diagrammen nur jeweils eine Verlaufskurve je eingestellter Betriebsbedingung dargestellt. Die restlichen Kurven sind im Anhang in den Abbildungen 8.40 – 8.45 abgebildet.

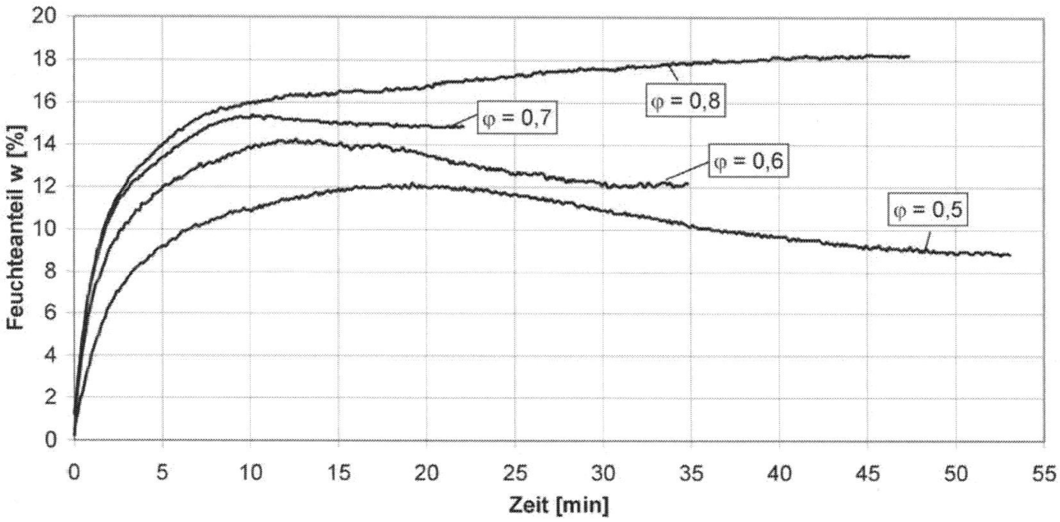

Abbildung 4.14: Sorptions- und Kristallisationsverlauf von amorphem Molkepermeat bei $T = 50$ °C.

Wie man in Abbildung 4.14 erkennen kann, steigt der Feuchteanteil w in dem sprühgetrockneten amorphen Molkepermeatpulver zunächst an. Im Vergleich zu reiner Laktose ist dieser Sorptionswert allerdings deutlich höher, was mit den Salz- und Proteinanteilen in Molkepermeat erklärt werden kann. Für relative Luftfeuchten von $\varphi = 0{,}5 - 0{,}7$ nimmt der Feuchteanteil w nach der Induktionszeit wieder ab. Dies ist wie bei reiner Laktose durch die Kristallisation der Laktose verursacht. Bei $\varphi = 0{,}8$ steigt der Feuchteanteil zunächst auf ca. $w = 16{,}5$ %, bleibt bei diesem Wert eine gewisse Zeit konstant und steigt dann schließlich weiter auf einen Anteil von ca. $w = 18$ %. Dies kann damit erklärt werden, dass die Umwandlung der Laktose schneller ist als die Sorption von Wasser in das Pulver. Die Kristallisation der Laktose ist somit abgeschlossen, bevor das Sorptionsgleichgewicht erreicht ist, wodurch sich im Verlauf des Feuchteanteils zunächst ein

Plateau ausbildet. Als Gesamtzeit der Umwandlung wurde diejenige Zeit bestimmt und angegeben, welche sich mit Hilfe des Tangentenverfahrens zwischen dem genannten Plateau und dem Wiederansteigen des Feuchteanteils ergibt. Als Beweis dafür, dass die Kristallisationen bei φ = 0,8 und φ = 0,7 zu diesem Zeitpunkt schon stattgefunden haben, wurden Molkeproben für kürzere und längere Behandlungszeiten bei einer Temperatur von T = 50 °C ausgesetzt (siehe Abb. 4.21). Eine Analyse der bei φ = 0,8 kristallisierten Proben mittels XRD ergab, dass beide Proben kristallin sind, jedoch dass die für eine längere Zeit ausgesetzte Probe, einen viel höheren Anteil an α-Laktose-Monohydrat besitzt.

Abbildungen 4.15 – 4.19 zeigen die Ergebnisse der Umwandlungen bei Temperaturen von T = 60 – 90 °C. Hierbei ergeben sich ähnliche Ergebnisse wie bei der Behandlungstemperatur von T = 50 °C, allerdings ist die Kristallisation bei gleichen relativen Luftfeuchten vergleichsweise schneller.

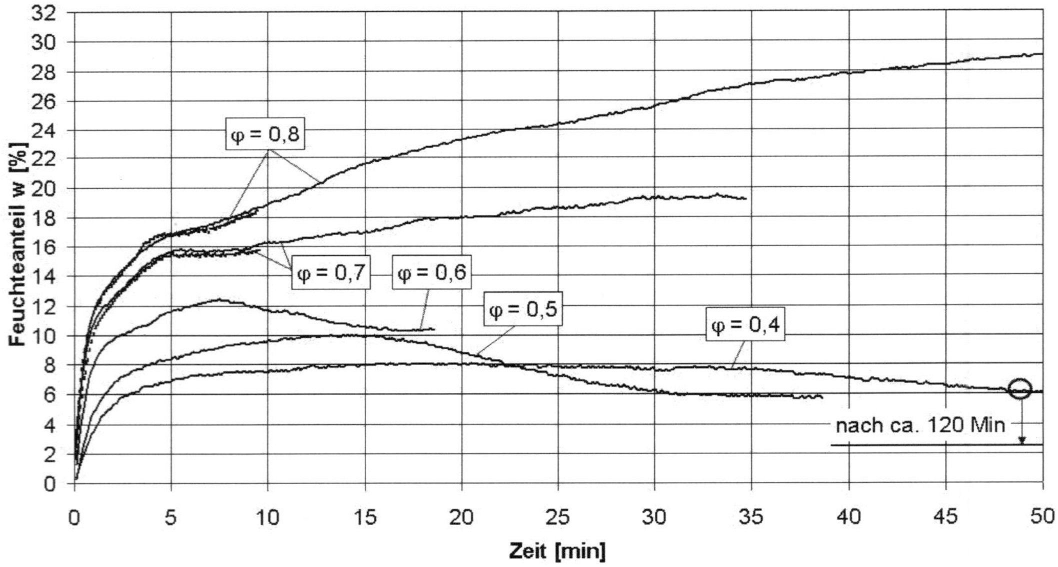

Abbildung 4.15: Sorptions- und Kristallisationsverlauf von amorphem Molkepermeat bei T = 60 °C.

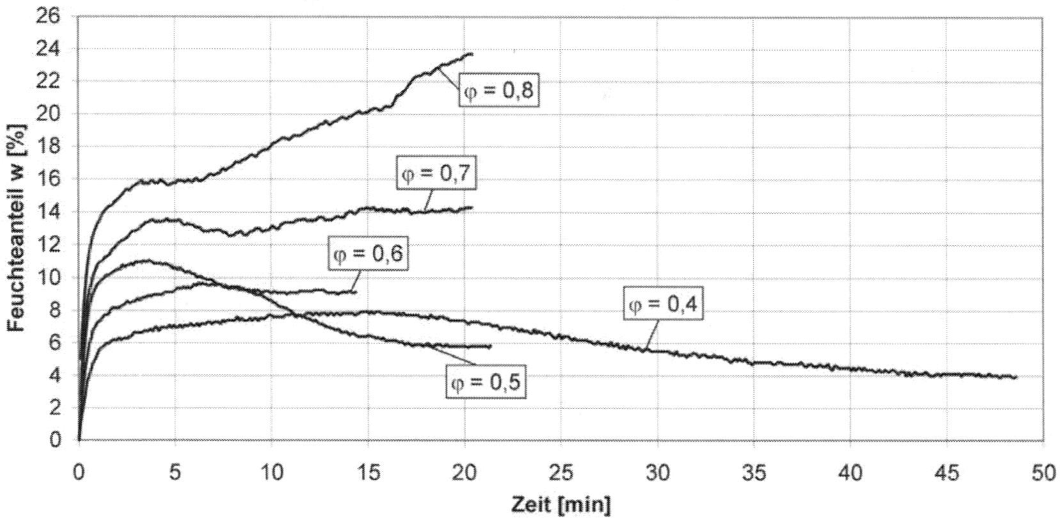

Abbildung 4.16: Sorptions- und Kristallisationsverlauf von amorphem Molkepermeat bei T = 70 °C.

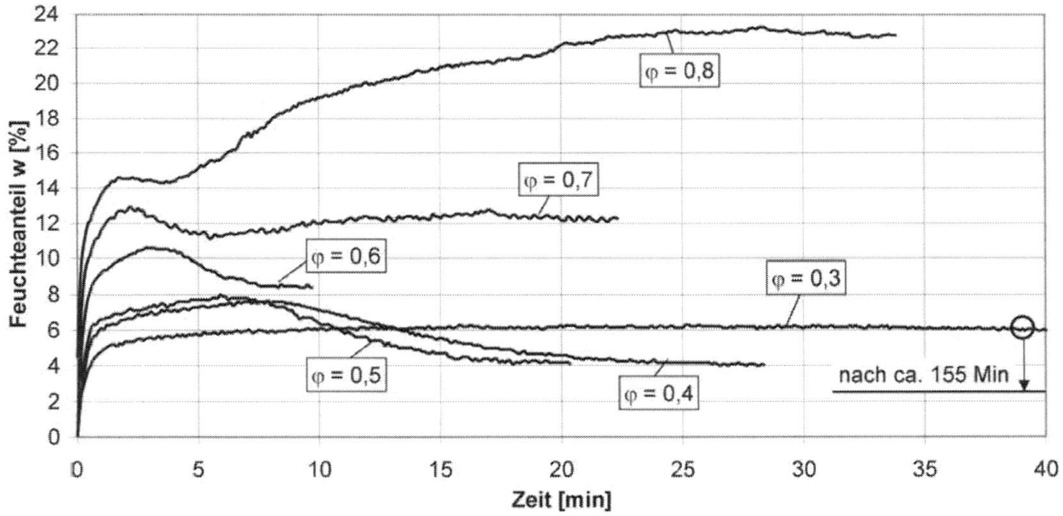

Abbildung 4.17: Sorptions- und Kristallisationsverlauf von amorphem Molkepermeat bei T = 80 °C.

Bei $\varphi = 0{,}7$ und 0,8 bilden sich die zuvor beschriebenen Plateaus aus. Der ungewöhnlich hohe Feuchteanteil bei $\varphi = 0{,}8$ kann dadurch erklärt werden, dass das Molkepermeat Salzanteile besitzt. NaCl hat z.B. eine Wasseraktivität von $a_w = 0{,}75$ [VDI-Wärmeatlas, 1997]. Dies bedeutet, dass NaCl bei einer relativen Luftfeuchte von $\varphi = 0{,}8$ solange Wasser aufnehmen würde, bis es vollständig in Wasser gelöst ist. Die hohen gemessenen Feuchteanteile können somit erklärt werden.

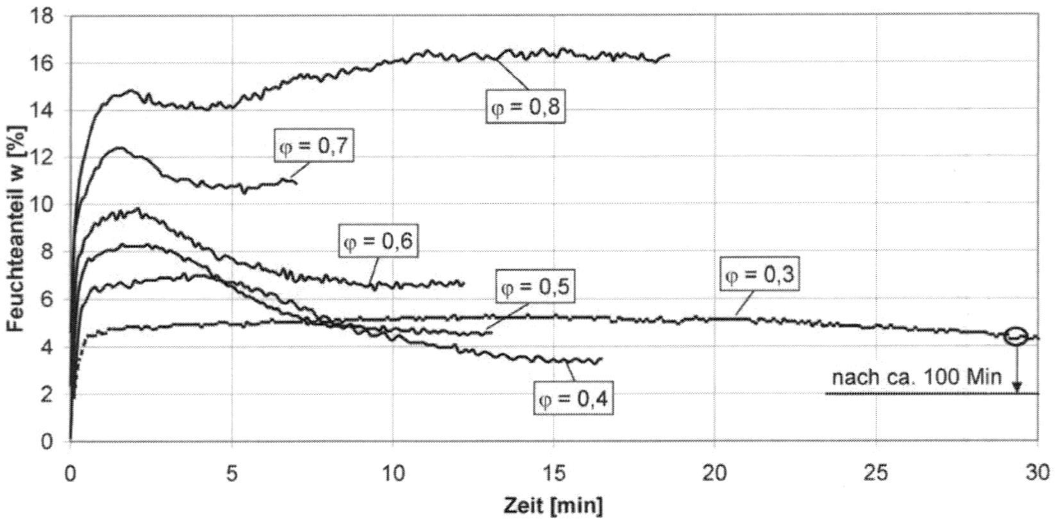

Abbildung 4.18: Sorptions- und Kristallisationsverlauf von amorphem Molkepermeat bei $T = 90$ °C.

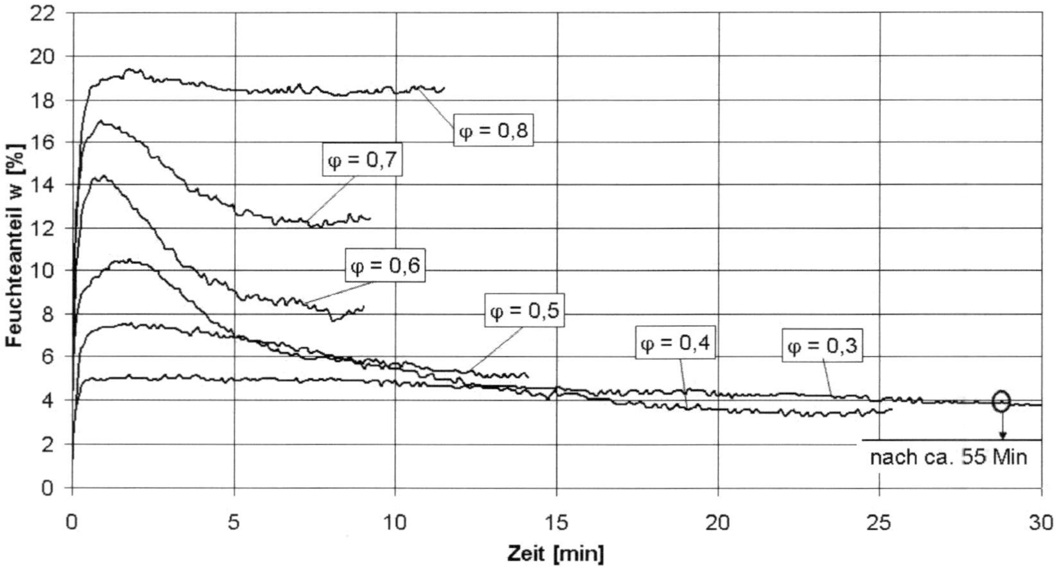

Abbildung 4.19: Sorptions- und Kristallisationsverlauf von amorphem Molkepermeat bei $T = 100$ °C.

Abbildung 4.20 zeigt die Zusammenfassung der gemessenen Gesamtzeiten für Sorption, Induktion und Kristallisation von amorphem Molkepermeat bei verschiedenen Temperaturen und relativen Luftfeuchten. Die durchgezogenen Linien stellen die angepassten Trendlinien der Isothermen dar, welche für eine bessere Übersicht in das Diagramm eingezeichnet worden sind.

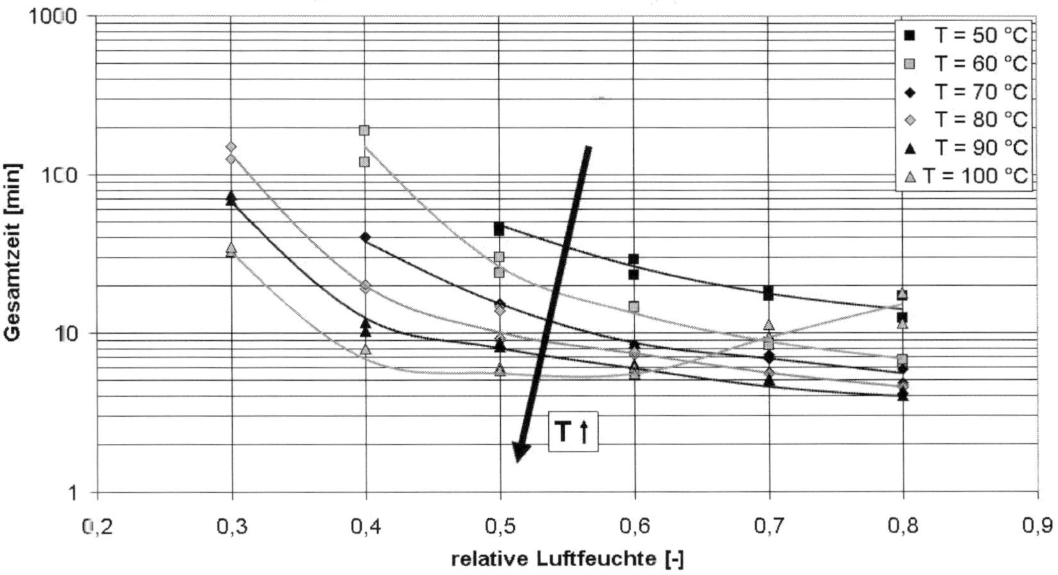

Abbildung 4.20: Gesamtzeiten der Sorption, Induktion und Kristallisation von amorphem Molkepermeat bei verschiedenen Temperaturen und relativen Luftfeuchten.

Wie man erkennen kann, ist die benötigte Verweilzeit für die Umwandlung von amorphem Molkepermeat im Vergleich zu reiner Laktose länger. Die Kristallisation ist somit durch den geringeren Laktoseanteil bzw. den Restprotein- und Salzanteil verlangsamt. Die Sorptionskristallisationsversuche bestätigen somit die Ergebnisse der DSC-Messungen aus Kapitel 3. Auch ist in Abbildung 4.20 zu erkennen, dass eine Erhöhung der Behandlungstemperatur keine so starke Beschleunigung der Umwandlung bzw. Verkürzung der Verweilzeit bewirkt als dies bei reiner Laktose der Fall ist. Dies bestätigt die Ergebnisse aus Kapitel 3.3. Des Weiteren ist aus der Abbildung 4.20 zu erkennen, dass sich bei T = 100 °C und φ = 0,7 bzw. 0,8 die benötigten Gesamtzeiten im Vergleich zu niedrigeren Temperaturen und relativen Luftfeuchten erhöhen. Wie in Kapitel 2.2 beschrieben, ist die Kristallisation in amorphen Substanzen aufgrund der geringen Molekülbeweglichkeit verzögert. Diese Beweglichkeit der Moleküle kann durch eine Temperaturerhöhung oder durch eine Plastifizierung der Substanz gesteigert werden, wodurch die Kristallisation entsprechend beschleunigt wird. Im Gegensatz hierzu stellt die Kristallisation von Laktose eine exotherme Phasenumwandlung dar (siehe Kapitel 3), bei welcher eine Temperaturerhöhung prinzipiell zu einer Verzögerung der Umwandlungsgeschwindigkeit führt. Dies bedeutet, dass sich im Falle von amorpher Laktose die Kristallisation zunächst bis zu einer bestimmten Temperatur und relativen Luftfeuchte beschleunigen lässt. Erhöht man die genannten Prozessbedingungen weiter, so würde sich durch den exothermen Charakter der

Kristallisation die Umwandlungsgeschwindigkeit wieder erniedrigen. Dies erklärt somit die bei $T = 100$ °C und $\varphi = 0{,}7$ bzw. 0,8 gemessenen längeren Gesamtzeiten.

4.3.3 Molke

Die Abbildungen 4.21 – 4.26 zeigen die Messergebnisse der Nachkristallisation von sprühgetrockneter Molke. Hierbei ergeben sich ähnliche Ergebnisse wie für Molkepermeatpulver. Für einen besseren Überblick wurde wiederum nur jeweils eine Messkurve pro Betriebseinstellung abgebildet. Die weiteren durchgeführten Messkurven sind in den Abbildungen 8.46 – 8.51 aufgeführt.

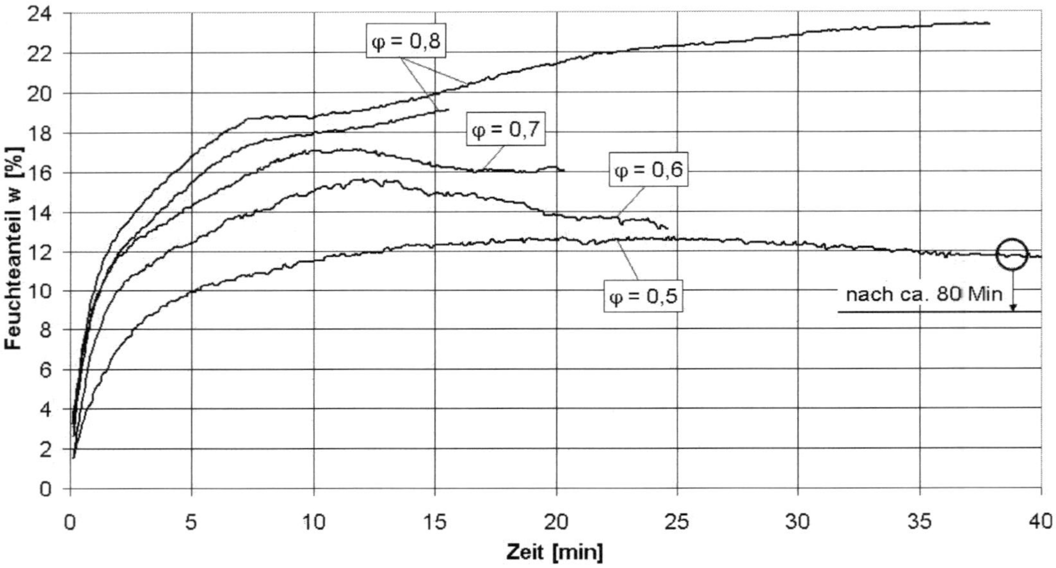

Abbildung 4.21: Sorptions- und Kristallisationsverlauf von amorpher Molke bei $T = 50$ °C.

Als Beweis dafür, dass die Kristallisation bei relativen Luftfeuchten von $\varphi = 0{,}8$ in Molkepermeat- und Molkepulver nach dem Durchschreiten des in Kapitel 4.3.2 beschriebenen Plateaus tatsächlich schon abgeschlossen ist, wurde eine Probe bei einer Temperatur von $T = 50$ °C und einer relativen Luftfeuchte von $\varphi = 0{,}8$ kristallisiert und nach 15 Minuten aus der Versuchsanlage herausgenommen. Die Proben wurden im Anschluss daran mittels Röntgendiffraktometrie (XRD) analysiert. Die Ergebnisse dieser Analysen sind in Kapitel 5.5.3 beschrieben und zeigen, dass die Proben tatsächlich zum genannten Zeitpunkt vollständig kristallisiert sind.

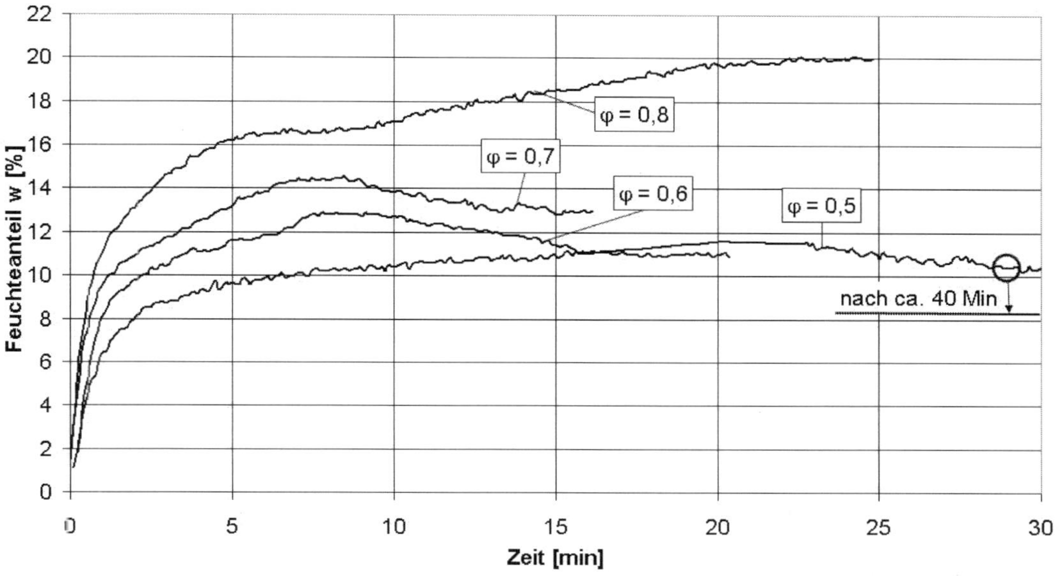

Abbildung 4.22: Sorptions- und Kristallisationsverlauf von amorpher Molke bei T = 60 °C.

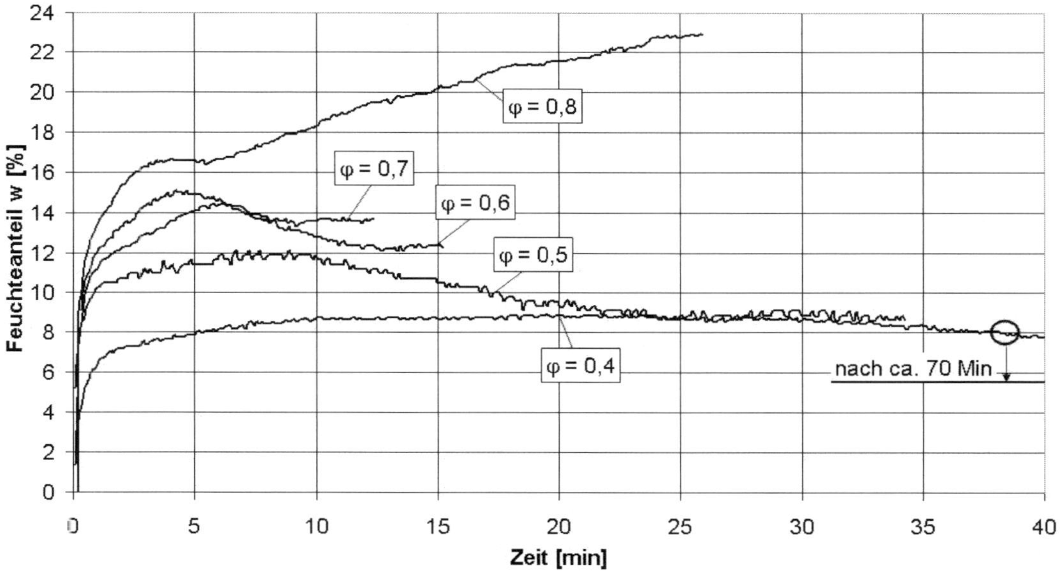

Abbildung 4.23: Sorptions- und Kristallisationsverlauf von amorpher Molke bei T = 70 °C.

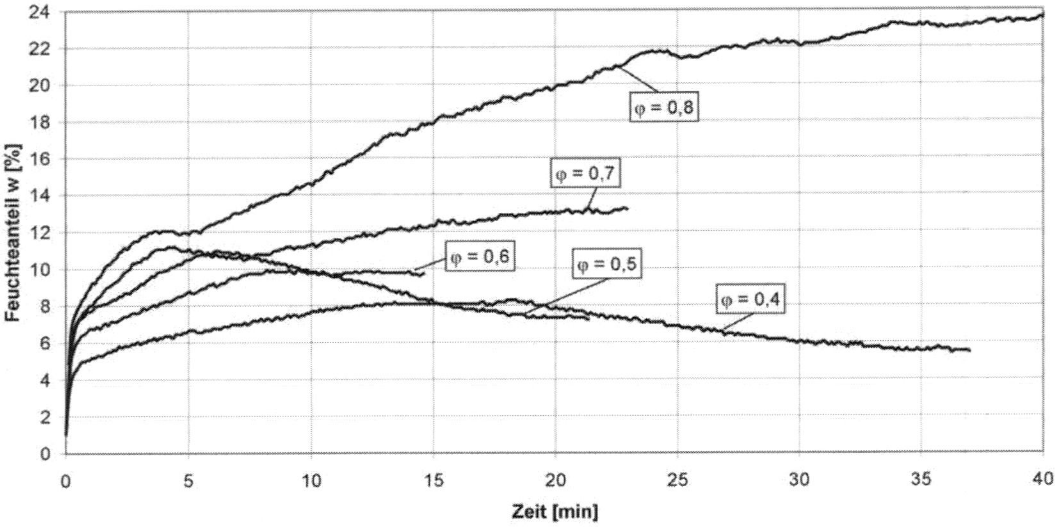

Abbildung 4.24: Sorptions- und Kristallisationsverlauf von amorpher Molke bei T = 80 °C.

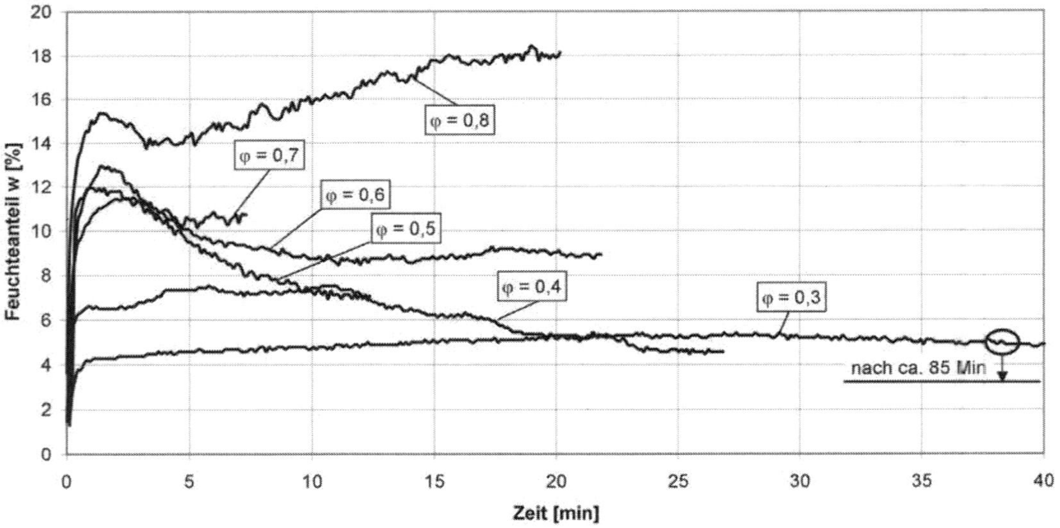

Abbildung 4.25: Sorptions- und Kristallisationsverlauf von amorpher Molke bei T = 90 °C.

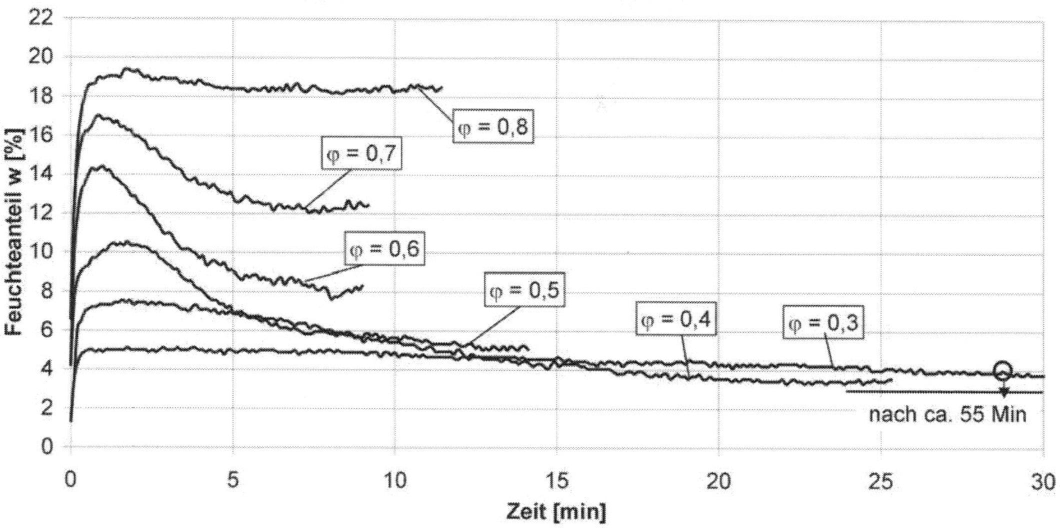

Abbildung 4.26: Sorptions- und Kristallisationsverlauf von amorpher Molke bei T = 100 °C.

Abbildung 4.27 zeigt die Zusammenfassung der gemessenen Gesamtzeiten für Sorption, Induktion und Kristallisation von amorpher Molke bei verschiedenen Temperaturen und relativen Luftfeuchten. Die durchgezogenen Linien stellen die angepassten Trendlinien der Isothermen dar, welche für eine bessere Übersicht in das Diagramm eingezeichnet worden sind.

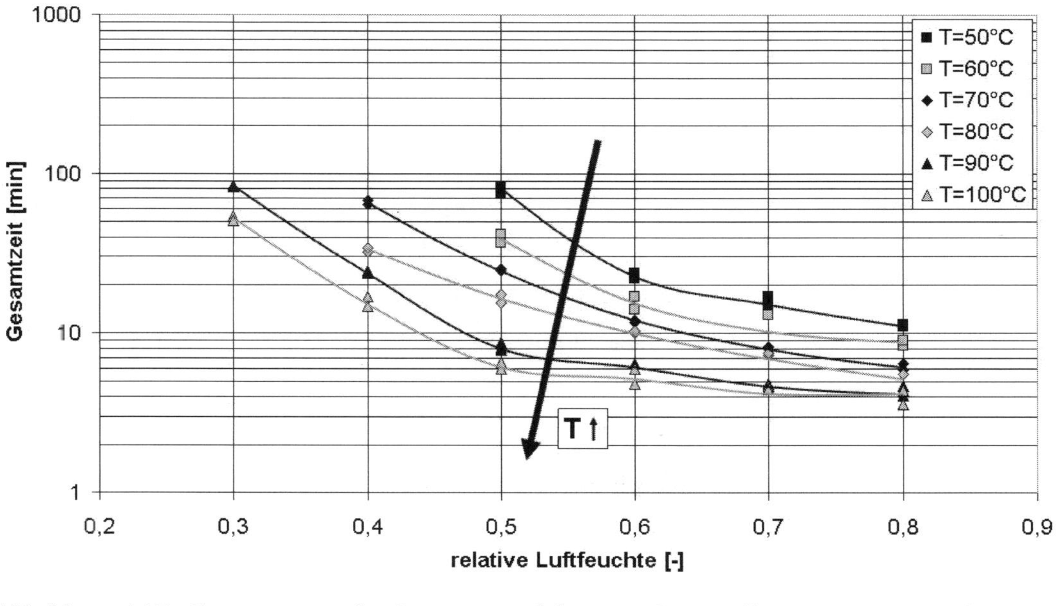

Abbildung 4.27: Gesamtzeiten der Sorption, Induktion und Kristallisation von amorpher Molke bei verschiedenen Temperaturen und relativen Luftfeuchten.

Hierbei zeigt sich, dass sich amorphe Molke bei der Kristallisation wie Molkepermeat verhält und die benötigten Betriebsbedingungen bzw. Zeiten für eine Nachkristallisation ähnlich sind. Da Molkepermeat einen deutlich geringeren Proteinanteil als Molke aufweist, scheint die Kristallisationsverzögerung in Molkepermeat und Molke im Vergleich zu reiner Laktose durch den Salzanteil begründet zu sein.

Als Fazit kann man aus den Untersuchungen schließen, dass eine Kristallisation von amorphen laktosehaltigen Pulvern während technisch sinnvoller Verweilzeiten (Minuten-Bereich) möglich ist. Prinzipiell gilt, je höher die eingestellte Temperatur und relative Luftfeuchte in einem Prozess, desto kürzer ist die benötigte Zeit für eine Kristallisation der Laktose. Weiter hat sich gezeigt, dass die Kristallisation der Laktose in Molkepermeat- und Molkepulvern im Vergleich zu reiner Laktose verlangsamt ist. Dies kann mit den Anteilen an Proteinen und Salzen in den Pulvern erklärt werden, welche die Kollisionswahrscheinlichkeit zweier Laktosemoleküle herabsetzen und somit die Kristallisation hemmen. Weiterhin haben die Untersuchungen die Ergebnisse aus Kapitel 3 bestätigt, dass die Aktivierungsenergien der Kristallisation von Laktose in Molkepermeat- und Molkepulver niedriger sind als für reine Laktose.

4.4 Bestimmung der kinetischen Parameter der Kristallisation

Aus den in Kapitel 4.3 erhaltenen Messdaten zur Kristallisation der laktosehaltigen Pulver bei den verschiedenen Prozessbedingungen sollen nun die Reaktionsordnungen n und die Reaktionsgeschwindigkeitskonstanten k sowie die Aktivierungsenergien E_A bestimmt werden. Nach [Schmitt 1998] und [Maffezzoli u.a. 1995] können Umwandlungsreaktionen in einem festen Aggregatzustand, bei welchem Keimbildung und Keimwachstum auftreten wie z.B. bei der Kristallisation aus der amorphen Form einer Substanz, durch folgende Ausdrücke modelliert werden (vgl. 2.2.8):

$$\theta = 1 - \exp\left\{-\left(k \cdot \left(t - t_{Ind}\right)\right)^n\right\} \qquad \text{(Gl. 4.9)}$$

$$k(T) = k_0 \cdot \exp\left\{-\frac{E_A}{\tilde{R} \cdot T}\right\} \qquad \text{(Gl. 4.10)}$$

Der kristallisierte Anteil θ kann folgender Weise normiert werden.

$$\theta = \frac{w_{max} - w}{w_{max} - w_{ende}} \qquad \text{(Gl. 4.11)}$$

Hierin bedeutet w_{max} der maximal gemessene Feuchteanteil zum Zeitpunkt t_{Ind} und w_{min} der minimale Feuchteanteil am Ende einer Messung. In Abbildung 4.28 ist das Ergebnis einer solchen Normierung am Beispiel von Laktose-Messungen bei T = 50 °C (siehe Abbildung 4.7) dargestellt.

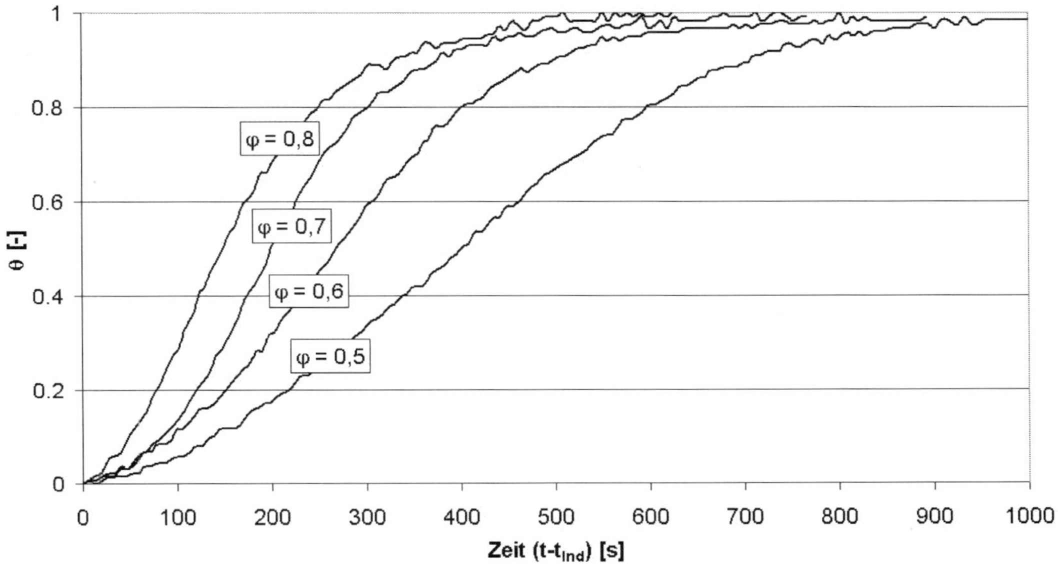

Abbildung 4.28: Normierte Kristallisationszeit von Laktosepulver bei T = 50 °C und verschiedenen relativen Luftfeuchten φ.

Gleichung 4.9 kann weiter umgeformt werden zu

$$\ln\left[-\ln\left(1-\theta\right)\right] = n \cdot \ln\left(t - t_{Ind}\right) + n \cdot \ln\left(k\right). \qquad \text{(Gl. 4.12)}$$

Aus einer Auftragung des linearen Teils der Messwerte zwischen ca. $0{,}2 < \theta < 0{,}8$ in Form von $\ln\left[-\ln\left(1-\theta\right)\right]$ über $\ln\left(t - t_{Ind}\right)$ ergeben sich Geraden, welche beispielhaft in Abbildung 4.29 aufgeführt sind. Aus den Steigungen dieser Geraden können die Reaktionsordnungen n und aus deren Achsenabschnitten $n \cdot \ln\left(k\right)$ die Reaktionsgeschwindigkeitskonstanten k ermittelt werden.

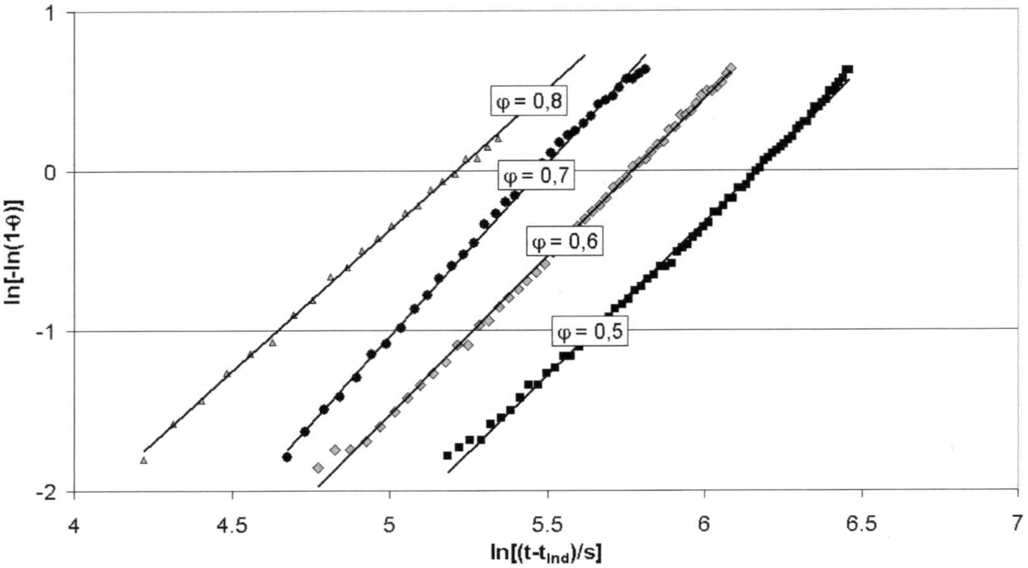

Abbildung 4.29: Normierte Kristallisationszeit von Laktosepulver bei T = 50 °C und verschiedenen relativen Luftfeuchten φ.

Wie man aus den Abbildungen 4.14 – 4.19 und 4.21 – 4.26 erkennen kann, nehmen die Molkepermeat- und Molkepulver bei den Versuchen mit sehr hohen relativen Luftfeuchten sehr lange Feuchtigkeit auf, sodass der Grad der Kristallisation aufgrund einer Feuchteverringerung nicht nachvollzogen werden kann. Aus diesem Grund wurden die Reaktionsordnungen n und Reaktionsgeschwindigkeitskonstanten k für φ = 0,7 und 0,8 für Molkepermeat- und Molkepulver nicht bestimmt. Die ermittelten Parameter sind im Anhang in den Tabelle 8.5 – 8.7 wiedergegeben. In den Abbildungen 4.30 – 4.32 sind die sich aus den Messungen ergebenden Reaktionsgeschwindigkeitskonstanten k der Kristallisation von Laktose in Laktose-, Molkepermeat- und Molkepulver abgebildet. Die durchgezogenen Linien stellen die angepassten Trendlinien der Isothermen dar, welche für eine bessere Übersicht in das Diagramm eingezeichnet worden sind.

Wie man erkennen kann, ist die Reaktionsgeschwindigkeitskonstante k tendenziell umso höher, je höher die relative Luftfeuchte und die Temperatur während der Behandlung ist. Bei T = 110 °C und φ = 0,7 ist k niedriger als bei φ = 0,6. Eine Analyse der kristallisierten Proben in Kapitel 5 wird zeigen, dass bei diesen Betriebsbedingungen die Laktose ausschließlich als β-Laktose kristallisiert. Somit ist die Kristallisation bei diesen Bedingungen im Vergleich zu den restlichen Versuchen ein Sonderfall und erklärt die Abweichungen.

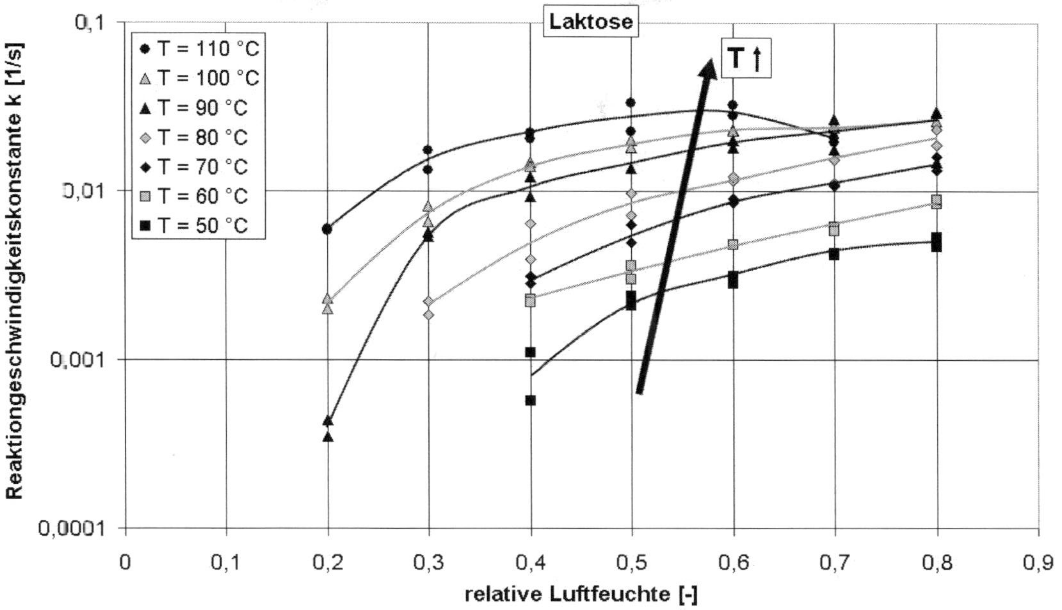

Abbildung 4.30: Reaktionsgeschwindigkeitskonstanten k der Kristallisation von Laktosepulver für verschiedene Temperaturen T und relativen Luftfeuchten φ.

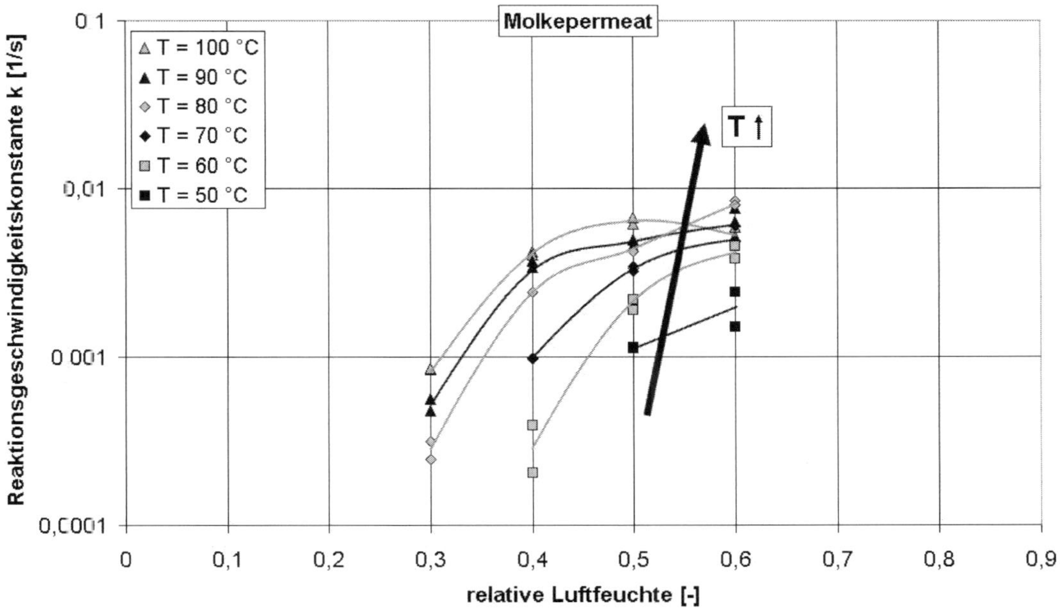

Abbildung 4.31: Reaktionsgeschwindigkeitskonstanten k der Kristallisation von Laktose in Molkepermeatpulver für verschiedene Temperaturen T und relativen Luftfeuchten φ.

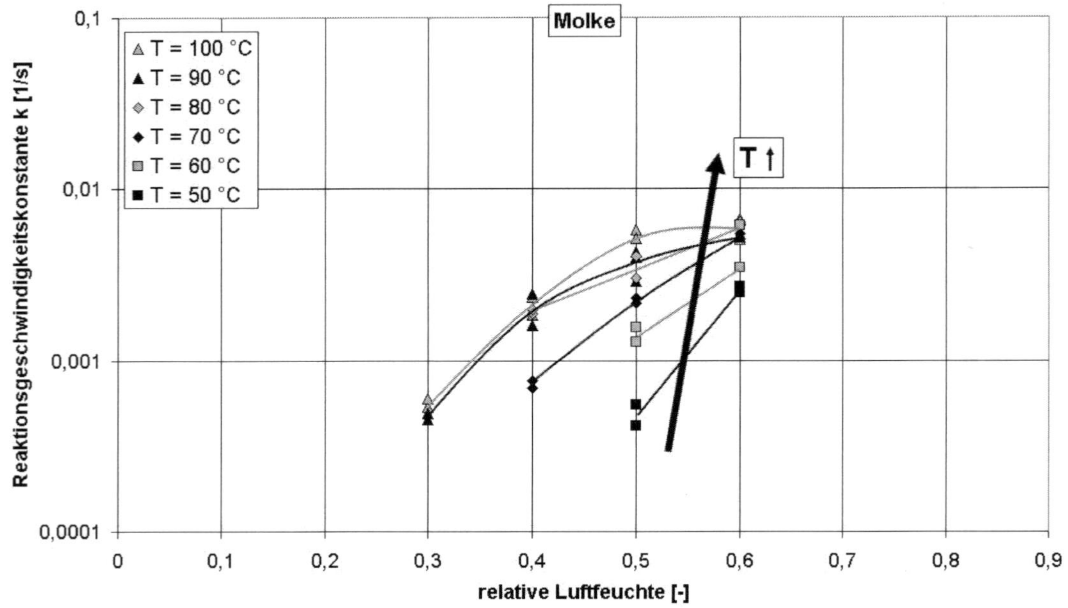

Abbildung 4.32: Reaktionsgeschwindigkeitskonstanten k der Kristallisation von Laktose in Molkepulver für verschiedene Temperaturen T und relativen Luftfeuchten φ.

Die Abbildungen bestätigen, dass die Kristallisation der Laktose in Molkepermeat- und Molkepulver langsamer ist im Vergleich zu reinem Laktosepulver.

Formt man die Gleichung 4.12 um

$$\ln(k(T)) = \ln(k_0) - \frac{E_A}{\widetilde{R}} \cdot \frac{1}{T} \qquad \text{(Gl. 4.13)}$$

und trägt ln(*k*) über $1/T$ auf, so kann man aus den Steigungen $-\frac{E_A}{\widetilde{R}}$ der sich ergebenden Geraden die Aktivierungsenergie E_A in Abhängigkeit der relativen Luftfeuchte bestimmen. Die Abbildung 4.33 zeigt solche so genannten Arrhenius-Auftragungen für die Messungen von Laktose für die verschiedenen relativen Luftfeuchten.

Für die Bestimmung von $-\frac{E_A}{\widetilde{R}}$ wurden Ausgleichsgeraden durch die Messpunkte gelegt und deren Steigungen abgelesen. Wie man erkennen kann, werden diese mit abnehmender relativer Luftfeuchte steiler. Dementsprechend erhöht sich die Aktivierungsenergie für geringere relative Luftfeuchten.

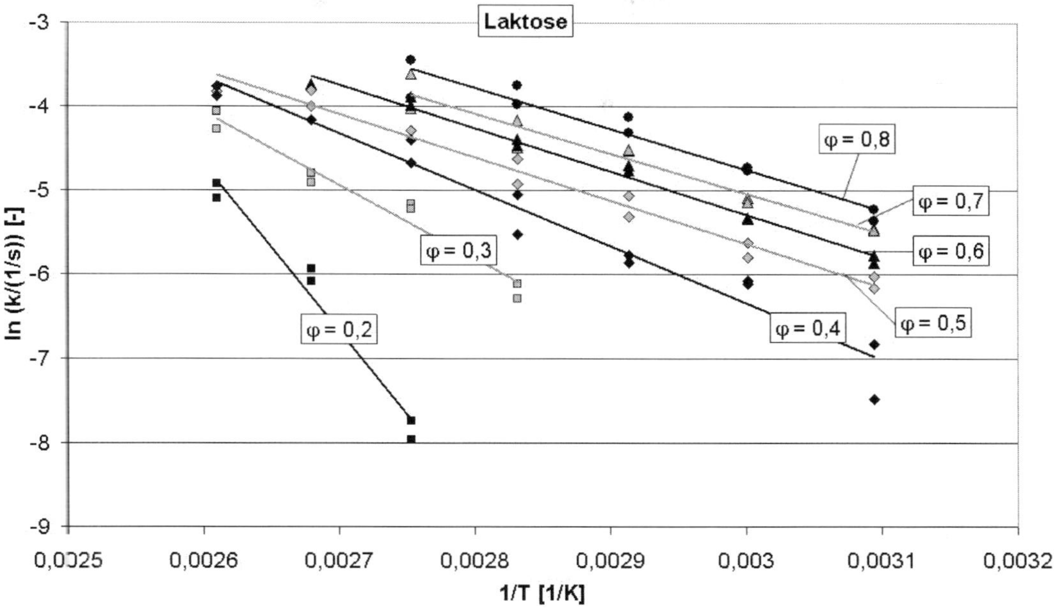

Abbildung 4.33: Arrhenius-Auftragung der Kristallisationsgeschwindigkeitskonstanten k von Laktosepulver in Abhängigkeit von der relativen Luftfeuchte φ.

Die Abbildungen 4.34 und 4.35 zeigen die Arrhenius-Auftragungen für Molkepermeat- und Molkepulver. Wie man sieht, sind die Steigungen der Geraden im Vergleich zu reiner Laktose flacher.

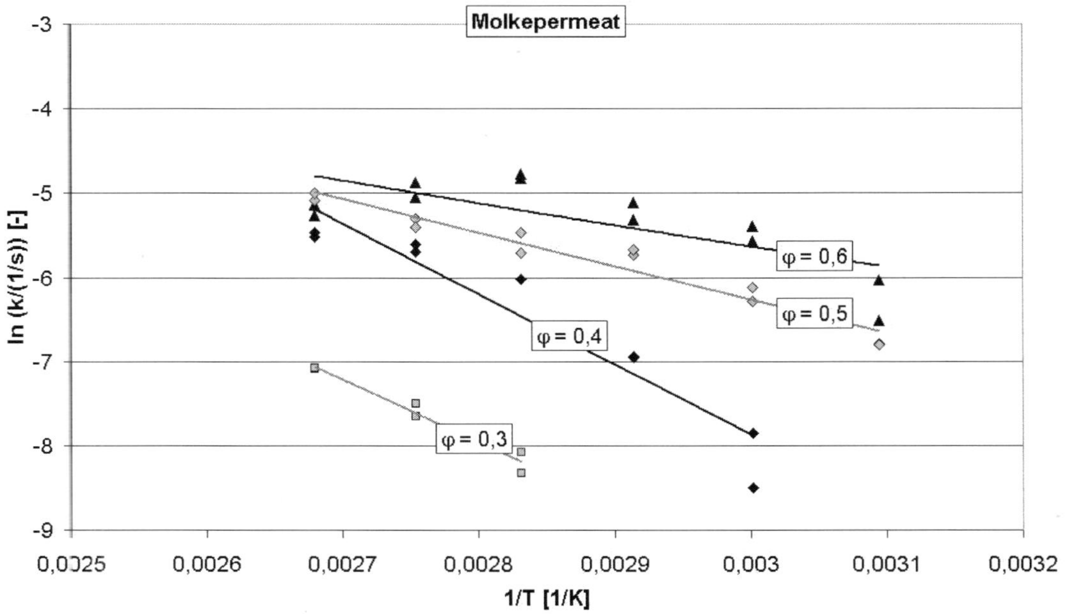

Abbildung 4.34: Arrhenius-Auftragung der Kristallisationsgeschwindigkeitskonstanten k von Molkepermeatpulver in Abhängigkeit von der relativen Luftfeuchte φ.

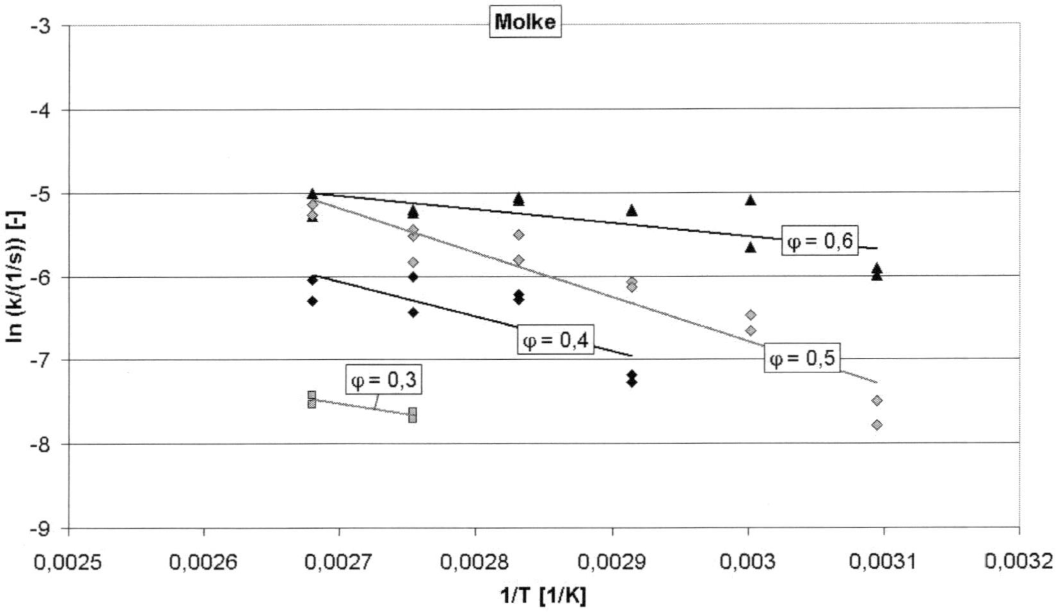

Abbildung 4.35: Arrhenius-Auftragung der Kristallisationsgeschwindigkeitskonstanten k von Molkepulver in Abhängigkeit von der relativen Luftfeuchte φ.

Abbildung 4.36 zeigt die Zusammenfassung der ermittelten Aktivierungsenergien der Kristallisation von Laktose in Laktose-, Molkepermeat- und Molkepulver in Abhängigkeit der relativen Luftfeuchte φ. Hierbei soll darauf hingewiesen werden, dass diese Aktivierungsenergien unter isothermen Bedingungen bestimmt worden sind.

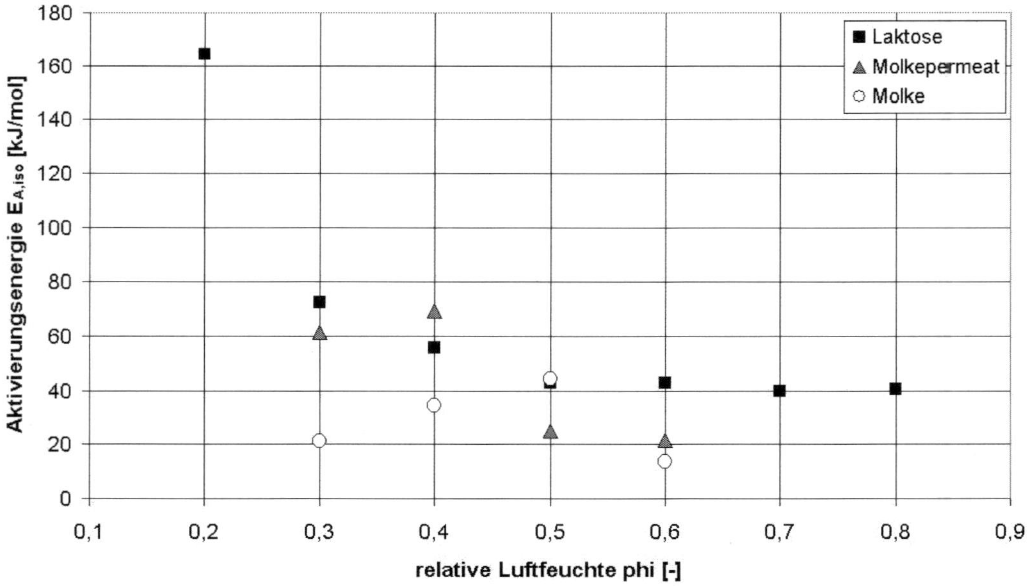

Abbildung 4.36: Aktivierungsenergien $E_{A,iso}$ der Kristallisation von laktosehaltigen Pulvern bei diversen relativen Luftfeuchten φ.

Im Vergleich hierzu sind die in Kapitel 3.3 gemessenen Aktivierungsenergien mittels der dynamischen DSC-Messung unter nicht-isothermen Bedingungen bestimmt worden. Die aus den Messungen erhaltenen Werte für die präexponentiellen Faktoren der Arrhenius-Gleichung k_0 sowie die ermittelten Aktivierungsenergien sind im Anhang in Tabelle 8.8 aufgeführt. Wie man erkennen kann, sind die Aktivierungsenergien der Kristallisation von der relativen Luftfeuchte abhängig. Speziell im Falle von Laktose ist dies deutlich zu sehen. Hierbei fällt von $\varphi = 0{,}2$ bis 0,5 die Aktivierungsenergie von $E_A = 164$ auf ca. 40 kJ/mol ab. Ab $\varphi = 0{,}5$ bleibt E_A konstant. Ähnliche Ergebnisse erhält man für Molkepermeatpulver, wobei hier nur von $\varphi = 0{,}3$ bis 0,6 Werte ermittelt werden konnten. Hierdurch lassen sich keine eindeutigen Aussagen über die Abhängigkeit der Aktivierungsenergie von der relativen Luftfeuchte treffen. Im Falle von Molkepulver schwanken die ermittelten Aktivierungsenergien sogar noch stärker, was wiederum bedeutet, dass keine genauen Aussagen über die Aktivierungsenergien in Abhängigkeit der relativen Luftfeuchte gemacht werden können.

Im Folgenden sollen die unter isothermen Bedingungen gewonnenen Aktvierungsenergien $E_{A,iso}$ mit den unter nicht-isothermen Bedingungen gewonnenen Aktivierungsenergien $E_{A,dyn}$ aus Kapitel 3.3 verglichen werden. Letztere konnten allerdings wie in Kapitel 3 beschrieben nur für sehr geringe relativen Luftfeuchten bzw. Feuchteanteile bestimmt werden. Aus der Sorptionsisothermen aus Abbildung 3.6 ergibt sich bei einer Wasseraktivität bzw. relativen Luftfeuchte von $\varphi = 0{,}2$ ein Feuchteanteil des Laktosepulvers von ca. $w = 3$ %. Mit Hilfe der Abbildung 3.13 kann man die Aktivierungsenergie bei diesem Feuchteanteil mit $E_{A,dyn} = 140 - 150$ kJ/mol abschätzen. Im Vergleich dazu ist bei $\varphi = 0{,}2$ die Aktivierungsenergie der Laktose ca. $E_{A,iso} = 164$ kJ/mol. Da die beiden Aktivierungsenergien $E_{A,dyn}$ und $E_{A,iso}$ recht nahe beieinander liegen, wird vermutet, dass der Keimbildungsmechanismus nach Tabelle 2.2 „kontinuierlich“ während der ganzen Kristallisationszeit aktiv ist. Eine konstante Anzahl an Keimen während der Kristallisation sollte ausgeschlossen werden können. Im Gegensatz hierzu haben [Schmitt u.a. 1999] nachgewiesen, dass aufgrund der stark unterschiedlichen Aktivierungsenergien von $E_{A,dyn}$ und $E_{A,iso}$ der Keimbildungsprozess bei höheren relativen Luftfeuchten ($\varphi = 0{,}575$) die Keimbildung „lokal gesättigt“ stattfinden muss. Daraus ergibt sich in diesem Fall, dass sich gleich zu Beginn der Behandlung bereits alle Keime gebildet haben und nur diese während der weiteren Kristallisation anwachsen. Bei höheren relativen Luftfeuchten in einem Prozess ist demnach die Behandlungszeit nicht mehr von der Keimbildung, sondern nur noch von dem Kristallwachstum limitiert.

5 Analyse der nachkristallisierten Proben

Die in dem Kapitel 4 nachkristallisierten laktosehaltigen Pulver wurden im Anschluss an die Umwandlungen analysiert. Rasterelektronenmikroskopische Aufnahmen sollen zeigen, ob sich kristalline Strukturen auf den behandelten Partikeln gebildet haben. Mittels der Polarimetrie, der Differential Scanning Calorimetry (DSC) und der Röntgendiffraktometrie soll geklärt werden, inwiefern sich das Verhältnis zwischen α- und β-Laktose während der Kristallisation ändert und welche Kristallformen sich dabei bilden. α-Laktose-Monohydrat ist wie in Kapitel 2 beschrieben die bei Raumtemperatur stabilste Kristallform und bei einem Verfahren daher auch die gewünschte Kristallmodifikation. Mit den erhaltenen Ergebnissen können schließlich Bedingungen abgeschätzt werden, welche für eine Kristallisation der Laktose zu α-Laktose-Monohydrat günstig sind.

5.1 Rasterelektronenmikroskopie (REM)

Von den in Kapitel 4 nachkristallisierten Proben wurden im Laboratorium für Elektronenmikroskopie der Universität Karlsruhe (TH) rasterelektronenmikroskopische Aufnahmen (Gemini1530, Fa. Leo) gemacht. Die Abbildungen 5.1 – 5.3 zeigen diese REM-Aufnahmen von Laktose-, Molkepermeat- und Molkepartikeln.

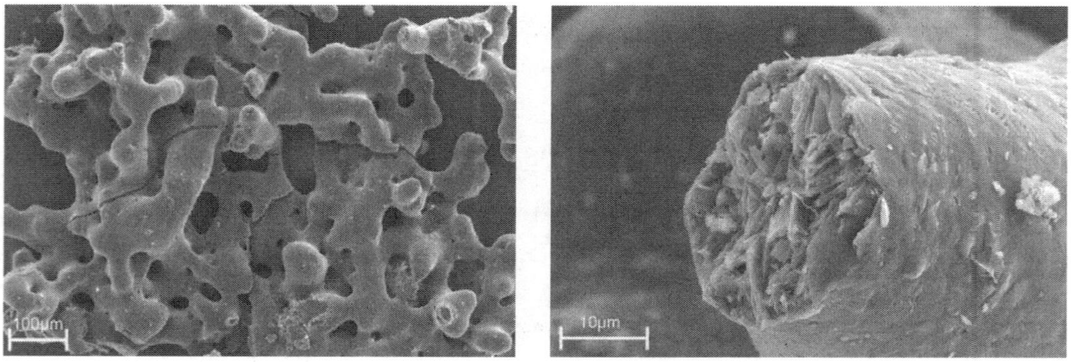

Abbildung 5.1: REM-Aufnahmen von nachkristallisierten Laktosepartikeln.

Wie man aus der linken Aufnahme in Abbildung 5.1 erkennen kann, Verbacken die ursprünglichen Partikeln zu einer porösen Struktur während der Behandlung. Wichtig ist dabei zu bemerken, dass sich der Diffusionsweg des Wassers nach der Verbackung kaum verlängert, was z.B. bei einem Zusammenbacken von einem großen Partikelhaufwerk zu einer dicken Schicht der Fall wäre. Die in Kapitel 4.1 beschriebene Forderung nach einer möglichst monopartikulären Schicht im Probenhalter konnte somit hinreichend erfüllt werden. Im rechten Bild ist zu erkennen, dass sich im Innern der Laktosepartikeln kristalline Strukturen ausgebildet haben. Es scheinen sich viele kleine Kristalle gebildet zu haben, was auf eine spontane homogene Keimbildung schließen lässt.

In den Versuchen zur Sorptionskristallisation hat sich gezeigt, dass das Molkepermeat- und Molkepulver während der Umwandlung stark zusammenbackt und eine Entnahme der Probe aus den Probenhaltern erschwert ist. Die Partikelschicht musste nach Versuchsende aus den Schalen des Probenhalters herausgekratzt werden, wodurch es zu einer Zerstörung der Makrostruktur kam. Abbildung 5.2 und 5.3 zeigen Bruchstücke von den entnommenen Molkepermeat- und Molkeproben. Wie man erkennen kann, sind auf der Oberfläche kristalline Strukturen zu sehen, welche als ein Hinweis für die stattgefundene Kristallisation angesehen werden können.

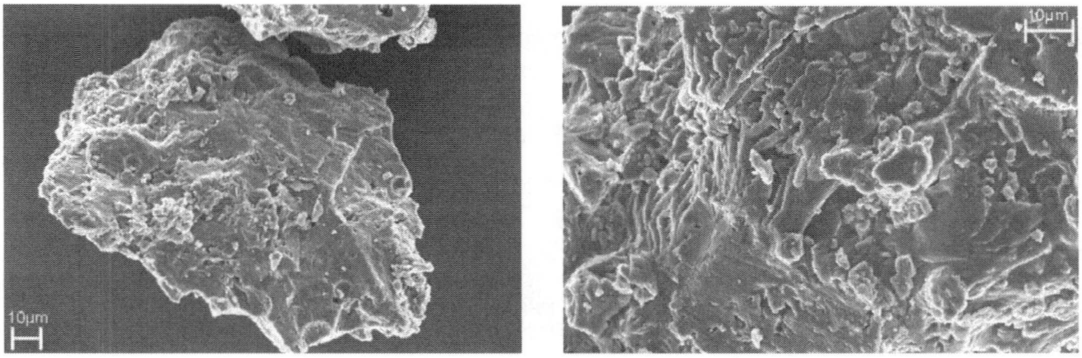

Abbildung 5.2: REM-Aufnahmen von nachkristallisierten Molkepermeatpartikeln.

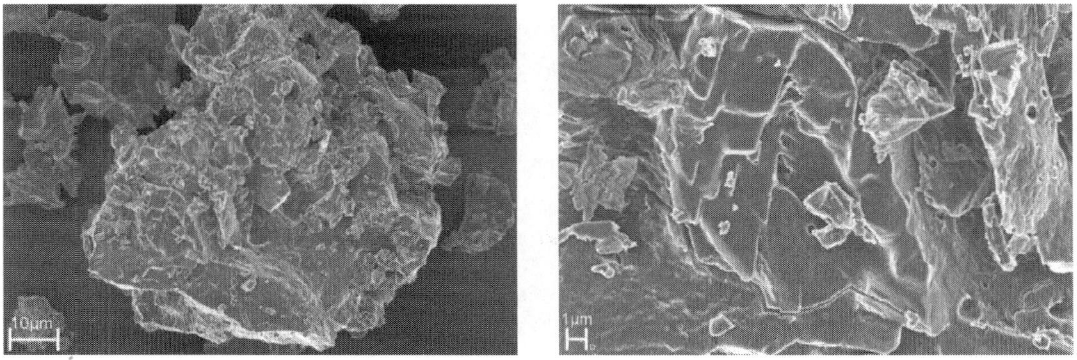

Abbildung 5.3: REM-Aufnahmen von nachkristallisierten Molkepartikeln.

5.2 Polarimetermessungen

Wie in Kapitel 2.2.1 beschrieben, weist Laktose in wässrigen Lösungen Mutarotation auf. Mit Hilfe von Polarimetermessungen soll geklärt werden, inwiefern sich das Verhältnis zwischen α- und β-Laktose während einer Behandlung ändert. Zur Bestimmung der Verhältnisse zwischen α- und β-Laktose in der amorphen Ausgangsform und in den kristallisierten Laktoseproben wurden mit Hilfe von Polarimetermessungen die spezifischen Drehwinkel $[\alpha]_D^{20}$ der Proben gemessen. Der spezifische Drehwinkel $[\alpha]_D^{20}$ der α- und β-Form ist in Wasser bei 20 °C +89,4 ° bzw. +35,0 ° [HOLSINGER, 1997], [MORRISSEY, 1985]. Wie in Kapitel 2.2.1 beschrieben ermöglicht diese Eigenschaft, die einzelnen Anteile in einer Lösung durch Messung der optischen Rotation zu bestimmen. Für die Bestimmung der spezifischen Drehwinkel $[\alpha]_D^{20}$ werden die Proben in Wasser aufgelöst und gleichzeitig die Zeit aufgezeichnet. Die so entstehenden Lösungen werden in eine bei 20 °C vortemperierte Küvette eingefüllt (Länge l = 1 dm), welche in einem Polarimeter (241Polarimeter, Fa. Perkin-Elmer) mit polarisiertem Licht durchstrahlt wird. Der spezifische Drehwinkel kann dann nach der Formel

$$[\alpha]_D^{20} = 100 \cdot \frac{\alpha_{gem}}{l \cdot c} \qquad \text{(Gl. 5.1)}$$

bestimmt werden. Durch das Mutarotationsgleichgewicht zwischen α- und β-Laktose ändert sich der spezifische Drehwinkel in der Lösung. Aus diesem Grund wird eine halbe Stunde lang jede Minute ein Messwert aufgezeichnet. Eine Extrapolation dieser Werte in Richtung Startzeit ergibt so den spezifischen Drehwinkel der jeweiligen Partikelprobe. Abbildung 5.4 zeigt die Ergebnisse der gemessenen spezifischen Drehwinkel des amorphen Ausgangsmaterials sowie der kristallisierten Proben zum besseren Vergleich in einem dreidimensionalen Diagramm. Die einzelnen Werte sind im Anhang in Tabelle 8.9 aufgeführt. Das amorphe Ausgangsmaterial ist in der Abbildung 5.4 als weißes Quadrat bei T = 40 °C dargestellt und hat einen Wert von $[\alpha]_D^{20}$ = 59 °. Dies entspricht einem α-Laktoseanteil von 44,5 %, also einem Verhältnis von $R = \beta/\alpha \approx 1{,}25$. Wie man erkennen kann, ändert sich dieses Verhältnis während einer Nachkristallisation zunächst nicht. Dies bedeutet, dass die gesamte α-Laktose zu α-Laktose und β-Laktose zu β-Laktose kristallisiert. Mögliche Kristallformen hierbei sind α-Laktose-Monohydrat, α-Laktose-Anhydrat, β-Laktose sowie die Mischkristallformen 4α/1β-, 5α/3β- und 3α/2β-Laktose.

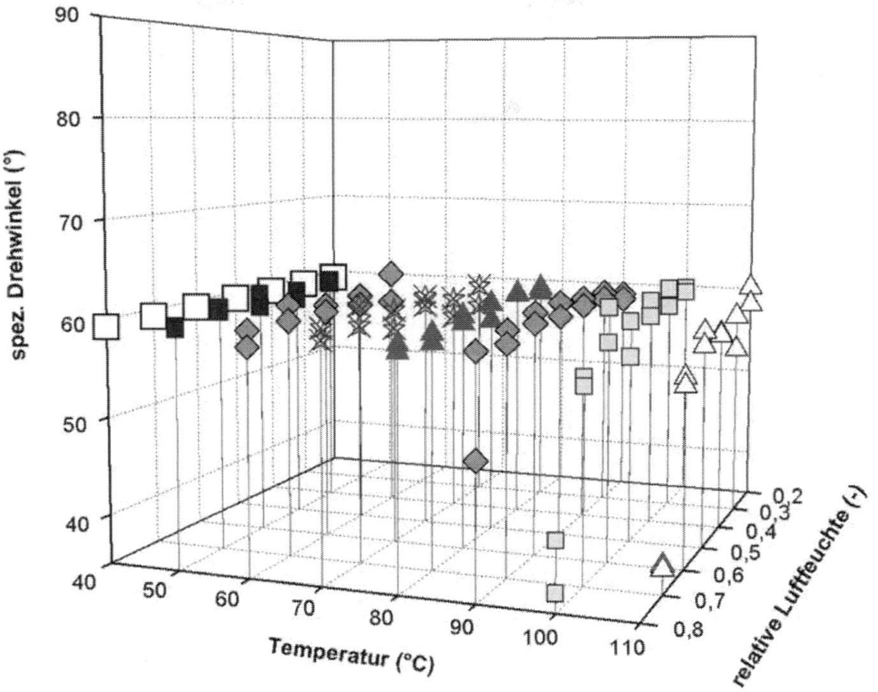

Abbildung 5.4: Spezifischer Drehwinkel $[\alpha]_D^{20}$ der amorphen und der nachkristallisierten Laktose.

Erst bei sehr hohen Temperaturen und relativen Luftfeuchten (T = 90 °C, φ = 0,8 / T = 100 °C, φ = 0,8 / T = 110 °C, φ = 0,7) verringert sich der spezifische Drehwinkel. Es stellt sich die Frage, ob sich bei diesen extremen Bedingungen tatsächlich mehr β-Laktose bildet oder ob die Laktose chemisch verändert wird. Zur Klärung dieser Frage wurde von der Firma Humana GmbH eine chemische Analyse nach [§35 LMBG Band I/4 48.01 4] durchgeführt, welche den Laktosegehalt der bei T = 110 °C und φ = 0,7 nachkristallisierten Produkte bestimmt. Die Analyse ergab einen Laktosegehalt von 99,58 % und 99,82 %. Aus den Ergebnissen kann geschlossen werden, dass das Produkt bei den genannten Prozessbedingungen nicht zerstört wird, sondern dass bei hohen Temperaturen und hohen relativen Luftfeuchten tatsächlich kristalline β-Laktose gebildet wird. Eine XRD-Analyse der Probe wird im Folgenden (Kapitel 5.5) diese Ergebnisse bestätigen.

Wässrige Lösungen von Molkepermeat und Molke sind trübe. Aus diesem Grund war eine reproduzierbare Bestimmung der Verhältnisse zwischen α- und β-Laktose mit dem vorhandenen Polarimeter nicht möglich. Eine nass-chemische Methode zur quantitativen Bestimmung von α- oder β-Laktose in Milch- oder Molkepulver mittels Polarimetermessungen beschreiben [Sharp/Doob 1941]. Eine solche Analyse von den in Kapitel 4 nachkristallisierten Molkepermeat- und Molkepulvern wurde jedoch nicht durchgeführt.

5.3 Gravimetrische Bestimmung des Anteils an α-Laktose-Monohydrat

Wie in Kapitel 4.2.1 beschrieben, wurden die Trockenmassen der untersuchten Laktoseproben nach der Kristallisation bestimmt. Hierbei wurde zunächst ein Teil der kristallinen Proben für 24 Stunden in einem Vakuumtrockenschrank bei T = 40 °C getrocknet. Aus dem Feuchteverlust ergibt sich gravimetrisch der Anteil des freien Wassers w_{frei} der Proben. Im Anschluss daran wurde das Hydratwasser w_{Hydr} bestimmt, indem die Proben für 24 Stunden bei T = 105 °C im Vakuumtrockenschrank eingelagert und danach der Feuchteverlust bestimmt wurde. Der Massenanteil des Hydratwassers in reinem α-Laktose-Monohydrat entspricht einem Wert von w_{Hydr} = 5,0 %. Somit können die bei der Kristallisation entstandenen Anteile an α-Laktose-Monohydrat bestimmt werden. Abbildung 5.5 zeigt einen Überblick über die erhaltenen Ergebnisse dieser Untersuchungen für die kristallisierten Laktoseproben. Die Zahlenwerte sind im Anhang in Tabelle 8.10 aufgeführt.

Die Versuche haben gezeigt, dass sich bei niedrigen Temperaturen und hohen relativen Luftfeuchten das meiste α-Laktose-Monohydrat bildet, nämlich bei T = 50 °C und φ = 0,8 bis zu 15 % des Gesamtlaktoseanteils. Dies bestätigt die in der Literatur angegebenen Trends (siehe Abb. 2.7). Wie man allerdings aus Abbildung 5.5 erkennen kann, kristallisiert Laktosepulver in dem untersuchten Bereich hauptsächlich zu den Anhydrat-Formen. Im Vergleich hierzu haben die Polarimetermessungen aus Kapitel 5.2 gezeigt, dass amorphe Laktose bei diesen Bedingungen so schnell kristallisiert, dass eine Mutarotation während der Behandlung vernachlässigt werden kann. Da in dem amorphen Ausgangspulver der α-Laktoseanteil 44,5 % war, stellt dieser Wert somit bei kurzen Behandlungszeiten den maximal erreichbaren Wert an α-Laktose-Monohydrat dar. Die gemessenen Hydratanteile der kristallisierten Proben waren jedoch deutlich niedriger. Es wird daher vermutet, dass eine Einlagerung eines Wassermoleküls in das Kristallgitter, aufgrund der schnellen Kristallisation der Laktose, nicht möglich ist.

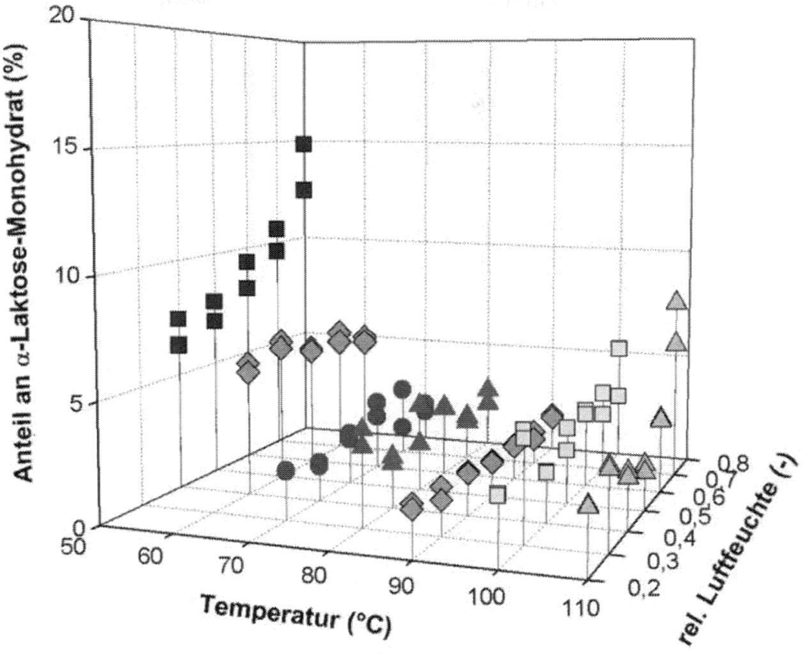

Abbildung 5.5: Anteil an α-Laktose-Monohydrat des kristallisierten Laktosepulvers.

Die Bestimmung des gebildeten Anteils an α-Laktose-Monohydrat in nachkristallisiertem Molkepermeat- und Molkepulver ist aufgrund der in Kapitel 4.2.2 genannten Schwierigkeiten mit dieser gravimetrischen Methode nicht möglich (siehe Abb. 4.4). Voruntersuchungen haben gezeigt, dass bei der Trocknungstemperatur von $T = 105$ °C, welche zur Entfernung des Hydratwassers im Vakuum notwendig ist, Wasser als Reaktionsprodukt der Maillardreaktion entsteht. Dieses gebildete Wasser würde ebenfalls verdampfen und so den Messwert verfälschen.

5.4 Bestimmung des Anteils an α-Laktose-Monohydrat mittels DSC

Wie in Kapitel 5.3 beschrieben, ist die Bestimmung der gebildeten α-Laktose-Monohydrat-Anteile in Molkepermeat- und Molkepulver mit der gravimetrischen Methode nicht möglich. Um dennoch Aussagen über die genannten Anteile treffen zu können, wurden die kristallisierten Proben aus Kapitel 4 in dem in Kapitel 3.3.1 beschriebenen DSC-Gerät bei einer Aufheizrate von 5 K/min analysiert. Das Kristallwasser von α-Laktose-Monohydrat wird dabei in einem Temperaturbereich von ca. $T = 110 - 160$ °C abgespalten, was als eine endotherme Wärmetönung während einer DSC-Messung zu erkennen ist. Eine exakte

Quantifizierung von α-Laktose-Monohydrat mittels DSC konnte jedoch nicht erreicht werden. Die Messergebnisse können allerdings qualitative Aussagen über das Kristallisationsverhalten von amorpher Laktose wiedergeben. Es gilt: Je höher der endotherme Peak bzw. je größer die Fläche unterhalb des Peaks, desto mehr Monohydrat ist in der Probe enthalten.

Abbildung 5.6 und 5.7 zeigen die Ergebnisse von ausgewählten DSC-Messungen von Laktoseproben, welche bei Temperaturen von T = 50 °C und relativen Luftfeuchten von φ = 0,8 nachkristallisiert worden sind.

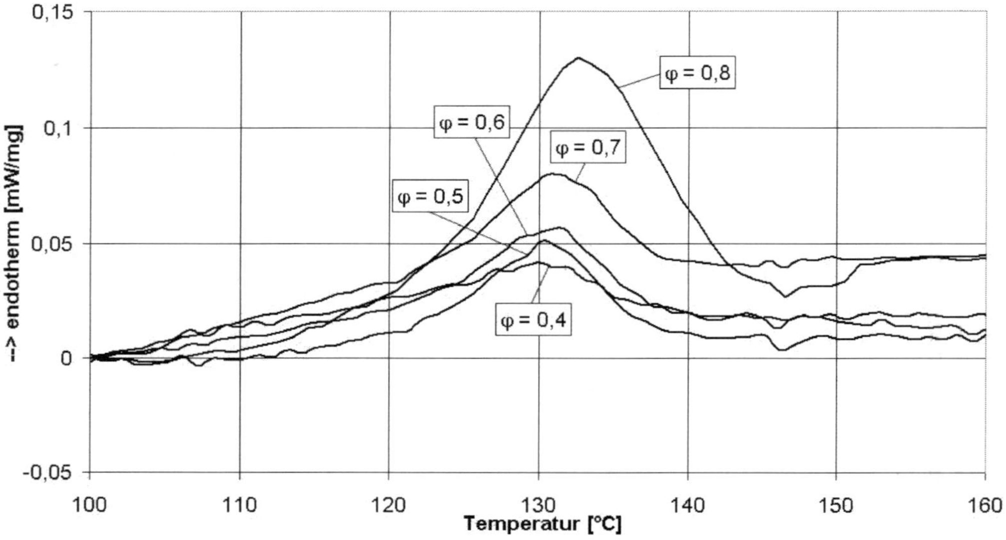

Abbildung 5.6: DSC-Messungen des bei T = 50 °C kristallisierten Laktosepulvers.

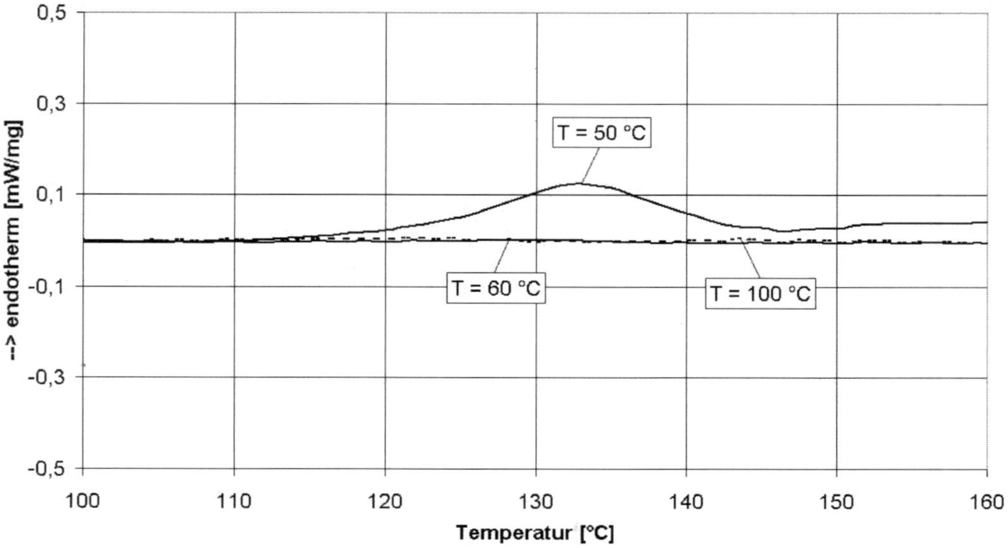

Abbildung 5.7: DSC-Messungen der bei φ = 0,8 kristallisierten Laktose.

Wie man erkennen kann, ist bei Behandlungsbedingungen von T = 50 °C zum Teil α-Laktose-Monohydrat entstanden. Je höher die relative Luftfeuchte bei der Behandlung war, desto größer wurde der Anteil des Hydrats. Ab einer Temperatur von T = 60 °C scheint die Laktose nur zu ihre Anhydratformen zu kristallisieren. Die Ergebnisse von allen DSC-Messungen der nachkristallisierten Laktoseproben sind im Anhang in den Abbildungen 8.52 – 8.58 zu finden und bestätigen, dass sich α-Laktose-Monohydrat in reiner Laktose kaum bildet. Wenn überhaupt, bildet sich ein geringer Anteil an α-Laktose-Monohydrat nur bis zu einer Temperatur von T = 50 - 60 °C sowie bei hohen relativen Luftfeuchten.

Abbildung 5.8 zeigt ausgewählte Ergebnisse der DSC-Analysen von den Molkepermeatproben, welche bei einer Temperatur von T = 60 °C und verschiedenen relativen Luftfeuchten kristallisiert worden sind. Die gestrichelten Linien darin sind die Ergebnisse der Proben, welche bei φ = 0,8 und φ = 0,7 für kürzere Zeiten (nur ca. 10 Minuten) behandelt worden sind (siehe Abb. 4.15).

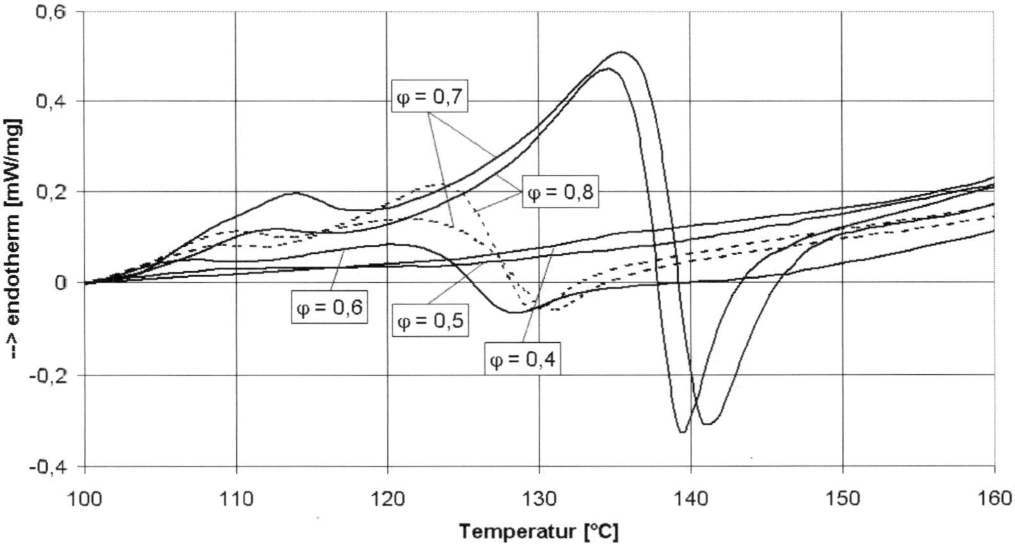

Abbildung 5.8: DSC-Messungen des bei T = 60 °C kristallisierten Molkepermeatpulvers.

Die Molkepermeatproben aus Abbildung 5.9 wurden bei einer relativen Luftfeuchte von φ = 0,7 und verschiedenen Temperaturen kristallisiert. Abgebildet sind darin die Analysen der länger behandelten Proben (siehe Abbildungen 4.14 – 4.19). Die Ergebnisse von allen DSC-Messungen der nachkristallisierten Molkepermeatproben sind im Anhang in den Abbildungen 8.59 – 8.64 abgebildet.

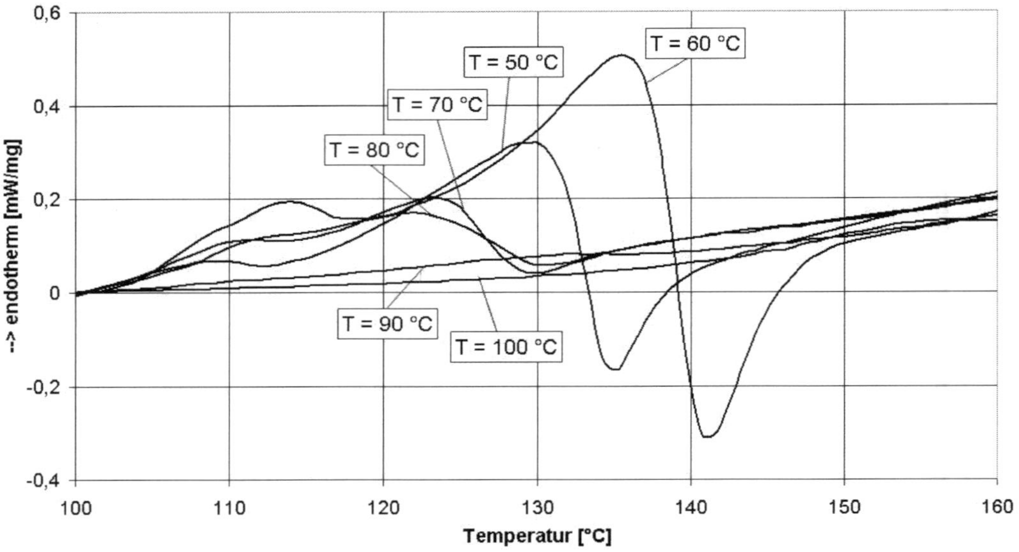

Abbildung 5.9: DSC-Messungen des bei φ = 0,7 kristallisierten Molkepermeatpulvers.

Wie man erkennen kann, steigt der Anteil an α-Laktose-Monohydrat, je niedriger die Temperatur und je höher die relative Luftfeuchte bei der Kristallisation ist. Die Kristallisation der Laktose in Molkepermeatpulver verläuft demnach nach ähnlichen Prinzipien wie die Kristallisation von reiner Laktose. Tendenziell bildet sich jedoch in Molkepermeat mehr α-Laktose-Monohydrat als in reiner Laktose. Dies kann mit der langsameren Kristallisation von Laktose in Molkepermeatpulver erklärt werden, wodurch für den Einbau eines Wassermoleküls in das Kristallgitter mehr Zeit zur Verfügung steht. Die Kurven in Abbildung 5.8 für die Proben φ = 0,8 und φ = 0,7 zeigen deutliche Unterschiede bei der Höhe der endothermen Peaks. Dies beweist, dass die Laktose zunächst hauptsächlich als eine Anhydrat-Form kristallisiert. Setzt man diese Anhydrat-Form weiter den sehr hohen relativen Luftfeuchten bei dieser Temperatur aus, so können sich diese Kristalle zu α-Laktose-Monohydrat umwandeln. Wie man in den Diagrammen weiterhin erkennen kann, treten nach einer Hydratabspaltung exotherme Reaktionen auf. Eine Erklärung hierfür könnten Folgereaktionen des freiwerdenden Wassers mit den Proteinen in den Substanzen sein. Weitere Analysen zur Klärung dieses Sachverhaltes wurden jedoch nicht durchgeführt.

Abbildung 5.10 zeigt ausgewählte Ergebnisse der DSC-Analysen von den Molkeproben, welche bei einer Temperatur von T = 60 °C und verschiedenen relativen Luftfeuchten nachkristallisiert worden sind.

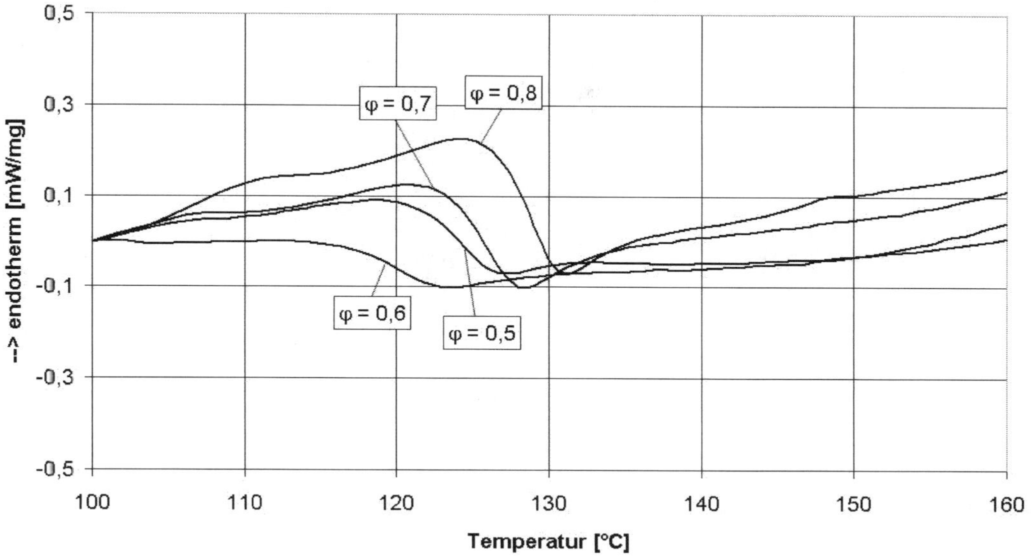

Abbildung 5.10: DSC-Messungen des bei T = 60 °C kristallisierten Molkepulvers.

Die Molkeproben aus Abbildung 5.11 wurden bei einer relativen Luftfeuchte von $\varphi = 0{,}7$ und verschiedenen Temperaturen kristallisiert. Abgebildet sind darin die Analysen der länger behandelten Proben (siehe Abbildungen 4.21 – 4.26). Die Ergebnisse von allen DSC-Messungen der nachkristallisierten Molkeproben sind im Anhang in den Abbildungen 8.65 – 8.70 abgebildet.

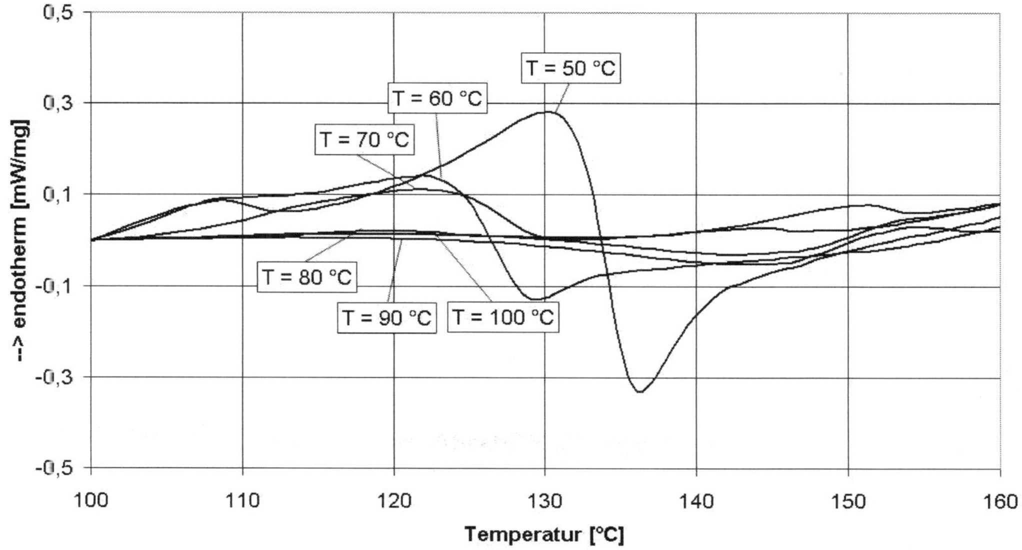

Abbildung 5.11: DSC-Messungen des bei φ = 0,7 kristallisierten Molkepulvers.

Wie man erkennen kann, ergeben sich für die Molkeproben ähnliche Ergebnisse wie für Molkepermeat. Bei der Kristallisation von amorpher Molke wird das meiste α-Laktose-Monohydrat bei tieferen Temperaturen und höheren relativen Luftfeuchten gebildet. Wie bei Molkepermeat bildet sich bei vergleichbaren Bedingungen auch bei Molke mehr Hydrat als bei reiner Laktose. Da Molkepulver eine ähnliche Kristallisationskinetik wie Molkepermeatpulver aufweist, ist dies mit der gleichen Begründung wie für Molkepermeat zu erklären. Durch die langsamere Kristallisation steht dem Einbau eines Wassermoleküls in das Kristallgitter mehr Zeit zur Verfügung und so kann die Hydratform verstärkt gebildet werden.

5.5 Röntgendiffraktometrie (XRD)

Wie in Kapitel 2.2 beschrieben, kann Laktose zu verschiedenen Kristallformen kristallisieren. Bei Raumtemperatur ist α-Laktose-Monohydrat die stabilste Kristallmodifikation und soll daher in einem Prozess gebildet werden. Mit Hilfe der Röntgendiffraktometrie soll geklärt werden, bei welchen Bedingungen sich welche Kristallformen bilden.

5.5.1 Prinzip der Röntgendiffraktometrie

Bei der Röntgendiffraktometrie wird eine Probe mit monochromatischem Röntgenlicht bestrahlt, welches beim Durchgang durch die Probe aufgrund von Wechselwirkungen zwischen Photonen und Elektronen der Materie abgelenkt wird. Dieses Phänomen der Änderung der ursprünglichen Ausbreitungsrichtung wird Streuung genannt. In einem Kristall sind die Atome dreidimensional periodisch angeordnet, wobei jedes Atom als ein Streuzentrum für Röntgenstrahlung wirkt. Aufgrund von Überlagerungen der jeweiligen Streurichtungen entstehen Intensitätsmaxima, welche für jedes kristalline Material charakteristisch sind. Mittels der erhaltenen Diffraktogramme können die jeweiligen Kristallstrukturen identifiziert werden. Die Methode der Röntgendiffraktometrie lässt sich auch bei Pulvern anwenden. Im Idealfall sind dabei die Kriställchen regellos orientiert und haben Partikeldurchmesser von 1 bis 10 µm. Ein kristallines Pulver erzeugt eine Kegelfläche aus gebeugter Strahlung (Abbildung 5.12), deren Intensitäten bei den einzelnen Beugungswinkeln 2θ mit einem Diffraktometer aufgenommen werden können.

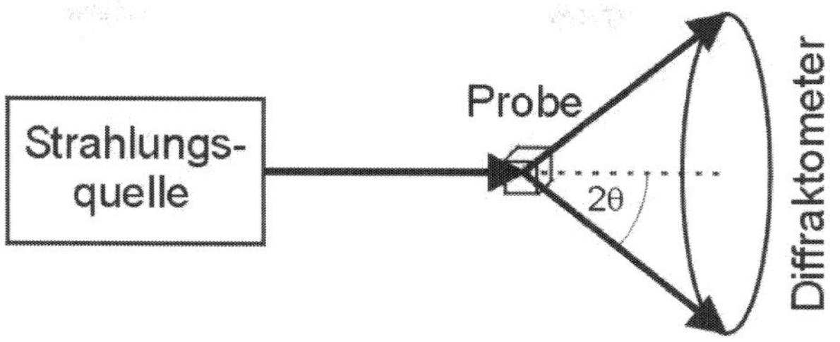

Abbildung 5.12: Schema zur Bildung eines Röntgenbeugungskegels.

5.5.2 Versuchsvorbereitung und Methodik

Die Bestimmung und Quantifizierung der gebildeten Kristallformen in den in Kapitel 4 nachkristallisierten Proben mittels XRD wurde von Herrn Dr. Nijdam (Alexander-von-Humboldt-Stipendiat) und Herrn Dr. Eichhorn (Labor für Applikationen der Synchrotronstrahlung, Universität Karlsruhe (TH)) durchgeführt. Für die Analysen wurden zunächst Röntgenbeugungsspektren von α-Laktose-Monohydrat (Fa. Roth), β-Laktose und der Mischkristallform aus 5α/3β-Laktose aufgenommen und eine Kalibriergerade erstellt. Das in den Untersuchungen verwendete Guinier-Röntgendiffraktometer (Huber 642) erzeugt eine $CuK\alpha_1$-Strahlung (Quarz-Monochromator: $2\theta_M = 26{,}642$; $\cos^2(2\theta) = 0{,}799$; $\lambda = 0{,}1540598$ nm).

Reine β-Laktose sowie 5α/3β-Laktose sind aufgrund der instabilen Eigenschaften bei Raumtemperatur nicht kommerziell erhältlich und wurden deshalb nach der Methode von [Olano/Rios 1978] und [Simpson u.a. 1982] selbst hergestellt. Für die Bildung von β-Laktose wurden 50 mg NaOH (Fa. Roth, p.a.) in 125 ml wasserfreiem Methanol (Fa. Roth, p.a.) gelöst und erwärmt. Nach zehn Minuten Sieden unter Rückfluss wurden 10 g α-Laktose-Monohydrat der Lösung zugegeben, welche dann für weitere zwei Stunden unter Rückfluss und Rühren gesiedet hat. Für die Bildung des Mischkristalls 5α/3β-Laktose wurde eine Lösung aus 2,1 ml konzentrierter Salzsäure (Roth, p.a.), 100 ml wasserfreiem Methanol und 8 g α-Laktose-Monohydrat für eine Stunde unter Rückfluss gerührt und gekocht. Beide Reaktionsprodukte wurden abgenutscht, mit Methanol gewaschen sowie bei Raumtemperatur unter Vakuum getrocknet und bei diesen Bedingungen bis zur Analyse gelagert. Die Analyse der gebildeten Kristalle mittels Polarimeter ergab für β-Laktose einen spezifischen Drehwinkel von $[\alpha]_D^{20} = 36{,}6$ ° und für 5α/3β-Laktose $[\alpha]_D^{20} = 65{,}7$ °. Die in der Literatur angegebenen Werte für β-Laktose sind $[\alpha]_D^{20} = 35{,}0$ und für 5α/3β-Laktose $[\alpha]_D^{20} = 69{,}0$ °.

Dies zeigt, dass die gebildeten Kristalle nicht ganz rein sind und die Pulver in geringen Mengen weitere Kristallformen beinhalten. Von ähnliche Schwierigkeiten berichten [Olano/Rios 1978], welche nur eine maximale Umwandlung von 93 % zu β-Laktose erreichen konnten.

Für die Quantifizierung der genannten Kristallformen in den kristallisierten Laktose-, Molkepermeat- und Molkepulvern wurden die Proben mit Siliziumkristallen im Verhältnis von 3:1 gemischt. Die Mischungen wurden von Hand gemörsert, das Pulver zwischen zwei dünnen, für Röntgenstrahlen durchlässige, Plastikfilme gepresst und sofort im Anschluss daran deren Röntgendiffraktogramme bei Raumtemperatur und Umgebungsfeuchte aufgenommen. Da kristallines Silizium einen spezifischen Peak bei $2\theta = 47{,}3$ ° aufweist und dieser nicht von einem charakteristischen Peak einer Laktoseform überlappt wird, können die Diffraktogramme normiert werden, indem man die gemessenen Intensitäten durch die maximale Intensität des Siliziumpeaks dividiert. Die Abbildungen 5.13 bis 5.15 zeigen die auf diesem Wege normierten Diffraktogramme der für die Kalibrierungen verwendeten Substanzen (α-Laktose-Monohydrat, β-Laktose und 5α/3β-Laktose).

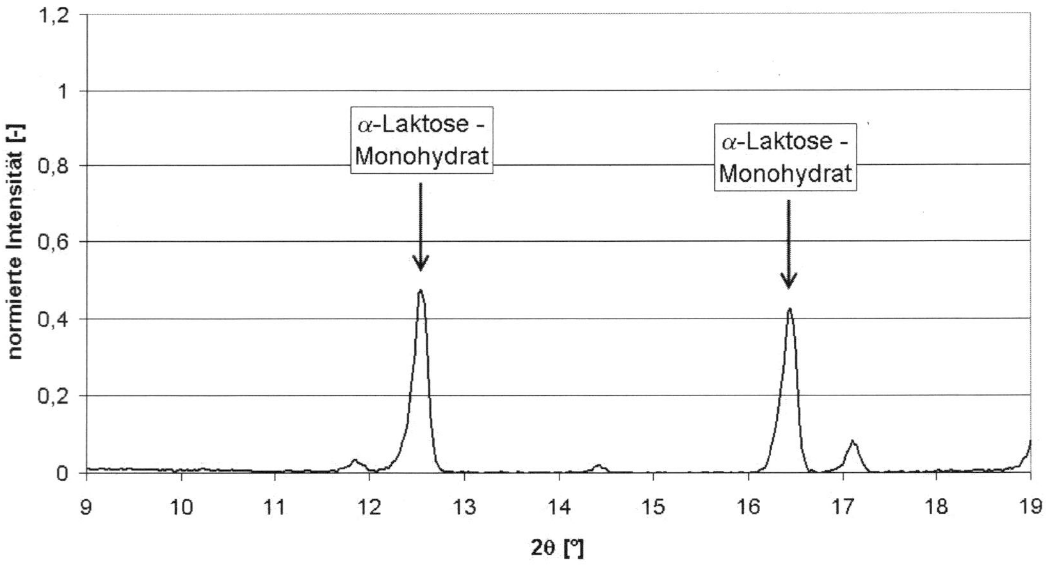

Abbildung 5.13: Normiertes Röntgendiffraktogramm von α-Laktose-Monohydrat.

Wie man aus der Abbildung 5.13 erkennen kann, weist das α-Laktose-Monohydrat zwei charakteristische Peaks bei $2\theta = 12{,}4$ ° und $2\theta = 16{,}4$ ° auf, welche mit den Ergebnissen von [Drapier-Beche u.a. 1997] übereinstimmen. In dem Diffraktogramm der verwendeten β-Laktose (Abb. 5.13) ist ein ausgeprägter Peak bei $2\theta = 10{,}4$ ° zu sehen, dessen 2θ-Wert ebenso mit den in der Literatur angegebenen Daten übereinstimmt.

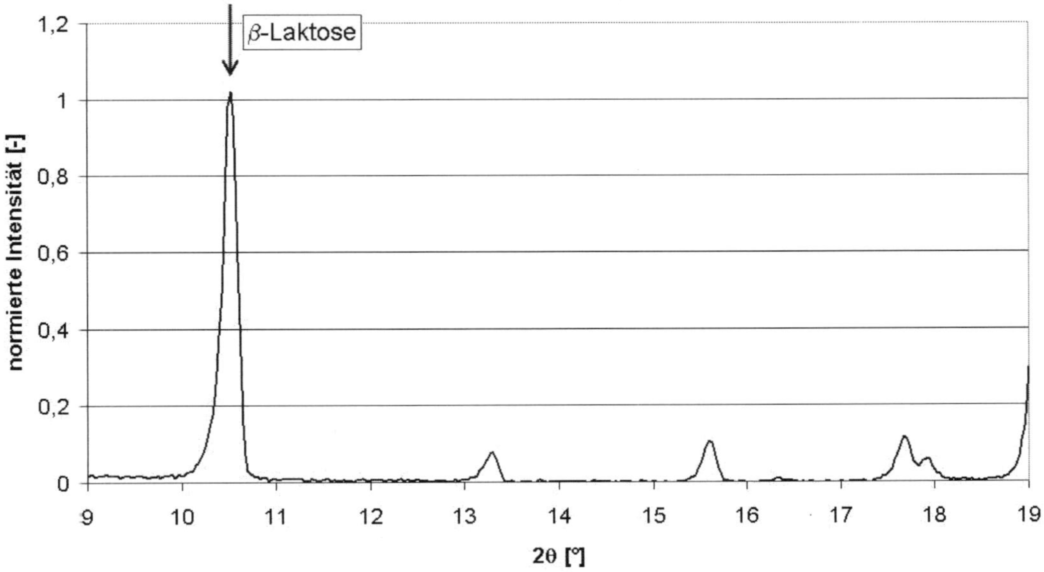

Abbildung 5.14: Normiertes Röntgendiffraktogramm von β-Laktose.

In dem Bereich zwischen $2\theta = 12{,}0 - 12{,}5$ ° und bei $2\theta = 18{,}4$ ° sind keine Peaks zu erkennen, welche nach [Buma/Wiegers 1967] und [Simpson u.a. 1982] die Kristallformen α-Laktose-Anhydrat sowie andere Mischkristallformen wie z.B. 5α/3β-, 3α/2β- und 4α/1β-Laktose charakterisieren würden. Die gebildete β-Laktose ist demnach hinreichend rein und kann für die Erstellung einer Kalibriergeraden verwendet werden.

Abbildung 5.15 zeigt, dass der am besten geeignete Peak für eine Charakterisierung der Mischkristallform 5α/3β-Laktose bei $2\theta = 12{,}4$ ° liegt, wie dies schon von [Drapier-Beche u.a. 1998] berichtet worden ist. Des Weiteren sind in dem Diffraktogramm bei $2\theta = 10{,}4$ ° und im Bereich von $2\theta = 12{,}0 - 12{,}5$ ° Peaks zu erkennen, welche auf Anteile von β-Laktose bzw. α-Laktose-Anhydrat und anderen Mischkristallformen wie z.B. 3α/2β- und 4α/1β-Laktose hinweisen. Da die Mischkristallform 5α/3β-Laktose in dieser Arbeit demnach nicht hinreichend rein hergestellt werden konnte, wurde auf eine Quantifizierung dieser und der anderen Mischkristallformen verzichtet. Qualitative Aussagen über das Vorhandensein von solchen Kristallen in den analysierten Proben können aber dennoch getroffen werden.

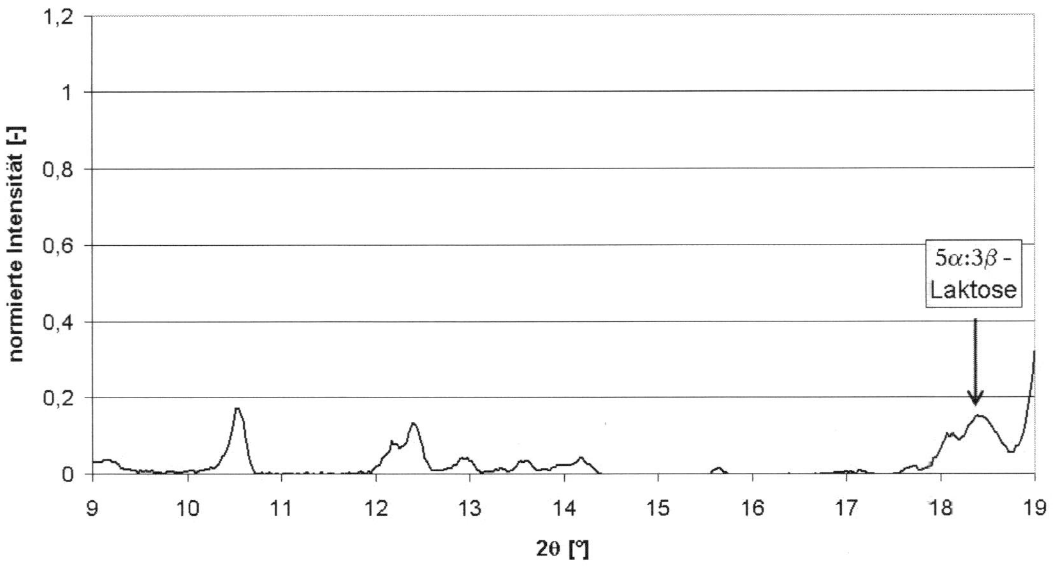

Abbildung 5.15: Normiertes Röntgendiffraktogramm von 5α/3β-Laktose.

Nachdem die Reinheiten des α-Laktose-Monohydrats und der β-Laktose mittels Polarimeter- und XRD-Messungen festgestellt worden sind, wurden Kalibriergeraden der besagten Kristalle aufgenommen. Hierfür wurden verschiedene Verhältnisse der Kristalle mit amorpher Laktose und Silizium gemischt und deren Diffraktogramme aufgezeichnet. Die verwendete amorphe Laktose lag, wie in Kapitel 3 bereits bestätigt worden ist, vollständig amorph vor. Für die Auswertung der Messungen werden die Flächeninhalte unter den Peaks bei $2\theta = 10,4$ / 16,4 / 47,3 ° ermittelt, welche der β-Laktose, dem α-Laktose-Monohydrat und dem Silizium entsprechend zugeordnet werden können. Die so ermittelten Kalibriergeraden der Flächeninhalte unter den spezifischen Peaks in Abhängigkeit von den Anteilen an α-Laktose-Monohydrat bzw. β-Laktose zeigen einen linearen Verlauf und sind im Anhang in Abbildung 8.71 wiedergegeben. Aus den Standardabweichungen der Verhältnisse zwischen den Flächeninhalten von zwei Siliziumpeaks ergab sich eine Ungenauigkeit der berechneten kristallinen Anteilen von 7 %.

5.5.3 Ergebnisse und Diskussion

Die in dem Kapitel 4 nachkristallisierten Proben wurden zur Bestimmung der gebildeten Kristallformen mittels XRD analysiert und die Massenanteile an α-Laktose-Monohydrat sowie β-Laktose nach der in Kapitel 5.5.2 beschriebenen Methode ermittelt.

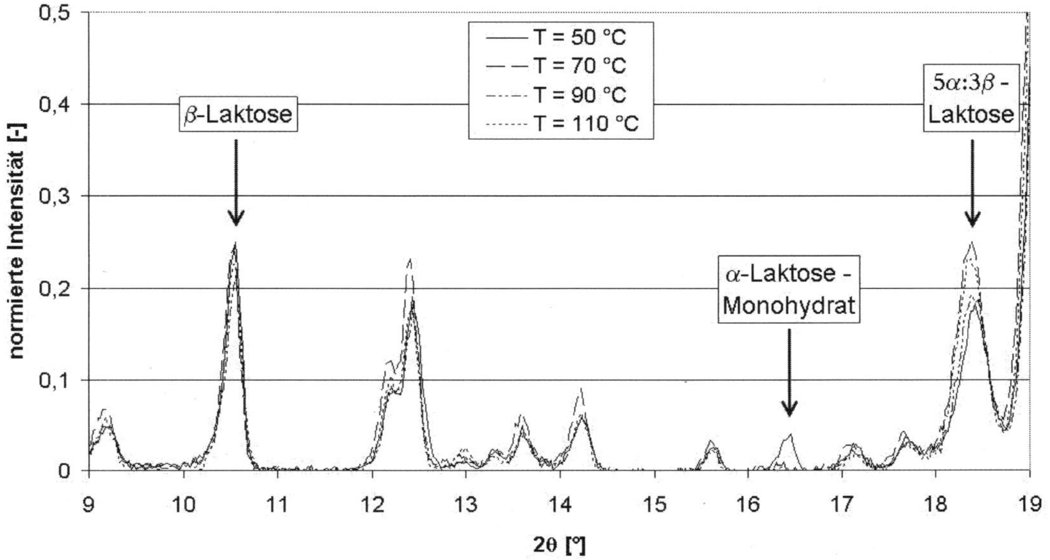

Abbildung 5.16: XRD-Messungen der bei φ = 0,5 kristallisierten Laktosepulver.

Abbildung 5.16 zeigt die Diffraktogramme der bei φ = 0,5 und verschiedenen Temperaturen nachkristallisierten Laktoseproben. Bei dieser eingestellten relativen Luftfeuchte hat sich gezeigt, dass die unterschiedlichen Temperaturen keinen signifikanten Einfluss auf die Anteile der Kristallformen in den Pulvern haben. Bei den Umwandlungen haben sich β-Laktose, α-Laktose-Anhydrat sowie Mischkristallformen in den Molverhältnissen von 5α/3β, 3α/2β und 4α/1β gebildet. α-Laktose-Monohydrat entsteht nur in geringen Mengen bei der niedrigsten untersuchten Temperatur von T = 50 °C.

Die Abbildungen 5.17 und 5.18 zeigen den Einfluss der relativen Luftfeuchte bei einer Kristallisationstemperatur von T = 50 °C bzw. T = 70 °C. Die Diffraktogramme legen dar, dass sich die Anteile an β-Laktose und an den Mischkristallformen aufgrund von unterschiedlichen relativen Luftfeuchten während den Behandlungen nicht ändern.

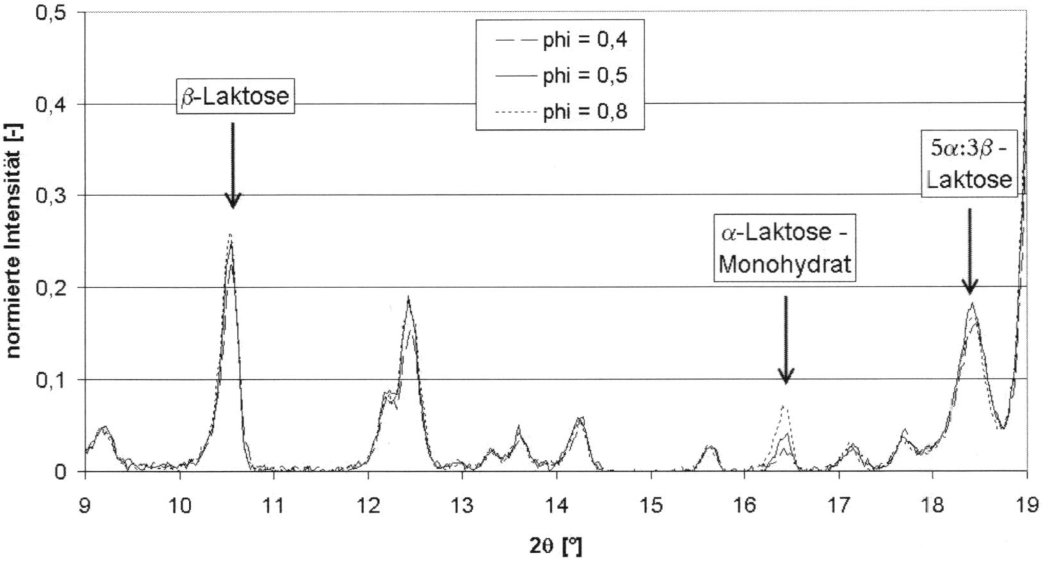

Abbildung 5.17: XRD-Messungen der bei T = 50 °C kristallisierten Laktosepulver.

Bei T = 50 °C bildet sich ein geringer Anteil an α-Laktose-Monohydrat, der mit steigender Umgebungsfeuchte im Prozess größer wird. Im Gegensatz hierzu, wird bei T = 70 °C keine Hydratform gebildet. Selbst bei der höchsten eingestellten relativen Luftfeuchte von φ = 0,8 konnte bei höheren Temperaturen kein α-Laktose-Monohydrat in den Proben nachgewiesen werden.

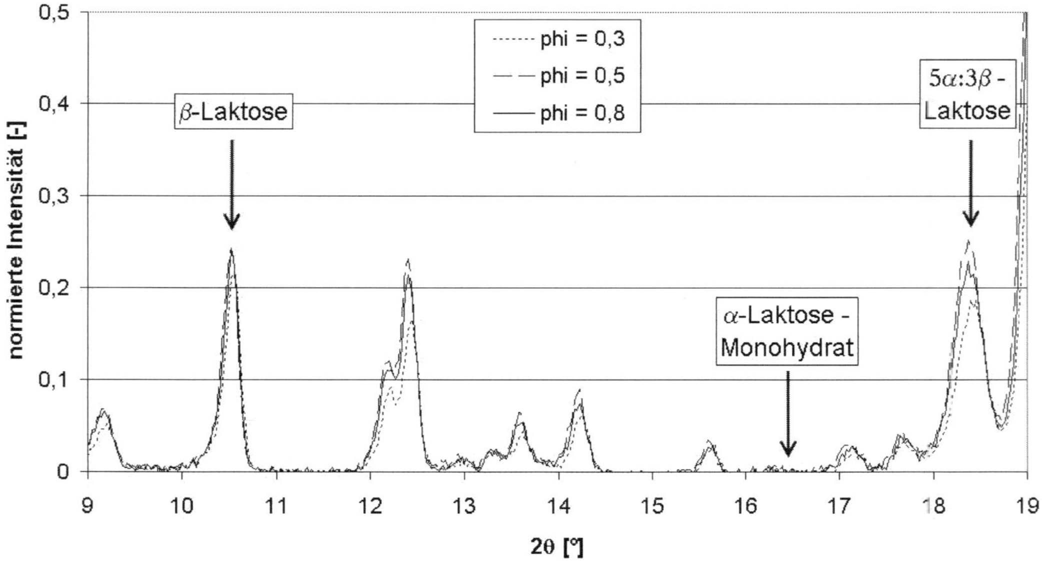

Abbildung 5.18: XRD-Messungen der bei T = 70 °C kristallisierten Laktosepulver.

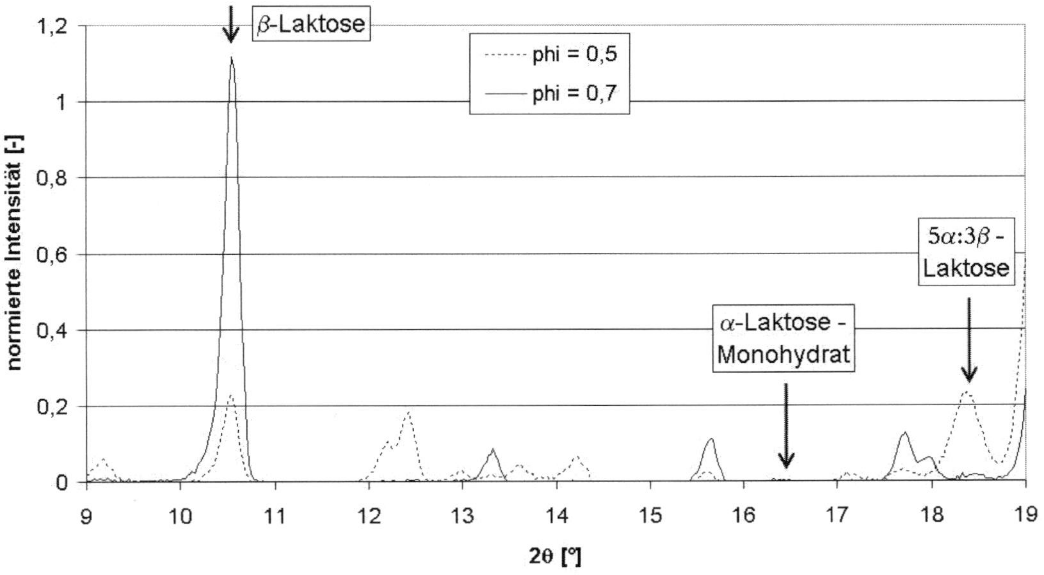

Abbildung 5.19: XRD-Messungen der bei T = 110 °C kristallisierten Laktosepulver.

Aus den Abbildungen ist zu erkennen, dass sich bis zu der höchsten untersuchten Kristallisationstemperatur T = 110 °C und einer relativen Luftfeuchte φ = 0,5 die Zusammensetzung der entstehenden Kristalle kaum ändert. Erst ab T = 110 °C und φ = 0,7 ändert sich diese Gegebenheit dahingehend, dass fast ausschließlich β-Laktose gebildet wird. Es scheint so, dass bei diesen extremen Bedingungen die Bewegung der Moleküle so stark erhöht ist, dass diese entsprechend der Gleichgewichtslage zu β-Laktose mutarotieren können.

Abbildung 5.20 zeigt die entstehenden Massenanteile an α-Laktose-Monohydrat und β-Laktose. Für einen besseren Gesamtüberblick wurden die Ergebnisse in einem dreidimensionalen Diagramm dargestellt. Die Zahlenwerte sind im Anhang in Tabelle 8.11 aufgeführt. Wie die Auswertungen zeigen, haben fast alle Proben einen Massenanteil an β-Laktose von ca. 18 – 20 %. Bei T = 110 °C und φ = 0,7 steigt dieser Anteil auf ca. 88 % an, wobei Mischkristalle vermutlich die restlichen 12 % der Laktose darstellen. Ein Anteil an α-Laktose-Monohydrat ist wie bereits geschildert ab T = 70 °C nicht mehr nachzuweisen. Bei T = 50 °C steigt der Anteil im Bereich von φ = 0,4 – 0,8 von 4,5 auf 13,5 % an.

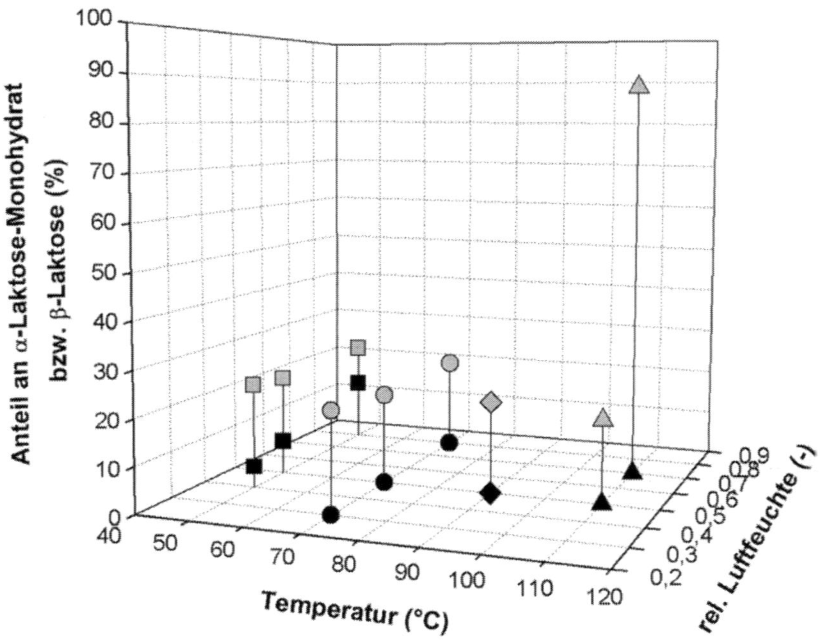

Abbildung 5.20: Massenanteile an α-Laktose-Monohydrat (schwarze Symbole) bzw. β-Laktose (graue Symbole) der kristallisierten Laktoseproben.

Die Abbildungen 5.21 und 5.22 zeigen die erhaltenen Röntgendiffraktogramme der bei φ = 0,5 sowie φ = 0,8 und unterschiedlichen Temperaturen nachkristallisierten Molkepermeatpulver. Wie man erkennen kann, erhöht sich der Anteil an β-Laktose, während der Anteil α-Laktose-Monohydrat mit steigender Temperatur geringer wird. Dies bestätigt die Beobachtungen von [Vuataz 1998] bei der Kristallisation von Laktose in Magermilch. Bei T = 70 und T = 90 °C werden Mischkristallformen gebildet, wobei sich im Gegensatz hierzu bei T = 50 °C scheinbar ausschließlich α-Laktose-Monohydrat und keine etwaigen Mischkristallformen oder α-Laktose-Anhydrat bilden.

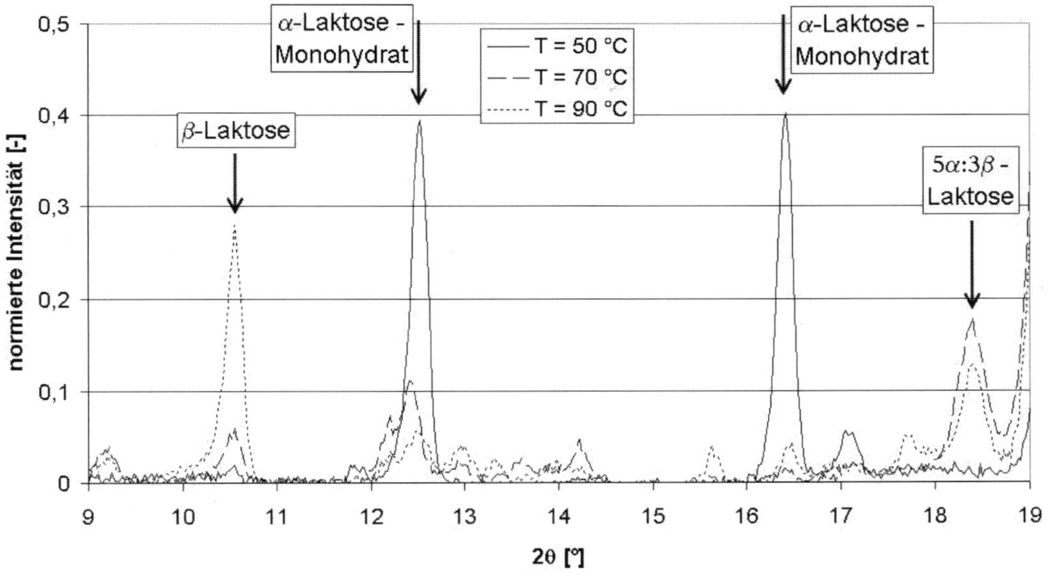

Abbildung 5.21: XRD-Messungen der bei φ = 0,5 kristallisierten Molkepermeatpulver.

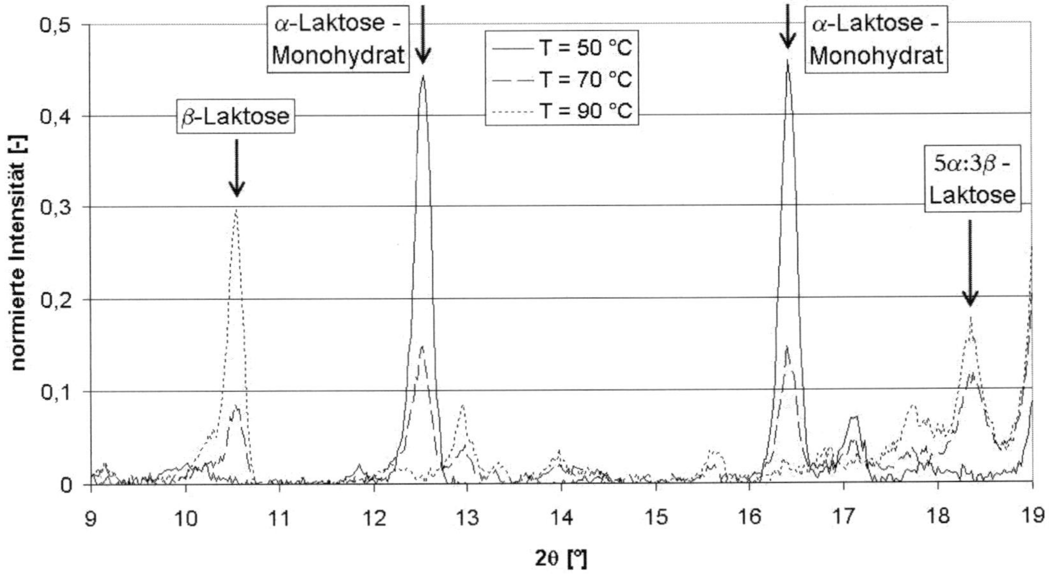

Abbildung 5.22: XRD-Messungen der bei φ = 0,8 kristallisierten Molkepermeatpulver.

Abbildung 5.23 zeigt die mittels der Kalibriergeraden ermittelten Massenanteile an α-Laktose-Monohydrat sowie β-Laktose in den Pulvern. Dabei ist deutlich zu erkennen, dass die Zusammensetzungen in den kristallisierten Molkepermeatpulvern stark von den Behandlungstemperaturen abhängig sind.

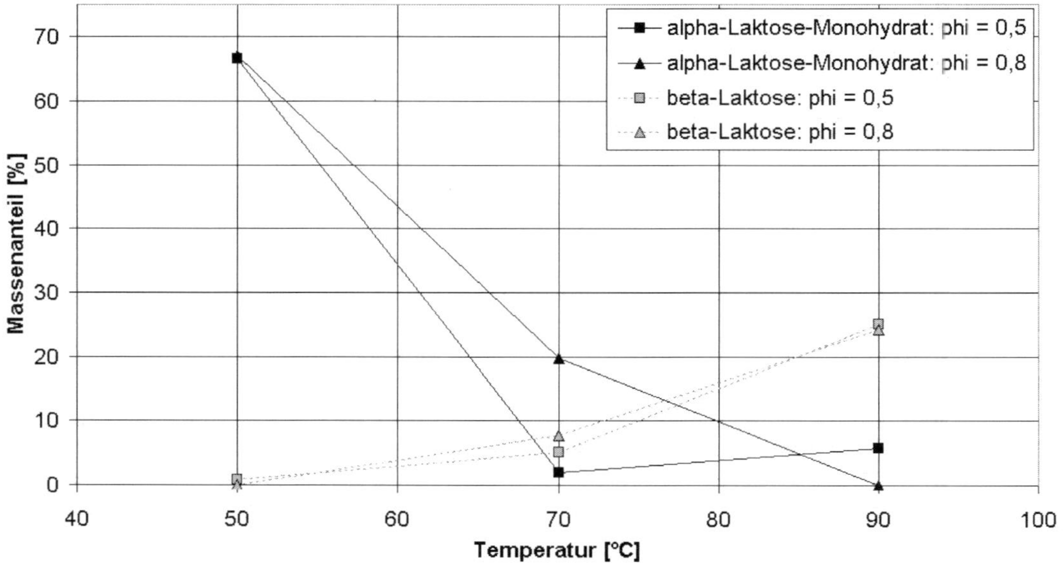

Abbildung 5.23: Massenanteile an α-Laktose-Monohydrat bzw. β-Laktose in den kristallisierten Molkepermeatpulver.

Bei T = 50 °C und φ = 0,8 weist die Probe einen Anteil von 67 % an α-Laktose-Monohydrat auf, was bei einem Gesamtlaktoseanteil von ca. 79 % in Molkepermeatpulver ca. 81 % der enthaltenen Laktose entspricht. Da in dieser Probe keine Mischkristallmodifikationen nachgewiesen werden konnten, müssen die restlichen 19 % der Laktose in amorpher Form vorliegen.

Die Abbildungen 5.24 und 5.25 zeigen die erhaltenen Röntgendiffraktogramme der bei φ = 0,5 sowie φ = 0,8 und unterschiedlichen Temperaturen kristallisierten Molkepulver. Aus den Diagrammen ist zu erkennen, dass sich bei einer Kristallisation das Molkepulvern ähnlich wie Molkepermatpulver verhält. Die gebildeten Anteile an α-Laktose-Monohydrat sowie β-Laktose sind stark von der Temperatur abhängig. Bei einer Temperatur von T = 50 °C bildet sich hauptsächlich α-Laktose-Monohydrat und bei T = 90 °C fast ausschließlich β-Laktose. Bei einer Kristallisationstemperatur von T = 70 °C wird bei einer relativen Luftfeuchte von φ = 0,8 mehr α-Laktose-Monohydrat gebildet als bei φ = 0,5. Dies bestätigt die Ergebnisse von [Drapier-Beche u.a. 1997], dass höhere relative Luftfeuchtigkeiten die Bildung von α-Laktose-Monohydrat unterstützen. Im Vergleich zu Molkepermeatpulver wird in Molkepulver die Mischkristallform 5α/3β-Laktose kaum bzw. nicht gebildet.

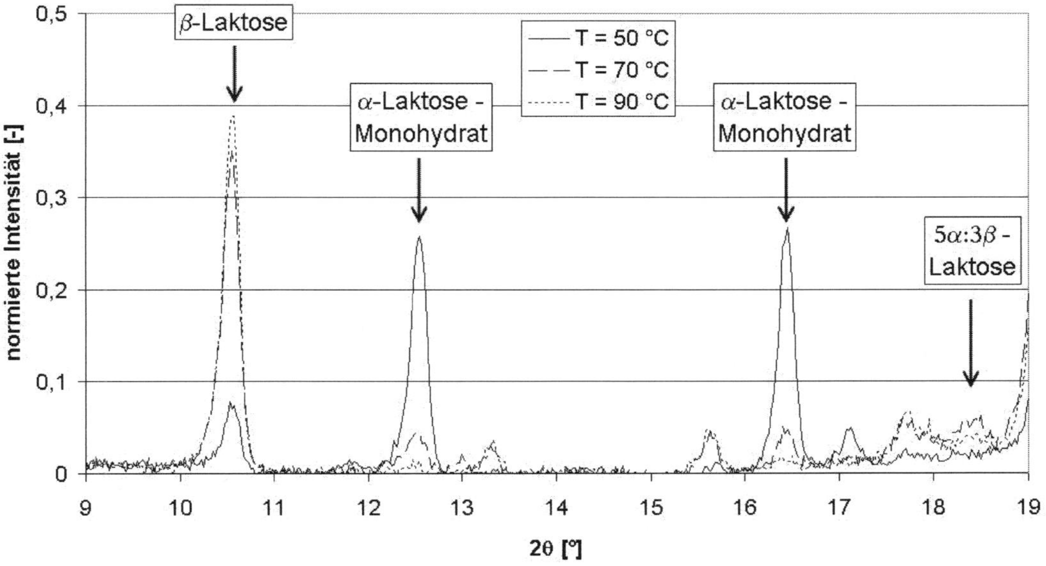

Abbildung 5.24: XRD-Messungen der bei φ = 0,5 kristallisierten Molkepulver.

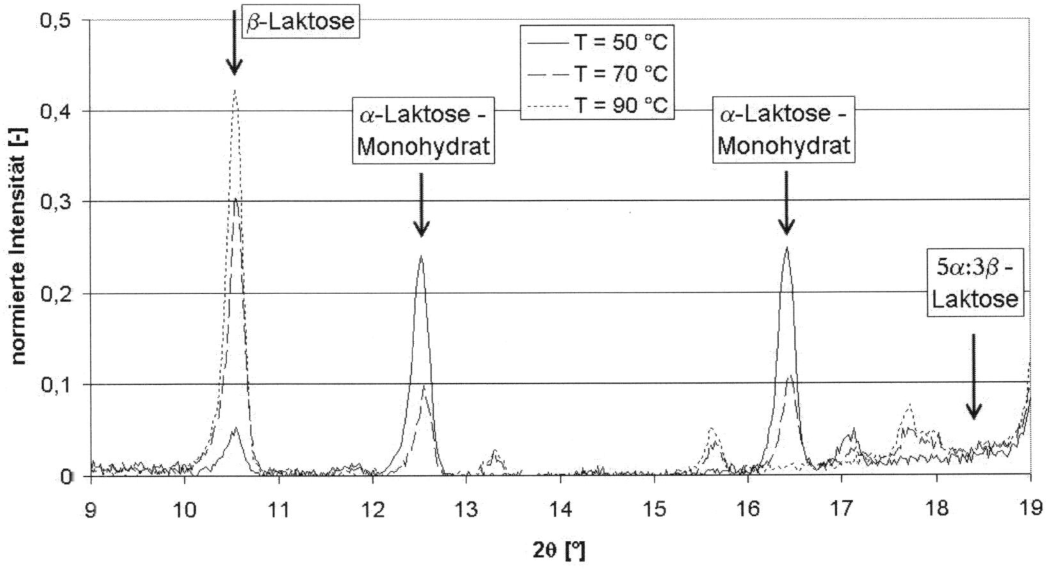

Abbildung 5.25: XRD-Messungen der bei φ = 0,8 kristallisierten Molkepulver.

Abbildung 5.26 zeigt die XRD-Analysen von Molkepulvern, welche bei T = 50 °C und φ = 0,8 nachkristallisiert worden sind. Die Proben wurden hierbei für unterschiedliche Verweilzeiten t in der Apparatur den Behandlungsbedingungen ausgesetzt.

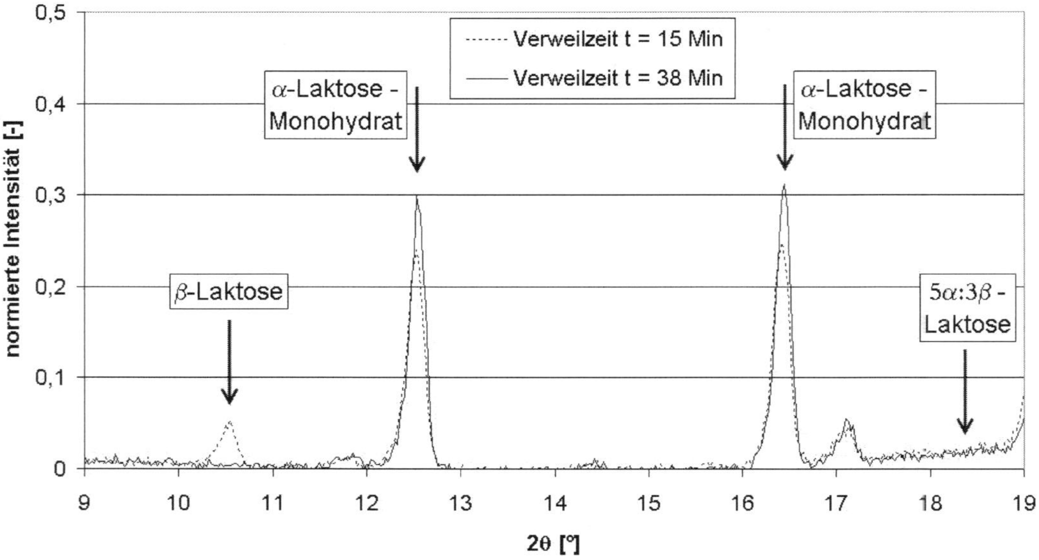

Abbildung 5.26: XRD-Messungen der bei $\varphi = 0,5$ und $T = 50$ °C kristallisierten Molkepulver.

Es zeigt sich, dass sich nach t = 15 Minuten hauptsächlich α-Laktose-Monohydrat und ein geringer Anteil an β-Laktose gebildet hat. Die Probe, welche für 38 Minuten in der Apparatur verweilte, weist keine Anteile an β-Laktose mehr auf. Dies bedeutet, dass sich die kristalline β-Laktose zu α-Laktose-Monohydrat umgewandelt haben muss. Daraus ergibt sich zum einen, dass die gebildeten Proben in Abbildung 4.21 nach dem Durchschreiten des genannten Plateaus beim Verlauf des Feuchteanteils tatsächlich kristallisiert waren. Zum anderen belegen die Analysen die instabilen Eigenschaften von kristalliner β-Laktose bei diesen Bedingungen. Dieses Phänomen wurde von [Vuataz 1998] schon in Magermilchpulver beobachtet und bestätigt den instabilen Charakter von β-Laktose bei niedrigen Temperaturen und hohen relativen Luftfeuchten.

Abbildung 5.27 zeigt die Massenanteile von α-Laktose-Monohydrat und β-Laktose in den analysierten Molkeproben. Der Anteil der jeweiligen Kristallform ist hierbei wie in Molkepermeatpulver stark von der Behandlungstemperatur abhängig. Bei T = 50 °C, φ = 0,8 und nach einer Verweilzeit von t = 38 Minuten konnte in der Probe nur α-Laktose-Monohydrat nachgewiesen werden, dessen Massenanteil zu 56 % bestimmt wurde. Dies entspricht bei einem Gesamtlaktoseanteil von 73 Gew.-% in Molke etwa 73 % der darin enthaltenen Laktose. 27 % der Laktose müssen sich also entweder zu einem Mischkristall umgewandelt haben oder liegen in ihrer amorphen Form vor. Da in Abbildung 5.26 keine spezifischen Peaks der Mischkristallmodifikationen zu erkennen sind, weist dies auf einen Rest von nicht kristallisierter Laktose in den behandelten Molkepulvern hin.

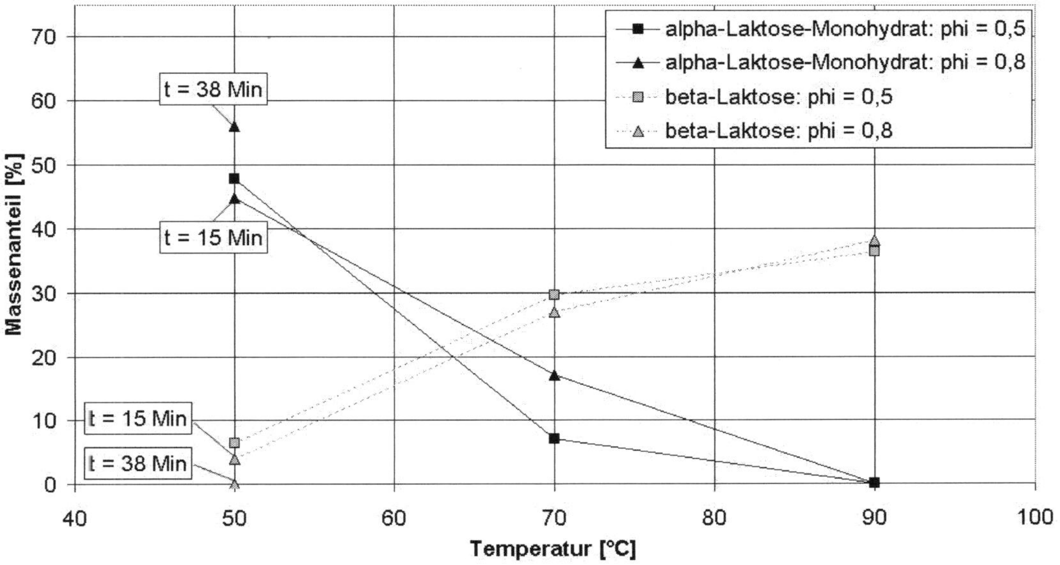

Abbildung 5.27: Massenanteile an α-Laktose-Monohydrat bzw. β-Laktose in den kristallisierten Molkepulvern.

Eine Erklärung für die amorphen Anteile der Laktose in Höhe von 19 % in kristallisiertem Molkepermeat- und 27 % in Molkepulver könnte eine gewisse „Löslichkeit" von Laktose in der restlichen Matrix, bestehend aus Proteinen, Salzen und anderen Substanzen, sein. Stellt man sich amorphes Molkepulver als eine erstarrte Lösung vor, bestehend aus α-Laktose, β-Laktose und der Matrix, so würde sich für die Löslichkeiten der Stoffe ineinander ein Phasendiagramm ergeben, welches qualitativ in Abbildung 5.28 dargestellt ist. Dies würde bedeuten, dass ein Teil der Laktose nicht auskristallisieren kann. Diese hypothetische Betrachtung könnte den amorphen Anteil in den behandelten Proben erklären. In Kapitel 6.3 werden weitere Überlegungen zu diesem Modell erörtert.

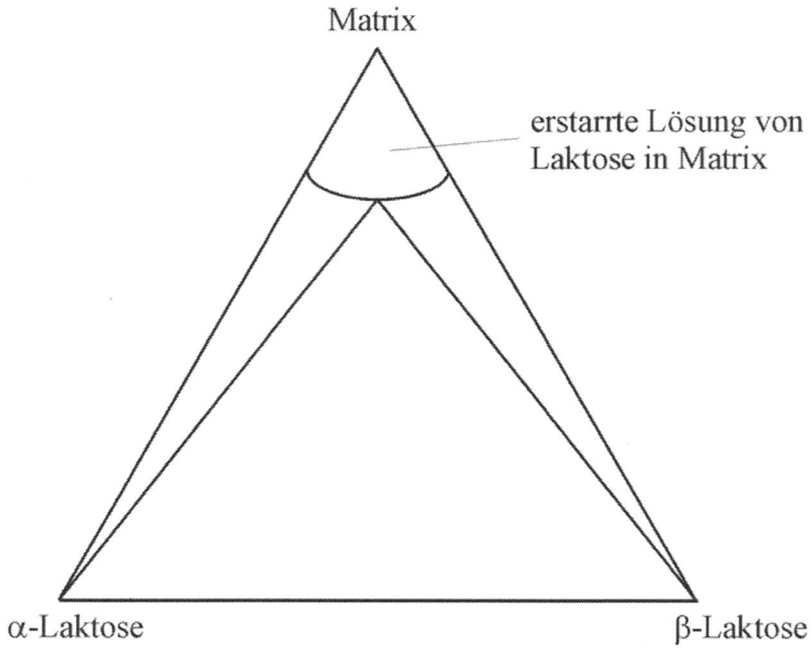

Abbildung 5.28: Hypothetisches Phasendiagramm eines erstarrten Molkepulvers.

5.6 Fazit der Analysen

Die Analysen der in Kapitel 4 kristallisierten Proben haben ergeben, dass bei der Kristallisation von amorphem Laktosepulver die Prozessbedingungen nur einen geringen Einfluss auf die entstehenden Kristallmodifikationen haben. Die Anteile an amorpher α- und β-Laktose kristallisieren zu verschiedenen Kristallformen, wobei sich das Verhältnis zwischen den beiden Anomeren nicht ändert. Die Kristallisationsgeschwindigkeit ist in dem untersuchten Bereich so schnell, dass Mutarotation in der erstarrten Lösung keine Rolle spielt. Die Bildung von α-Laktose-Monohydrat konnte nur bei einer Temperatur von $T = 50$ °C und hier auch nur in geringen Mengen nachgewiesen werden. Eine höhere relative Luftfeuchte ($\varphi > 0{,}7$) ist für die Bildung der Hydratform von Vorteil.

Die Zusammensetzung der gebildeten Kristallformen von Laktose in Molkepermeat- und Molkepulver ist hingegen stark von der Behandlungstemperatur abhängig. Bei niedrigen Temperaturen bildet sich hauptsächlich α-Laktose-Monohydrat und bei höheren Temperaturen β-Laktose. Bei mittleren Temperaturen ist eine hohe relative Luftfeuchtigkeit im Prozess für die Bildung von α-Laktose-Monohydrat von Vorteil. Die Mutarotation bzw.

das Verhältnis zwischen Mutarotations- und Kristallisationsgeschwindigkeit ist bei Molkepermeat- und Molkepulver demnach höher als bei Laktosepulver. Eine schnellere Mutarotation könnte durch die Salzanteile in Molkepermeat und Molke begründet werden. So haben z.B. [Patel/Nickerson 1970] nachgewiesen, dass die Reaktionskonstante der Mutarotation in einer wässrigen Laktoselösung durch die Anwesenheit von Molkesalzen nahezu verdoppelt wird. Des Weiteren benötigt amorphe Laktose in Molkepermeat- und Molkepulver für eine Umwandlung eine höhere Induktions- und Kristallisationszeit als bei reiner Laktose. Hierdurch liegen die Laktosemoleküle länger in ihrer amorphen Form vor, in welcher sie eine höhere Beweglichkeit besitzen, was wiederum die Mutarotaion begünstigt. Eine Mutarotation in der kristallinen Phase bzw. eine Umwandlung von kristalliner β-Laktose zu α-Laktose-Monohydrat konnte in den Untersuchungen allerdings auch nachgewiesen werden. Da α-Laktose-Monohydrat bei Raumtemperatur die stabilste Modifikation der Laktose darstellt, wäre es von Vorteil, diese Form in einem Nachkristallisationsprozess zu gewinnen. Die Fließfähigkeit des Pulvers wäre so auch bei längeren Lagerzeiten gewährleistet. Wie schon beschrieben, bildet sich α-Laktose-Monohydrat hauptsächlich bei niedrigen Temperaturen, bei welchen allerdings die Kristallisationsgeschwindigkeiten langsam sind. Die Einstellung einer möglichst hohen relativen Luftfeuchte in dem Prozess wäre günstig, da sich zum einen die Kristallisationskinetik aufgrund der höheren Mobilität der Moleküle erhöht und zum anderen hohe Feuchten die Bildung der Hydratform verstärken. Weiterhin konnte festgestellt werden, dass die Laktose in Molkepermeat- und Molkepulver nicht vollständig kristallisiert. Je höher der Anteil an Salzen, Proteinen und anderen Substanzen war, desto höher war der verbleibende amorphe Rest der Laktose nach einer Umwandlung im Pulver. Eine mögliche Erklärung hierfür könnte sein, dass sich der nicht kristallisierte Teil wie eine erstarrte Lösung verhält, in welcher ein gewisser Anteil an Laktose gelöst wird und nicht kristallisiert.

6 Verfahren zur Verminderung der Verbackungsneigung

Nach der Bestimmung der benötigten Verweilzeiten für eine Nachkristallisation von amorphen laktosehaltigen Pulvern (siehe Kapitel 4) und der Analyse der dabei entstandenen Kristallformen (siehe Kapitel 5) sollen in diesem Kapitel nun die Möglichkeiten der Umsetzbarkeit eines praxistauglichen Verfahrens abgeschätzt werden. Wie bereits beschrieben, wird Molke aus ökonomischen Gründen üblicherweise zunächst bis zu einem Feststoffanteil von ca. 60 % eingedampft und anschließend abgekühlt, wobei die darin enthaltene Laktose zum Teil auskristallisiert. Die entstehende Suspension wird sprühgetrocknet, in gerüttelten Fließbetten nachgetrocknet, abgekühlt und schließlich abgepackt. Um eine für die Milchindustrie möglichst kostengünstige Verfahrensvariante zur Verminderung der Verbackungsneigung der genannten Pulver zu realisieren, wird der Versuch unternommen, eine Nachkristallisation der vorkristallisierten Molke in bestehende Anlagen zu integrieren. Aus diesem Grund wurde von Herrn Dr. Nijdam (Alexander-von-Humboldt-Stipendiat) eine gerüttelte Wirbelschicht im Labormaßstab konzipiert und aufgebaut, welche der Abschätzung der Prozessparameter in einem Fließbett dient. In einem Fließbett sind die Betriebsparameter Temperatur und relative Luftfeuchte durch die Forderung der Fluidisierung der Partikeln begrenzt. Somit stellen neben den chemisch-physikalischen möglichen Umwandlungszeiten einer Nachkristallisation, die mechanischen Grenzen der Fluidisierung eine Limitierung der Kristallisationsgeschwindigkeit dar. In Kapitel 6.1 soll nun geklärt werden, welche Grenzen sich hierdurch ergeben und ob die benötigten Verweilzeiten bei den entsprechenden Parametern wirtschaftlich sinnvoll sind.

6.1 Nachkristallisation in einer gerüttelten Wirbelschicht

6.1.1 Anlagenbeschreibung

Für die Untersuchungen der Kristallisation von teilkristalliner Molke in einem möglichen Verfahren wurde eine gerüttelte Wirbelschicht im Labormaßstab aufgebaut, deren Fließschema in Abbildung 6.1 abgebildet ist.

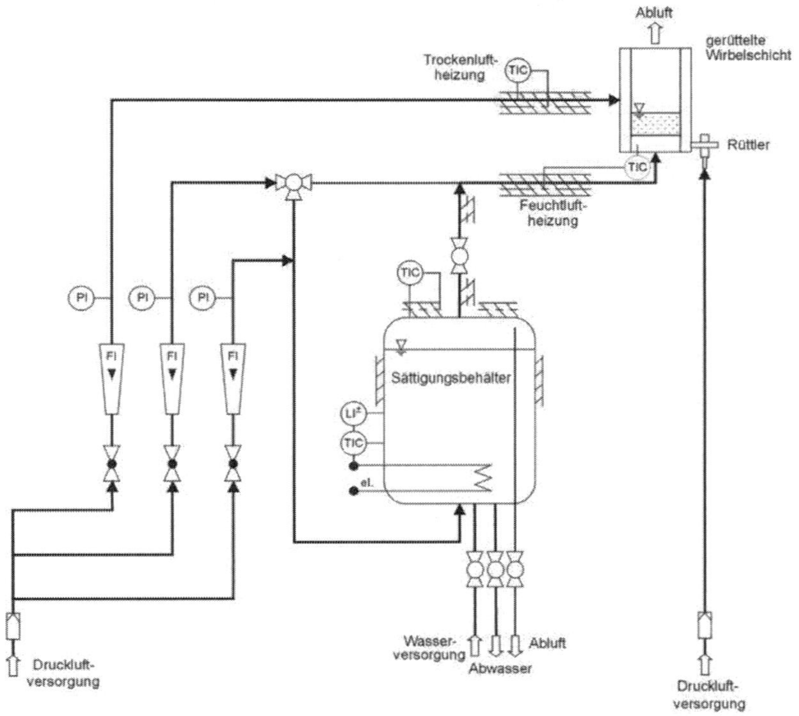

Abbildung 6.1: Fließschema der gerüttelten Wirbelschicht-Apparatur.

Die Apparatur besteht im Wesentlichen aus einer Luftkonditionierung für trockene sowie feuchte Luft und einer gerüttelten Wirbelschicht, in welcher die Partikeln während den Untersuchungen fluidisiert und behandelt werden. Der Boden der gerüttelten Wirbelschicht besteht aus einer porösen Keramikplatte mit einem Innendurchmesser von $d_i = 86$ mm, welche mit warmer feuchter Prozessluft durchströmt wird. Um Wandanbackungen von klebrigen Molkepartikeln zu vermeiden, wurde die Wand als ein poröser Keramikzylinder mit einer Höhe von $h_{Wand} = 150$ mm ausgeführt, welcher mit warmer trockener Luft durchströmt wird. Die Platte und der Zylinder haben jeweils eine Durchströmungsdicke von 10 mm, wodurch hohe Druckverluste erzeugt werden. In der Wirbelschicht werden so über den Durchmesser der Platte bzw. der Höhe des Zylinders gleichmäßige Strömungen erzielt. Der Luftstrom durch den Zylinder soll einen Kontakt zwischen Partikeln und der Wand vermindern. Berührt dennoch ein klebriges Partikel die Wand, so kann das Partikel wieder abtrocknen, wobei die Glasübergangstemperatur der Laktose ansteigt und die Laktose den klebrigen gummiartigen Bereich wieder verlässt (siehe Phasendiagramm Abb. 2.1). Da der trockene Luftstrom durch den Zylinder viel geringer ist als die Prozessluft durch die Platte, konnte gemessen werden, dass die Behandlungsbedingungen für die Partikeln der eingestellten Temperatur und relativen Luftfeuchte der Prozessluft entsprechen. Weiterhin ist die Wirbelschicht auf Federn gelagert und von einem pneumatisch angetriebenen Rüttler (Linearkolbenvibrator Typ NFS180 NF, Fa. Netter Vibration) bewegt. Die Massenströme durch die Platte und durch den Zylinder werden über Rotameter und Manometer manuell eingestellt. Beide Luftströme werden über elektrische Schutzheizungen der Rohre erwärmt und die Temperatur mit Widerstandsthermometern Pt100 (Typ A – 4 Leiter, Fa. Electronic-Sensor, Heilbronn) gemessen und geregelt. Der Sättigungsbehälter ist mit VE-Wasser befüllt und wird über eine elektrische Heizung erwärmt. Die Prozessluft wird durch den Behälter geleitet und dort mittels eines Netzes in Blasen zerteilt. Dies gewährleistet, dass die Luft am Austritt des Behälters bei der im Wasser herrschenden Temperatur gesättigt ist. Diese im Behälter eingestellte Sättigungstemperatur entspricht also der Taupunkttemperatur der Prozessluft, woraus man bei entsprechender Temperatur in der Wirbelschicht die relative Luftfeuchte φ über folgende Gleichungen errechnen kann [VDI-Wärmeatlas 1997].

$$\varphi = \frac{p_{w,s}\left(T_{Behälter}\right)}{p_{w,s}\left(T_{Prozessluft}\right)} \cdot 100 \qquad \text{(Gl. 6.1)}$$

$$\ln\left(\frac{p_{w,s}}{bar}\right) = -5143{,}32 \cdot \left[\frac{1}{273{,}15 + T/°C} - \frac{1}{373{,}16}\right] - 5{,}471 \cdot \ln\left(\frac{373{,}16}{273{,}15 + T/°C}\right)$$
$$+ 0{,}01656 \cdot \left[373{,}16 - \left(273{,}15 + T/°C\right)\right] \qquad \text{(Gl. 6.2)}$$

$p_{w,s}$ ist der Sättigungsdampfdruck bei der jeweiligen Temperatur des Behälters bzw. der Prozessluft. Möchte man die Wirbelschicht zunächst mit trockener Prozessluft betreiben, so kann mit Hilfe eines dritten Stromes (siehe Abb. 6.1) der Sättigungsbehälter weiter mit Luft durchströmt werden, damit die Beharrungstemperatur des Wassers im Behälter bei eingestellter Temperatur und Durchströmung beibehalten werden kann.

6.1.2 Versuchsmaterialien

Wie in Kapitel 2.1 beschrieben, wird Molke in industriellen Prozessen üblicherweise zunächst auf eine Trockenmasse von 60 Gew.-% eingedampft. Nach der Aufkonzentrierung wird die Lösung abgekühlt, wobei ein Teil der Laktose zu α-Laktose-Monohydrat auskristallisiert. Die entstehende Suspension wird anschließend sprühgetrocknet und abgekühlt. Um bei den Untersuchungen in diesem Kapitel möglichst praxisnahe Bedingungen zu gewährleisten, wurde ein auf diesem Wege hergestelltes teilkristallines Molkepulver der Fa. Zott verwendet, welches direkt aus der Produktion entnommen worden ist.

Bei der Herstellung der in den vorangegangenen Kapiteln verwendeten Molkepulver wurden die Lösungen direkt sprühgetrocknet, wodurch runde und vollständig amorphe Partikeln entstanden sind. Im Gegensatz hierzu entstehen bei dem Prozess der Vorkristallisation tomahawk-ähnliche α-Laktose-Monohydrat-Kristalle. Nach der Zerstäubung und Trocknung dieser Suspension entstehen Partikeln, welche zum einen aus kristallinem α-Laktose-Monohydrat mit einer Schicht aus einer amorphen Matrix (Laktose, Proteine und Salze) bestehen. Zum anderen entstehen runde Partikeln aus den restlichen gelösten Substanzen, welche keine Kristallkerne aufweisen. Abbildung 6.2 zeigt einen Vergleich der Partikeln, welche bei einer Sprühtrocknung mit und ohne Vorkristallisation entstehen. Die Größe der α-Laktose-Monohydrat-Kristalle ist von den bei der Vorkristallisation herrschenden Bedingungen abhängig. Je niedriger die Übersättigung oder je langsamer die Abkühlgeschwindigkeit hierbei ist, desto größere Kristalle entstehen.

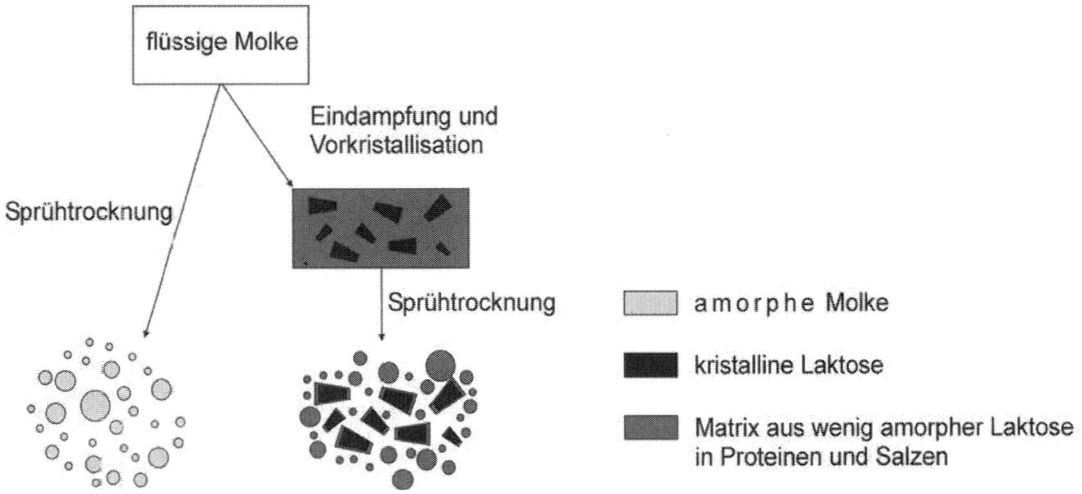

Abbildung 6.2: Bei der Sprühtrocknung entstehende Partikeln mit und ohne Vorkristallisation.

Zur Charakterisierung des verwendeten Pulvers wurden REM-Aufnahmen angefertigt, welche in den Abbildungen 6.3 - 6.4 zu sehen sind. Wie man erkennen kann, besteht das teilkristalline Molkepulver aus großen eckigen und kleineren runden Partikeln.

Abbildung 6.3: REM-Aufnahmen von teilkristallinem Molkepulver.

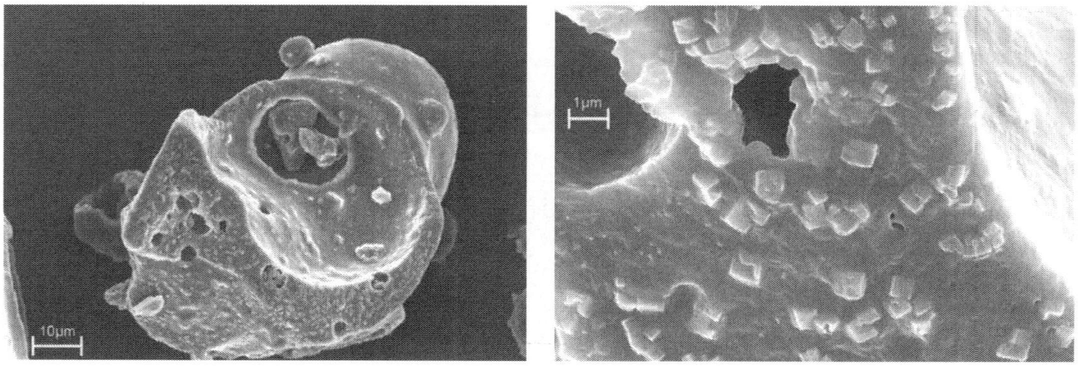

Abbildung 6.4: REM-Aufnahmen von teilkristallinem Molkepulver.

Die eckigen tomahawk-ähnlichen Partikeln können aufgrund ihrer typischen Form als α-Laktose-Monohydrat identifiziert werden (Kapitel 2.2.5). In dem rechten Bild in Abbildung 6.3 kann man erkennen, dass der α-Laktose-Monohydrat-Kristall tatsächlich einen Überzug aus der bei der Sprühtrocknung erstarrten Restlösung von Proteinen, Salzen und amorpher Laktose besitzt. Die Abbildungen 6.4 zeigen ein rundes Partikel aus dem Pulver vergrößert, welches typischerweise bei der Sprühtrocknung einer Lösung entsteht. In dem rechten Bild in Abbildung 6.4 sind an einer Bruchstelle des Partikels quaderförmige Kristalle zu sehen. Eine örtlich aufgelöste Spektralanalyse ergab, dass es sich hierbei um KCl-Kristalle handelt, welche ebenfalls bei dem Prozess der Vorkristallisation entstanden sein müssen.

Zur Quantifizierung des kristallinen Laktoseanteils in dem verwendeten teilkristallinen Molkepulver wurde eine Dynamic-Vapour-Sorption-Messung (DVS) [Levoguer/Booth 2002] am Fraunhofer-Institut für Verfahrenstechnik und Verpackung in Freising durchgeführt. Die Analyse ergab dabei, dass die im Molkepulver enthaltenen Substanzen zu 65,5 % kristallin vorliegen. Eine Unterscheidung zwischen kristalliner Laktose und KCl ist hierbei allerdings nicht möglich. XRD-Messungen von Herrn Dr. Nijdam ergaben zum Vergleich nach der in Kapitel 5 beschriebenen quantitativen Methode einen α-Laktose-Monohydrat-Anteil im Pulver von 60 Gew.-%.

Neben dem teilkristallinen Molkepulver wurden auch Grenzen der Fluidisierung von vollständig kristallisiertem Molkepulver untersucht. Hierzu wurde das teilkristalline Pulver für zwei Wochen bei Raumtemperatur in einem Exsikkator gelagert, in welchem sich eine gesättigte KCl-Lösung mit einer Wasseraktivität von $a_w = 0{,}86$ befand. Nach der Lagerung musste die verbackene Molke mit einem Mörser zerkleinert werden. Abbildung 6.5 zeigt REM-Aufnahmen des kristallisierten Pulvers.

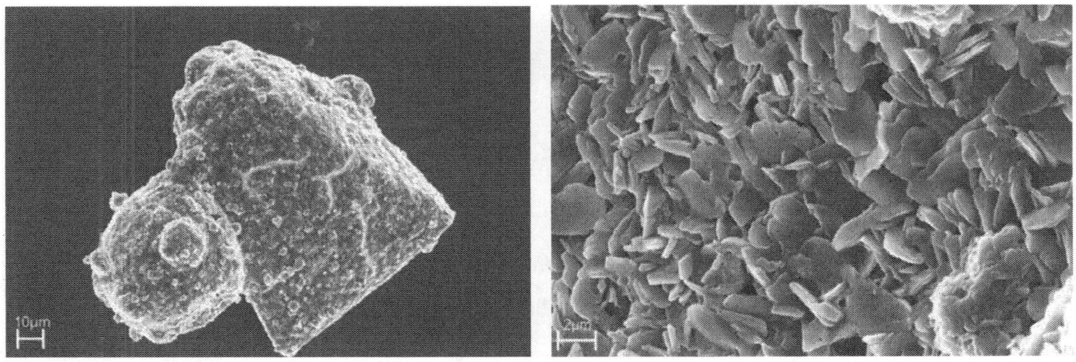

Abbildung 6.5: REM-Aufnahmen von kristallisiertem Molkepulver.

Wie man erkennen kann, haben sich auf der Oberfläche der Partikeln kristalline Strukturen ausgebildet. Eine Analyse des Pulvers mittels XRD ergab einen Anteil an α-Laktose-Monohydrat von 63 Gew.-%. Im Vergleich weist ein vollständig kristallisiertes Molkepulver einen Anteil an α-Laktose-Monohydrat von ca. 74 - 76 Gew.-% auf. Daraus folgt, dass das Pulver noch nicht vollständig kristallisiert ist. Da jedoch die mechanischen Eigenschaften des Pulvers sich in den späteren Untersuchungen deutlich von dem teilkristallinen Ausgangsmaterial unterscheiden und die REM-Aufnahmen aus Abbildung 6.5 auf der Oberfläche kristalline Strukturen aufweisen, wird vermutet, dass diese Widersprüchlichkeit der Ergebnisse auf eine beschränkte Anwendbarkeit der quantitativen Bestimmung mittels XRD hinweisen. Weitere Untersuchungen werden zeigen, dass die XRD-Methode für große Partikeln ($d_P > 100$ µm) keine sinnvollen Ergebnisse liefert. Da die untersuchten Partikeln des teilkristallinen Molkepulvers relativ große Partikeldurchmesser besitzen (vgl. Abb. 6.3) wird in dieser Arbeit deshalb davon ausgegangen, dass das in den Untersuchungen verwendete kristallisierte Pulver tatsächlich vollständig kristallin vorliegt.

6.1.3 Versuchsdurchführung

Zur Bestimmung der Fluidisierungsgrenzen von Molkepartikeln in Abhängigkeit der Betriebsparameter werden zunächst die Grenzen von teilkristallinem und kristallisiertem Molkepulver bestimmt. Im Anschluss daran werden die Fluidisierungsgrenzen von Mischungen aus teilkristallinem und kristallisiertem Molkepulver ermittelt. Bei den Untersuchungen in der gerüttelten Wirbelschicht wurde dabei wie folgt vorgegangen: Vor Versuchsbeginn wird die Apparatur mit trockener Luft aufgewärmt und gleichzeitig die Beharrungstemperatur im Sättigungsbehälter bei gewünschter Prozesslufttemperatur eingestellt. Nachdem alle Temperaturen und Betriebsparameter konstant sind, werden ca. 40 g Pulver in die Wirbelschicht eingefüllt. Der Luftstrom bzw. die sich daraus ergebende Strömungsgeschwindigkeit (u = 0,32 - 0,33 m/s) wird so gewählt, dass die größeren Partikeln des untersuchten Pulvers fluidisieren. Da das Ausgangsmaterial eine breite Partikelgrößenverteilung besitzt, wird hierbei allerdings ein gewisser Anteil des Feinguts aus der Wirbelschicht getragen, welcher ca. 20 Gew.-% des Pulvers entspricht. Die mittlere Partikelgröße ändert sich bei diesem Sichtvorgang von $d_{50,3}$ = 157 µm auf $d_{50,3}$ = 202 µm. In einem kontinuierlich laufenden Prozess müsste dieser ausgetragene Feinanteil des Pulvers aus der Prozessluft abgeschieden und zurückgeführt werden. Eine Rückführung könnte hierbei z.B. über das so genannte Blow-Back-Verfahren in die Suspensionszerstäubung im Sprühturm realisiert werden. Nachdem die feinen Partikeln aus der Wirbelschicht gesichtet wurden, wird der pneumatische Rüttler eingeschaltet sowie die Prozessluft durch den Sättigungsbehälter geleitet und somit befeuchtet. Die Versuche haben gezeigt, dass bei zu hohen relativen Luftfeuchten die Partikeln schon nach drei Minuten anfangen zu kleben und nicht mehr fluidisiert werden können. Zur Bestimmung der Fluidisierungsgrenzen wurde dieses Vorgehen nach einer Erhöhung der Temperatur im Sättigungsbehälter um jeweils 1 K wiederholt. Nach Erreichen der maximalen Sättigungstemperatur T_{max} bzw. der relativen Luftfeuchte an der Fluidisierungsgrenze wird das Pulver entnommen und durch frisches Pulver ersetzt, da ein gewisser Anteil an Laktose schon kristallisiert haben könnte. Wiederholungen der Versuche bei $T = T_{max}$ und $T = T_{max} + 1$ K bestätigen schließlich die ermittelte Fluidisierungsgrenze.

Voruntersuchungen haben gezeigt, dass eine Erhöhung der Strömungsgeschwindigkeit in der Wirbelschicht bis hin zum Austrag der kompletten Pulverschicht zu keiner Erhöhung der Fluidisierungsgrenze führt. Ebenso ergab die Verwendung eines größeren Rüttlers mit größerer Schwingungsamplitude keine Verbesserung der Fluidisationseigenschaften der feuchten Pulver. Der Einfluss der Feuchtigkeit der Partikeln und der damit verbundenen klebrigen Eigenschaften auf die Fluidisierung ist demnach der maßgeblich begrenzende Parameter in einem möglichen Verfahren mit integriertem Fließbett zur Nachbehandlung von Molkepulver.

6.1.4 Ergebnisse und Diskussion

Abbildung 6.6 zeigt die erhaltenen Versuchsergebnisse bzw. Fluidisierungsgrenzen in Abhängigkeit von der Temperatur und der relativen Luftfeuchte von teilkristallinem und kristallisiertem Molkepulver.

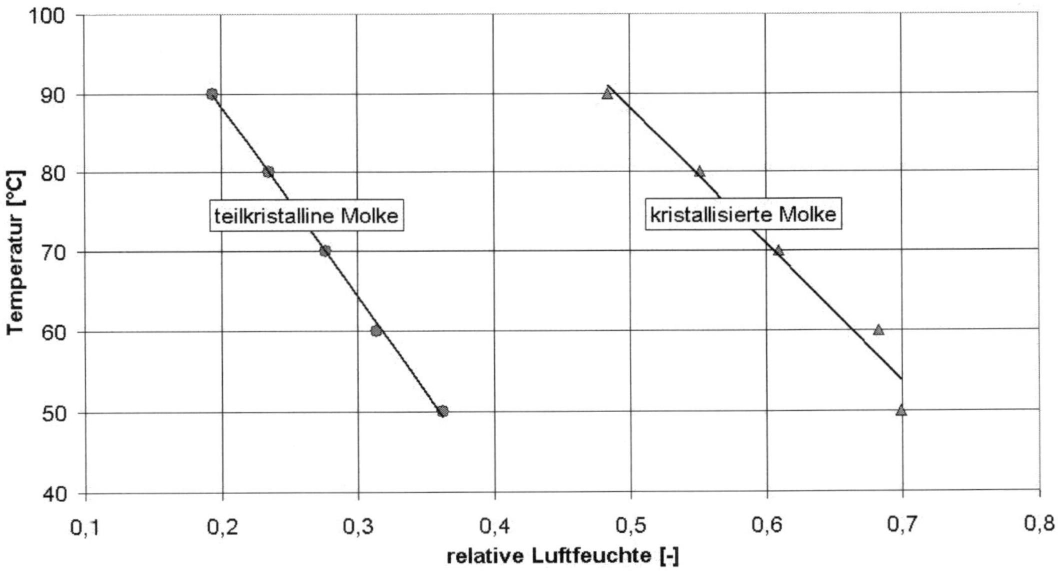

Abbildung 6.6: Fluidisierungsgrenzen in einer gerüttelten Wirbelschicht.

Wie man aus Abbildung 6.6 erkennen kann, ist die Grenze der Fluidisierung von kristallisierter Molke erwartungsgemäß deutlich höher als für teilkristalline Molke. Dies kann durch den Anteil an amorpher Laktose in dem teilkristallinen Molkepulver erklärt werden. Bei feuchten und warmen Bedingungen wird die amorphe Laktose klebrig, wodurch die Grenzen der Fluidisierung herabgesenkt werden. Betrachtet man die gemessenen Kristallisationszeiten von vollständig amorpher Molke (Abb. 4.27) bei den sich für teilkristalline Molke ergebenden maximalen Prozessparametern für Temperatur und relative Luftfeuchte, so kann man erkennen, dass die Einstellungen außerhalb des untersuchten

Bereichs liegen. Bei den maximal möglichen Einstellungen liegen demnach die benötigten Verweilzeiten für eine Kristallisation in keinem technisch sinnvollen Bereich (t >> 100 min). Die benötigten Verweilzeiten bei den für die Fluidisierung maximalen Prozessparametern von kristallisierter Molke sind in Abbildung 6.7 abgebildet.

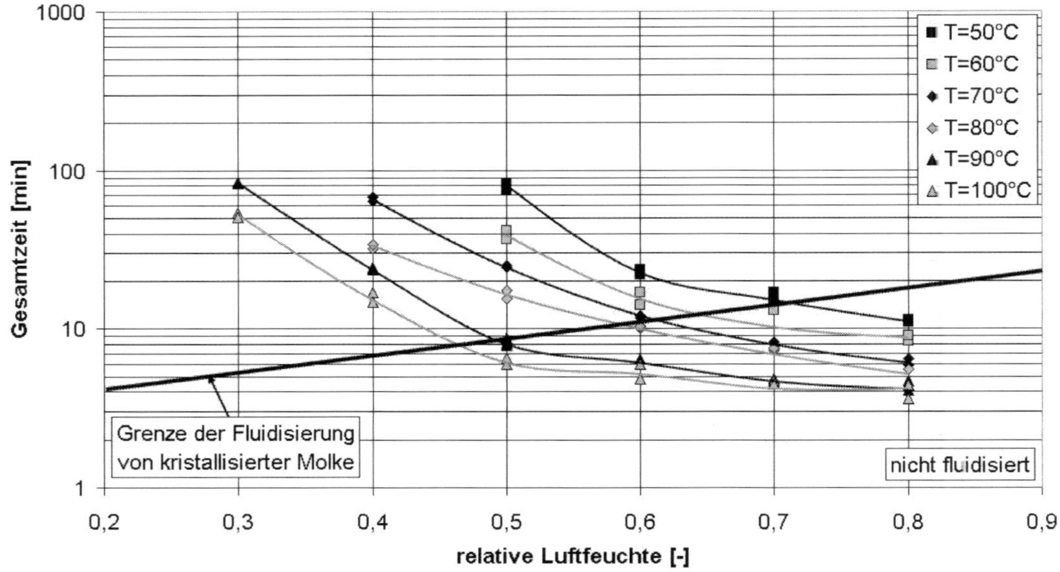

Abbildung 6.7: Vergleich der erforderlichen Gesamtzeiten für eine Umwandlung von amorpher Molke bei verschiedenen Prozessbedingungen und der Grenze der Fluidisierung von kristalliner Molke.

Wie man erkennen kann, ließe sich vollständig amorphe Molke bei diesen Bedingungen innerhalb von ca. 10 – 20 Minuten kristallisieren. Aus den Ergebnissen ergibt sich, dass eine Nachkristallisation von teilkristallinem Molkepulver in einem Fließbett nur in einer Mischung aus kristallisiertem und teilkristallinem Molkepulver sinnvoll ist. Aus diesem Grund wurden weitere Versuche zur Bestimmung von Fluidisierungsgrenzen bei einer Temperatur von T = 70 °C und einer relativen Luftfeuchte von φ = 0,61 mit entsprechenden Mischungen durchgeführt. Die eingestellte Temperatur wurde gewählt, da bei diesen Bedingungen die Maillardreaktion auch bei längerer Behandlungszeit vernachlässigt werden kann. Die gewählte relative Luftfeuchte entspricht der experimentell ermittelten Fluidisierungsgrenze von kristallisierter Molke bei dieser Temperatur. Bei den Untersuchungen wurden Mischungen verwendet, welche Anteile von kristallisiertem und teilkristallinem Molkepulver im Verhältnis $V = x_{kristallisiert} : x_{teilkristallin}$ von 90:10, 80:20, 75:25, 70:30, 60:40 besaßen. Hierbei erwiesen sich die Mischungen von V = 90:10 bis 75:25 bei diesen Bedingungen als fluidisierbar. Im Anschluss daran wurden ähnliche Untersuchungen bei einer geringeren relativen Luftfeuchte durchgeführt, nämlich bei T = 70 °C und φ = 0,51. Hierbei ergab sich als Grenze der Fluidisierung in Abhängigkeit von V ebenso das Verhältnis V = 75:25. Eine mögliche Erklärung für diese Grenze des Verhältnisses V könnte sein, dass sich Agglomerate bilden, welche als Kern ein klebriges teilkristallines Partikel besitzen, dessen äußere Schicht aus stabilen kristallinen Partikeln besteht. Bei kleineren Verhältnissen von V stehen nicht genügend kristalline Partikel zur Verfügung, um alle klebrigen Partikeln zu maskieren. Dies kann zu Feststoffbrücken zwischen den einzelnen „Primär"-Agglomeraten führen. Durch diese Kontaktstellen wachsen die Agglomerate zu großen Gebilden an, welche nicht mehr fluidisiert werden können. Als Beleg für diese postulierte Entstehung von Agglomeraten wurden Glaskugeln mit einem mittleren Durchmesser von $d_{50,3}$ = 90 µm und teilkristallinem Molkepulver im Verhältnis von 36:4 gemischt und in der Wirbelschicht bei T = 70 °C und φ = 0,61 fluidisiert. Abbildung 6.8 zeigt eine REM-Aufnahme eines dabei gebildeten Agglomerats.

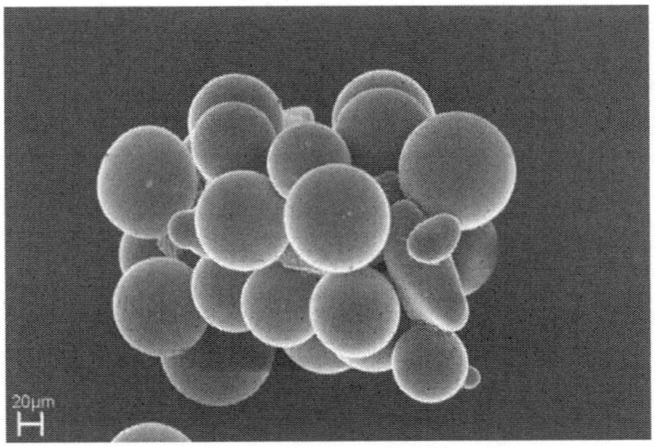

Abbildung 6.8: Agglomerat aus Glaskugeln und teilkristallinem Molkepulver.

Wie die Untersuchungen gezeigt haben, ist die Fluidisierung von teilkristallinem Molkepulver bei der für die Behandlung günstigen Temperatur T = 70 °C und φ = 0,61 bis zu einem Verhältnis von V = 75:25 durch die Bildung von Agglomeraten und der damit verbundenen Maskierung der klebrigen Partikeln möglich. Die Erzeugung einer solchen Mischung wäre in einem kontinuierlichen Prozess z.B. durch eine Rückführung von 75 % des kristallisierten und gemahlenen Molkepulvers realisierbar. Um die Wirtschaftlichkeit des Verfahrens zu erhöhen, wurde versucht, den Anteil an teilkristallinem Molkepulver bei einer Behandlung in einer Wirbelschicht zu erhöhen. Hierzu wurde das kristallisierte Molkepulver bis zu einem mittleren Partikeldurchmesser von $d_{50,3}$ = 185 µm gemahlen, um so die Partikeldurchmesser und dadurch die für die Maskierung der Partikeln notwendige Masse zu verringern. Die

Untersuchungen haben gezeigt, dass durch diese Vorgehensweise des „Puderns“ der klebrigen Partikeln der Anteil an teilkristallinem Molkepulver auf $V = 60{:}40$ erhöht werden konnte.

Abbildung 6.9 zeigt ein Schema eines möglichen Verfahrens, bestehend aus einer Sprühtrocknung, einem Fließbett für die Nachbehandlung, einer Rückführung von kristallisiertem Pulver mit Mühle und einer Rückführung des Feinanteils in den Sprühturm.

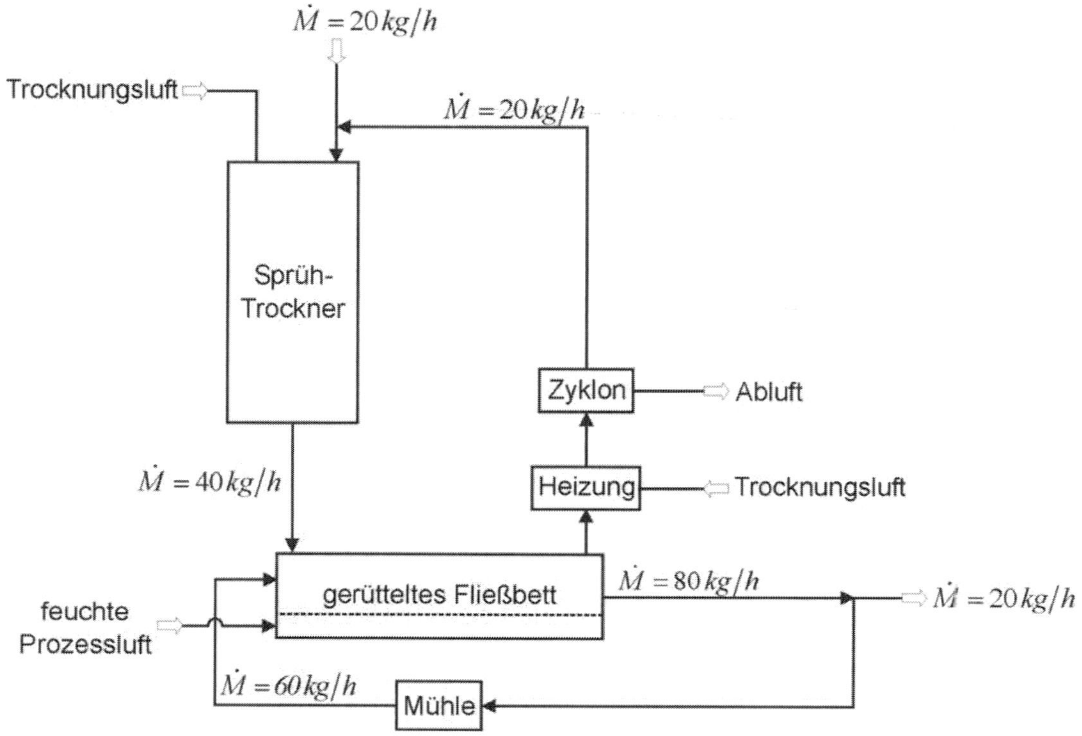

Abbildung 6.9: Fließschema eines möglichen Verfahrens mit Fließbett.

Sollte eine Nachbehandlung nach diesem Prinzip realisiert werden und das Fließbett mit einem Massenstrom an trockenem Molkepulver von $\dot{M}$ = 100 kg/h und durch Rückführung in einem Verhältnis $V = 60{:}40$ betrieben werden, so würde bei einem Feinanteilverlust von $\dot{M}$ = 20 kg/h der Gesamtdurchsatz auf $\dot{M}$ = 20 kg/h beschränkt sein. Zusätzlich müsste der aus dem Fließbett abgehende Luftstrom erhitzt und eventuell mit Trocknungsluft verdünnt werden, da sonst die darin enthaltenen amorphen feinen Partikel in den Rohren und im Zyklon verkleben würden.

6.1.5 Analyse der behandelten Pulver

Die in Kapitel 6.1.4 behandelten Pulver wurden nach den Versuchen analysiert und ihre Eigenschaften charakterisiert. Zur Klärung, ob die Proben in dem Verfahren vollständig kristallisiert werden, wurden die behandelten Proben für ca. zwei Wochen bei Raumtemperatur in einem Exsikkator gelagert, in welchem sich eine gesättigte Salzlösung aus KCl mit einer Wasseraktivität von $a_w = 0{,}86$ befand. Nach der Lagerung wurde dann beurteilt, ob die Partikeln freifließend sind oder ob amorphes Molkepulver verbacken ist. Bei diesen einfachen Tests zeigte sich, dass die in dem Prozess bei $T = 70$ °C, $\varphi = 0{,}61$ und $V = 60{:}40$ entstandenen Agglomerate nach der Lagerung freifließend waren. Dies zeigt, dass zumindest die äußeren Partikeln der Agglomerate kristallin sind.

Zur Klärung, ob die zunächst klebrigen Partikeln im Kern des Agglomerats bei diesen Behandlungen kristallisiert wurden, wurden Pulver bei genannten Bedingungen für 20 Minuten in der Wirbelschicht fluidisiert, danach gemahlen, mit neuem teilkristallinem Molkepulver im Verhältnis $V = 60{:}40$ gemischt und wieder fluidisiert. Dieses Vorgehen wurde fünf Mal wiederholt. Kristallisiert die in der teilkristallinen Molke enthaltene amorphe Laktose nicht, so sollte die Mischung nach den Wiederholungen entsprechend schlechtere Lagerstabilitäten bzw. bei einer hohen relativen Luftfeuchtigkeit klebrige Eigenschaften aufweisen. Die Versuche haben ergeben, dass die so behandelten Pulver nach der Lagerung verkleben. Dies bedeutet, dass die amorphe Laktose nicht vollständig kristallisiert.

Vergleicht man hingegen die erforderliche Zeit für eine Umwandlung von vollständig amorpher Laktose in Molke bei diesen Prozessbedingungen ($t = 12$ Min, siehe Abb. 4.27), so scheint die Kristallisation der restlichen amorphen Laktose in der teilkristallinen Molke verlangsamt zu sein. Weiterhin ist aufgrund der geforderten Fluidisierung der Partikeln in einem gerüttelten Fließbett eine Rückführung von 60 % des kristallinen Molkepulvers notwendig. Zusätzlich muss beachtet werden, dass der Feinanteil aus dem Fließbett ausgetragen wird, was wiederum den Gesamtdurchsatz an Produkt beschränkt. Aus diesen Gründen scheint die Umsetzung eines solchen Verfahrens zur Nachkristallisation in einem gerüttelten Fließbett wirtschaftlich ungünstig zu sein.

6.2 Nachkristallisation auf einem Förderband

Neben dem in Kapitel 6.1 beschriebenen und untersuchten Verfahren zur Nachkristallisation von teilkristallinem Molkepulver in einem Fließbett, könnte man eine Nachkristallisation auch mittels eines Förderbands umsetzen, welches von warmer und feuchter Luft umströmt wird. Vorteil dieser Variante wäre, dass die relative Luftfeuchte höher eingestellt werden könnte als bei einem Verfahren mit Fließbett, da hier keine Fluidisierungsgrenzen beachtet werden müssen. Durch die höheren Temperaturen und relativen Luftfeuchten könnten so kürzere Kristallisationszeiten erreicht werden. Weiterer Vorteil eines solchen Verfahrens gegenüber einem Fließbett wäre, dass keine Massenverluste durch den Austrag an Feingut bzw. Rückführungen von kristallinem Pulver die Verweilzeit erhöhen und somit den Durchsatz verringern. Nachteil dieser Nachbehandlung ist allerdings, dass die Partikeln auf dem Förderband verkleben. Dies hätte zur Folge, dass die verklebten Partikeln vom Band wieder abgelöst werden müssen und eventuell die gewünschte Partikelgrößenverteilung durch Mahlung eingestellt werden müsste.

6.3 Untersuchungen zur verlangsamten Kristallisation von Laktose in teilkristallinem Molkepulver

Wie in Kapitel 6.1 gezeigt, kristallisiert die amorphe Laktose in teilkristallinem Molkepulver verlangsamt. Zur weiteren Klärung dieses Sachverhalts wurden Kristallisationsversuche von teilkristallinem Molkepulver in der in Kapitel 4 beschriebenen Apparatur durchgeführt und die behandelten Partikeln mittels XRD-Messungen und REM-Aufnahmen analysiert. Für die Versuche wurden zunächst zwei Fraktionen mit unterschiedlichen Partikelgrößen, nämlich $d_P < 100$ µm und 160 µm $< d_P <$ 250 µm, ausgesiebt. Die weiteren Untersuchungen mit den unterschiedlichen Fraktionen sollen bestätigen, dass die größeren Partikeln in dem Ausgangspulver hauptsächlich aus Kristallen bestehen und somit die kleinere Partikelgrößenfraktion einen höheren Anteil an amorphen Partikeln besitzt (siehe Kapitel 6.1.2). Die Fraktionen wurden dann, wie in Kapitel 4.2.2 beschrieben, in der Sorptions-kristallisationsanlage Bedingungen von T = 70 °C / φ = 0,6 und T = 90 °C / φ = 0,5 für verschiedene Zeiten ausgesetzt. Die Abbildungen 6.10 und 6.11 zeigen die Sorptionsverläufe der Versuche und zum Vergleich die Verläufe von vollständig amorphem Molkepulver aus Kapitel 4.

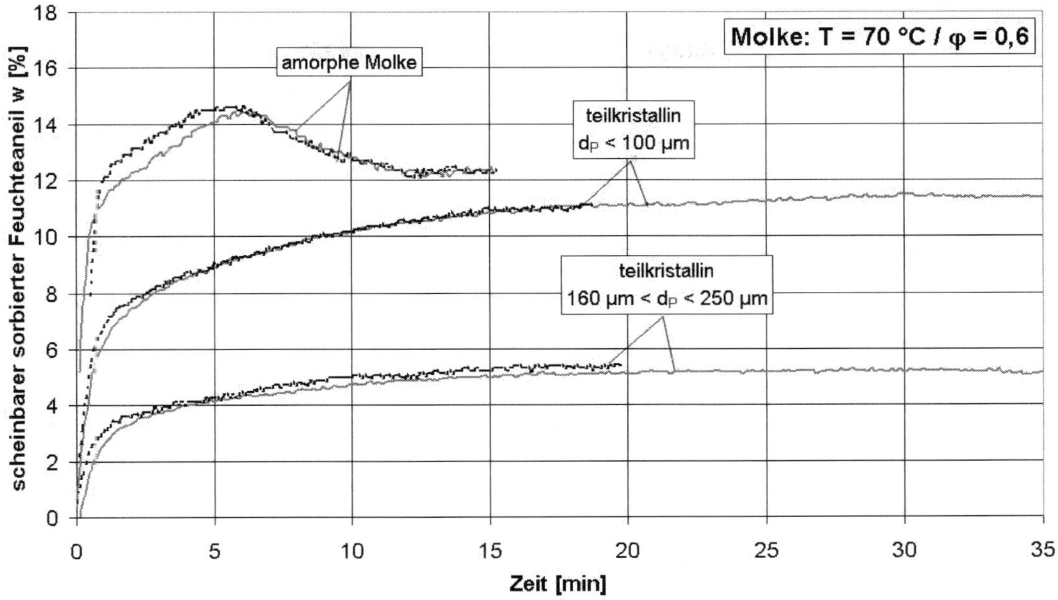

Abbildung 6.10: Sorptionsverläufe von amorphem und teilkristallinem Molkepulver mit unterschiedlichen Partikelgrößen.

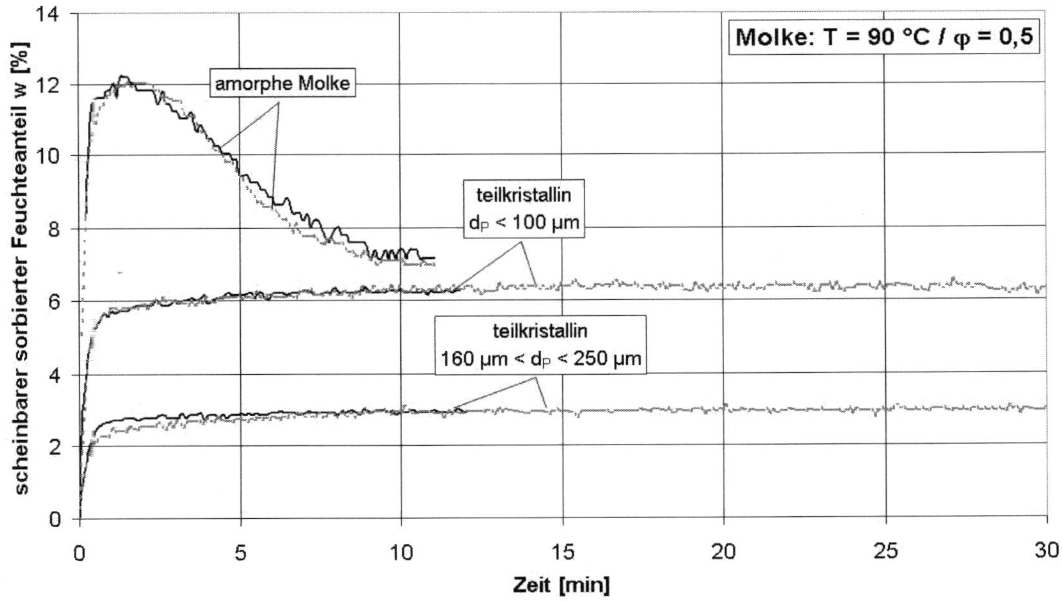

Abbildung 6.11: Sorptionsverläufe von amorphem und teilkristallinem Molkepulver mit unterschiedlichen Partikelgrößen.

In den Abbildungen sind die scheinbaren sorbierten Feuchteanteile *w* aufgetragen, da die Bestimmungen der Anteile des Hydratwassers im jeweiligen Ausgangsmaterial nicht durchgeführt worden ist. Wie man aus den Abbildungen erkennen kann, unterscheiden sich die Sorptionsverläufe von teilkristallinem Molkepulver stark von denen der vollständig amorphen Pulver. Zum einen ist der sorbierte Feuchteanteil bei der amorphen Form wie zu erwarten deutlich höher als bei den teilkristallinen Pulvern. Dies ist mit der niedrigeren Sorptionsisotherme von kristalliner Laktose erklärbar. Zum anderen zeigt sich, dass die Fraktionen der kleineren Partikelgrößen der teilkristallinen Molke mehr Feuchtigkeit sorbieren als die größeren Partikeln. Dies ist ein weiterer Beleg dafür, dass der amorphe Anteil bei den kleineren Partikelfraktionen höher ist. Des Weiteren ist in den Verläufen von teilkristallinem Molkepulver kein Abfall des Feuchteanteils zu einem bestimmten Zeitpunkt wie bei amorphem Molkepulver zu erkennen. Dies zeigt, dass die in den Partikeln enthaltene amorphe Laktose nicht oder zumindest sehr langsam kristallisiert, sodass eine eventuell stattfindende Kristallisation mit der vorhandenen Messapparatur nicht mitverfolgt werden kann.

Bei den XRD-Messungen hat sich gezeigt, dass alle analysierten Proben keine Anteile an β-Laktose oder Mischkristallen besitzen. Die angegebenen Massenanteile in den Tabellen 6.1 und 6.2 an beziehen sich daher nur auf α-Laktose-Monohydrat.

Tabelle 6.1: XRD-Analysen der bei T = 70 °C und φ = 0,6 behandelten teilkristallinen Molkepulvern.

T = 70 °C / φ = 0,6: Anteil an α-Laktose-Monohydrat					
d_P < 100 µm			**160 µm< d_P < 250 µm**		
Behandlungszeit t [min]			**Behandlungszeit t [min]**		
0	20	35	0	20	35
28 Gew.-%	43 Gew.-%	45 Gew.-%	52 Gew.-%	n.b.	67 Gew.-%

Tabelle 6.2: XRD-Analysen der bei T = 90 °C und φ = 0,5 behandelten teilkristallinen Molkepulvern.

T = 90 °C / φ = 0,5: Anteil an α-Laktose-Monohydrat					
d_P < 100 µm			**160 µm< d_P < 250 µm**		
Behandlungszeit t [min]			**Behandlungszeit t [min]**		
0	20	30	0	20	30
31 Gew.-%	34 Gew.-%	34 Gew.-%	65 Gew.-%	62 Gew.-%	60 Gew.-%

Wie die Tabellen und andere Untersuchungen zeigen, liefert die XRD-Auswertung der behandelten Partikelfraktion bei 160 µm < d_P < 250 µm keine sinnvollen Ergebnisse. Es wird vermutet, dass die Partikeln zu groß sind, so dass die Anzahl der einzelnen Partikeln in einer Analyse zu gering ist. Dies hat zur Folge, dass die Partikeln in der räumlichen Anordnung nicht mehr ausreichend statistisch verteilt und so die Messergebnisse nicht mehr repräsentativ sind. Für die Fraktion der kleineren Partikeln d_P < 100 µm konnten hingegen im Rahmen der sich ergebenden Messgenauigkeit bei Fehlerabweichungen von bis zu 7 % relativ gute Ergebnisse erzielt werden. Hierbei hat sich gezeigt, dass das teilkristalline Molkepulver bei T = 70 °C und φ = 0,6 schon nach 20 Minuten fast vollständig kristallisiert ist. Im Gegensatz hierzu scheint die Kristallisation bei T = 90 °C und φ = 0,5 nach 35 Minuten noch nicht stattgefunden zu haben. Vergleicht man die Kristallisation von vollständig amorpher Molke bei den beiden Bedingungen, so sollten die benötigten Zeiten für die Umwandlungen ungefähr gleich sein. REM-Aufnahmen der Partikeln sollen weitere Aufschlüsse über diese Widersprüchlichkeiten geben.

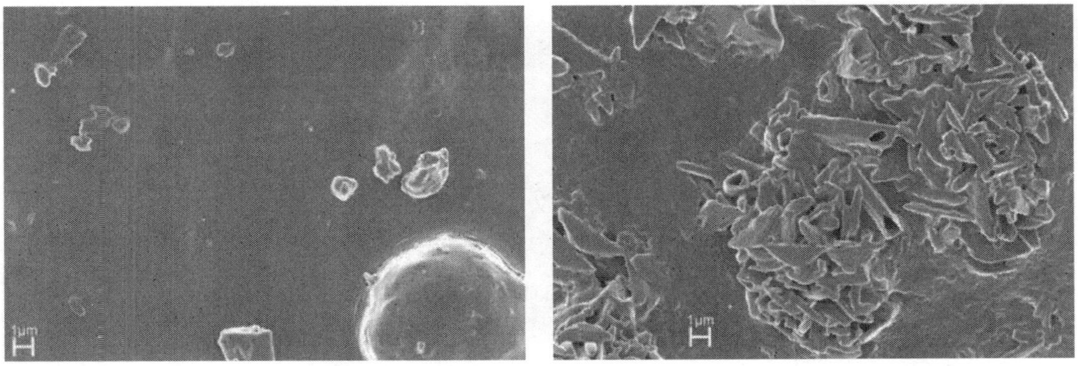

Abbildung 6.12: REM-Aufnahmen des teilkristallinen Molkepulvers (d_P < 100 µm) vor (links) und nach (rechts) einer Behandlung bei T = 70 °C und φ = 0,6 für 35 Minuten.

Die Abbildungen 6.12 zeigen, dass das bei T = 70 °C und φ = 0,6 behandelte teilkristalline Molkepulver nach 35 Minuten zum Teil kristalline Strukturen auf den Partikeloberflächen aufweisen. Im Vergleich zu den Partikeloberflächen der im Exsikkator kristallisierten Molke (Abbildung 6.5) scheint die Kristallisation jedoch noch nicht vollständig abgelaufen zu sein.

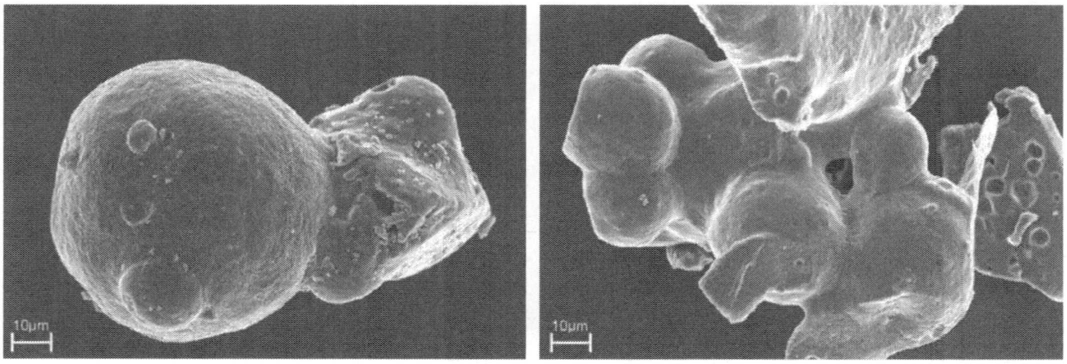

Abbildung 6.13: REM-Aufnahmen des teilkristallinen Molkepulvers (d_P < 100 µm) vor (links) und nach (rechts) einer Behandlung bei T = 90 °C und φ = 0,5 für 35 Minuten.

Aus Abbildung 6.13 ist zu erkennen, dass bei T = 90 °C und φ = 0,5 keine Kristallisation stattgefunden hat. Als einen weiteren Beweis dafür, dass bei T = 90 °C die Kristallisation der Laktose in den behandelten Proben nicht vollständig war, wurden die Proben für eine Woche in einem Exsikkator mit einer gesättigten KCl-Lösung gelagert. Es hat sich hierbei gezeigt, dass die Pulver nach der Lagerung verbackt waren, was auf eine nachfolgende Kristallisation schließen lässt.

Die Fluidisierungs-, Lagerungs- u. Sorptionsversuche sowie die Untersuchungen mittels XRD und REM haben somit ergeben, dass die Kristallisation der Laktose in teilkristallisiertem Molkepulver bei T = 70 °C im Vergleich zur Kristallisation von vollständig amorphem Molkepulver verlangsamt ist. Eine Erklärung hierfür ist der geringe Laktoseanteil in der erstarrten Lösung des vorkristallisierten Molkepulvers. Vergleicht man die Ergebnisse von [Saito 1988] sowie die Ergebnisse der eigenen Untersuchungen aus Kapitel 4, so folgt als Fazit, dass die Kristallisationsgeschwindigkeit von der Konzentration der Laktose in der amorphen Matrix abhängt. Abbildung 6.14 zeigt das bereits in Kapitel 5.5.3 vorgestellte hypothetische Phasendiagramm für ein Gemisch aus α-Laktose, β-Laktose und einer Matrix bestehend aus Salzen und Proteinen. Das Diagramm stellt die bei der Sprühtrocknung entstehenden Molkepulver dar, welche auf verschiedene Weise hergestellt worden sind. Das in den Untersuchungen verwendete Molkepulver besitzt einen Laktoseanteil von ca. 71 % der Gesamttrockenmasse. Aufgrund des Mutarotationsgleichgewichts würde sich in einer Laktoselösung ein Anteil an β-Laktose in Höhe von x_β = 0,56 einstellen. Dampft man Molke ein, so würde Laktose auskristallisieren und es würde sich der Trockenmassenanteil der gelösten Laktose und damit auch in der sprühgetrockneten amorphen Phase verringern.

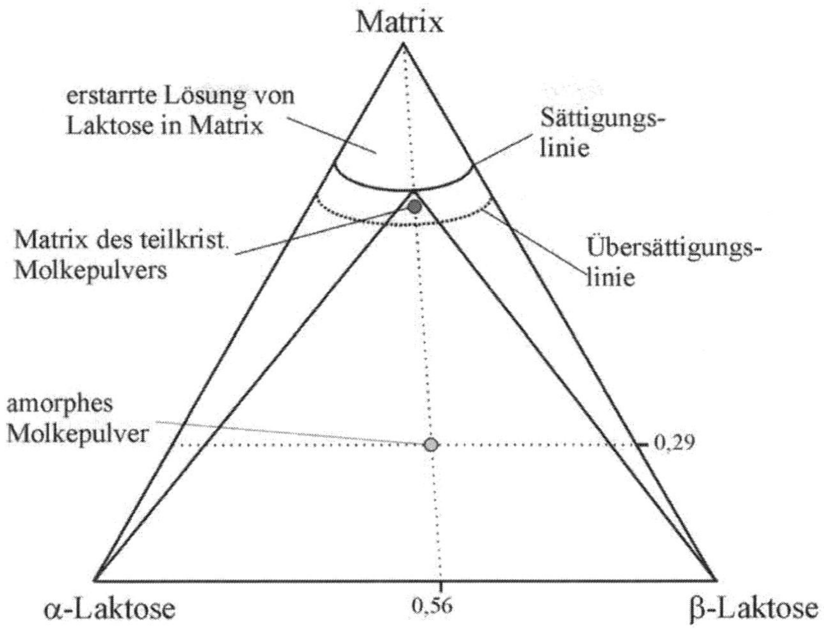

Abbildung 6.14: Hypothetisches Phasendiagramm für ein Gemisch aus α-Laktose, β-Laktose und einer Matrix bestehend aus Salzen und Proteinen.

In dem dargestellten Diagramm würde man von dem eingezeichneten Punkt des amorphen Molkepulvers auf der gestrichelten Linie in Richtung der Matrix, bestehend aus Salzen und Proteinen, wandern. Ab einem gewissen Punkt wäre die Konzentration der Laktose in der Restlösung so gering, dass die Übersättigungslinie unterschritten würde und keine Keime mehr in einem amorphen Pulver gebildet werden können. Somit wäre nur noch eine Kristallisation durch Anlagerung an vorhandenen Keimen bis zur Sättigungslinie möglich. Da mittels XRD-Analysen keine Kristallisation des bei T = 90 °C behandelten teilkristallinen Molkepulvers nachgewiesen werden konnte, wird vermutet, dass der Laktoseanteil in der amorphen Matrix des vorkristallisierten Molkepulvers tatsächlich so gering ist, dass eine homogene Keimbildung nicht möglich ist.

Wie in Kapitel 2.2.8 beschrieben, muss sich für die Bildung eines stabilen Keims bei der Kristallisation zunächst ein Molekülcluster mit einer bestimmten Größe bilden. Kann sich diese kritische Clustergröße aufgrund einer zu geringen Konzentration bzw. Übersättigung in einem System nicht ausbilden, so kann eine Kristallisation nur stattfinden, wenn schon Keime vorhanden sind und diese weiter anwachsen können. In Kapitel 5 konnte nachgewiesen werden, dass bei hohen Temperaturen die Kristallisation zu β-Laktose aufgrund des Mutarotationsgleichgewichts bevorzugt stattfindet. Da sich jedoch aufgrund der geringen

Laktosekonzentration keine β-Laktose-Keime bilden können und nur α-Laktose-Monohydrat-Kristalle in den Pulvern vorhanden sind, bedeutet dies folgendes:

- Bei niedrigen Temperaturen kann sich der Anteil an amorpher α-Laktose in teilkristallinem Molkepulver an die bestehenden α-Laktose-Monohydrat-Kristalle anlagern. Durch die Mutarotation wird die übrig bleibende amorphe β-Laktose zu α-Laktose umgewandelt, welches sich wiederum an die existierenden Kristalle anlagert. Die Kristallisation ist bei diesen Bedingungen somit verlangsamt (Abbildung 6.15).

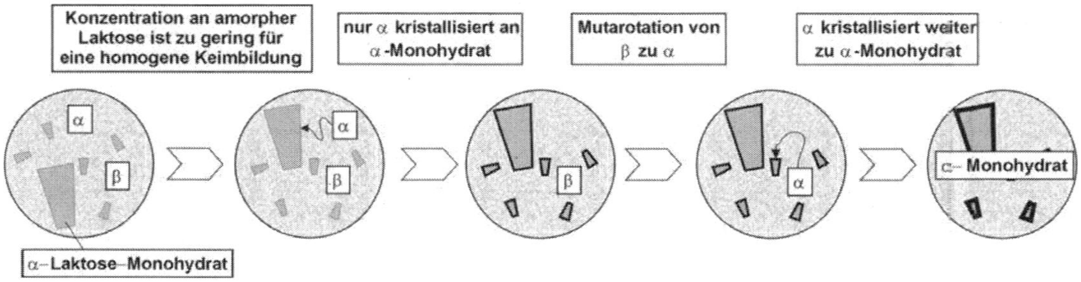

Abbildung 6.15: Mögliche Vorgänge bei der Kristallisation von Laktose in teilkristallinem Molkepulver bei niedrigen Temperaturen.

- Bei hohen Temperaturen ist das Mutarotationsgleichgewicht in Richtung der β-Laktose verschoben, wodurch die bestehenden α-Laktose-Monohydrat-Kristalle nur schwer oder gar nicht weiter anwachsen können. Da eine homogene Keimbildung zu β-Laktose-Kristallen nicht möglich ist, ist die Kristallisation gehemmt bzw. blockiert.

Diese Hypothese zur verlangsamten Kristallisation in teilkristallinem Molkepulver erklärt die erhaltenen Messergebnisse. Wie in Kapitel 4.4 aufgezeigt, findet der Keimbildungsmechanismus bei vollständig amorphen laktosehaltigen Pulvern und höheren relativen Luftfeuchten „lokal gesättigt" statt (siehe Kapitel 2.2.8). Dies bedeutet, dass eine benötigte Behandlungszeit nicht von der Keimbildung, sondern nur vom Kristallwachstum limitiert ist. Da im Falle von teilkristallinem Molkepulver die Keimbildung in der amorphen Matrix gehindert ist, ist demnach eine Vorkristallisation von Laktose in flüssiger Molke und die damit verbundene Abreicherung von Laktose in der Restlösung von Nachteil für das Gesamtverfahren.

6.4 Weitere mögliche Prozesswege - Ausblick

Die bisherigen Untersuchungen und Überlegungen aus Kapitel 6 haben ergeben, dass eine Nachkristallisation von vorkristallisierten und sprühgetrockneten Molkepulvern zur Verminderung ihrer Verbackungsneigung aufgrund der verlangsamten Kristallisation vermutlich nicht wirtschaftlich sinnvoll ist. Aus diesem Grund werden im Folgenden weitere Prozesswege vorgeschlagen, wie die geforderte Verminderung der Verbackungsneigung von sprühgetrockneten laktosehaltigen Pulvern dennoch erreicht werden könnte. Da in den meisten Molkereibetrieben bereits Apparate zur Voreindampfung und Sprühtrocknung vorhanden sind und eine möglichst kostengünstige Umsetzung eines Verfahrens vorgeschlagen werden soll, werden im Folgenden nur Prozesse betrachtet, welche die genannten Apparate mit einschließen. Einen Überblick der vorgeschlagenen Prozesswege wird am Beispiel von Molke in Abbildung 6.16 gegeben. Als erster Verfahrensschritt soll die Molke zunächst bis zu einer bestimmten Übersättigung eingedampft werden. Dies ist für alle vorgeschlagenen Prozesspfade wirtschaftlich sinnvoll, da ein Wasserentzug aus einer Lösung oder Suspension in einem Eindampfer energetisch günstiger ist als bei einer Sprühtrocknung.

Kristallisiert man die übersättigte Molkelösung auf konventionelle Weise, so entstehen wie beschrieben große α-Laktose-Monohydrat-Kristalle. Wird die entstehende Suspension sprühgetrocknet, so bildet sich ein teilkristallines Pulver, bei welchem die Verbackungsneigung aufgrund der geringen Konzentration an Laktose in der amorphen Matrix durch eine Nachkristallisation nur schwer vermindert werden kann. Eine Möglichkeit zur Verminderung der Verbackungsneigung wäre die Maskierung der klebrigen Eigenschaften des Pulvers durch stabile Partikeln. Dies wäre z.B. durch Pudern des teilkristallinen Molkepulvers mit kleinen α-Laktose-Monohydrat-Kristallen möglich. In einem Fließbett würden Agglomerate gebildet werden, bei welchen die stabilen Partikeln die äußere Schicht formen (siehe Abbildung 6.8) und so die klebrigen Eigenschaften der amorphen Laktose maskieren würden. Kleine α-Laktose-Monohydrat-Kristalle könnten zu diesem Zweck durch Filtration der Suspension vor der Sprühtrocknung und Mahlen der abgetrennten Kristalle erzeugt werden. Eine weitere Möglichkeit wäre, das nach der Sprühtrocknung entstandene teilkristalline Pulver zu mahlen, um so die großen α-Laktose-Monohydrat-Kristalle zu einem feinen Pulver zu zerkleinern, welches wiederum die amorphen Anteile maskieren könnte.

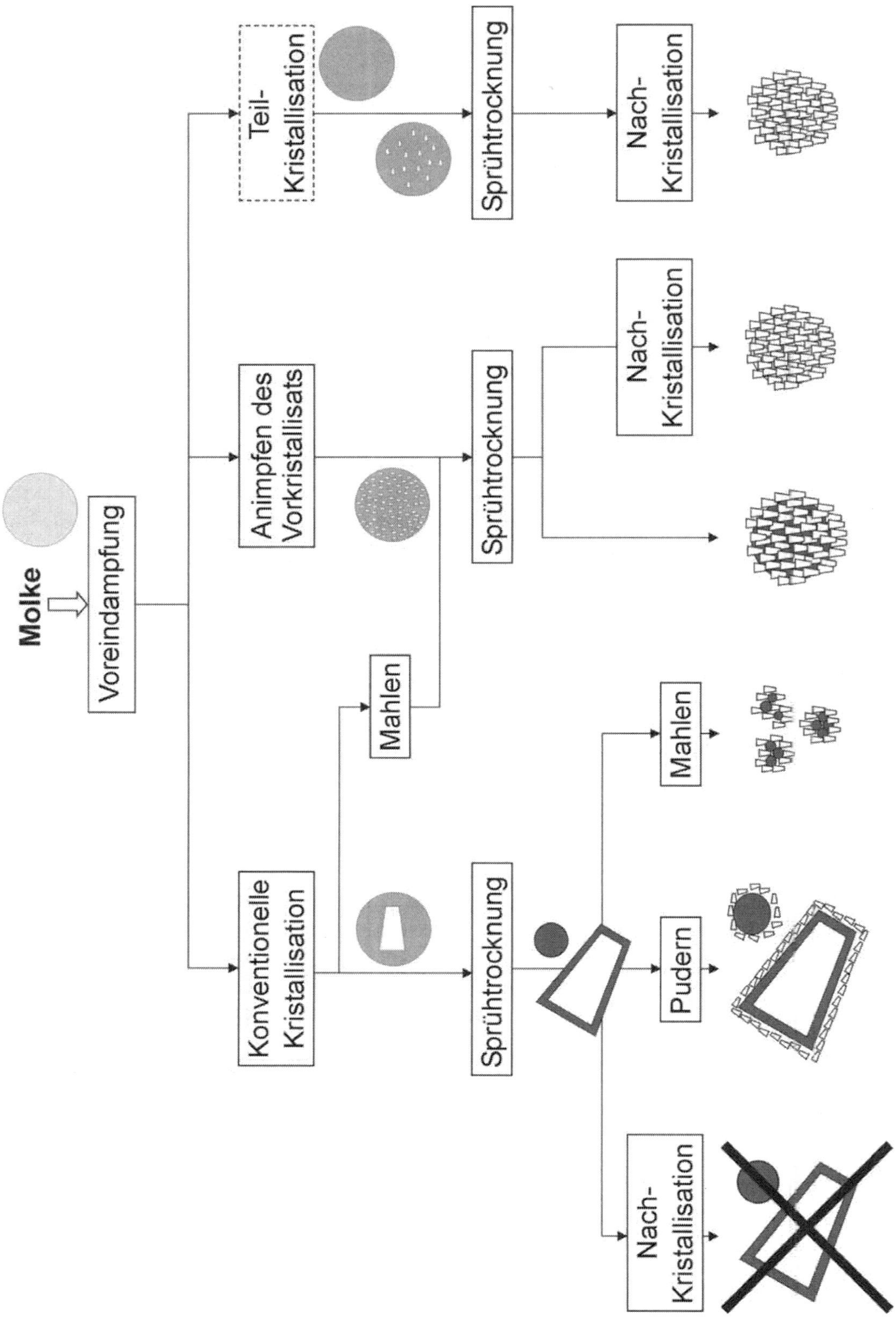

Abbildung 6.16: Mögliche Prozesswege zur Verminderung der Verbackungsneigung von sprühgetrockneten laktosehaltigen Pulvern.

Da bei einer konventionellen langsamen Kristallisation sehr große und wenige α-Laktose-Monohydrat-Kristalle entstehen, besitzen nicht alle der bei einer Sprühtrocknung zerstäubten Tropfen kristalline Keime, an welche sich die restliche amorphe Laktose anlagern könnte. Aus diesem Grund wäre es vermutlich für eine Nachkristallisation von Vorteil, möglichst viele Keime in der zu sprühtrocknenden Ausgangssuspension zu erzeugen. Dies könnte durch Mahlen der bei einer konventionellen Kristallisation entstehenden großen α-Laktose-Monohydrat-Kristalle erreicht werden. Eine weitere Möglichkeit zur Erzeugung von vielen kleinen Keimen wäre, die eingedampfte Molkelösung vor der Abkühlung bzw. Kristallisation anzuimpfen. Die Größe der entstehenden Kristalle ist hierbei von der Menge bzw. der Anzahl der zugeführten Impfkristalle abhängig. Die so entstehende Suspension könnte sprühgetrocknet werden, wobei sich die klebrige Matrix aufgrund von Kapillarkräften in den Kern des während der Trocknung entstehenden Partikels zurückziehen könnte. Somit würden die stabilen Kristallkeime die äußeren Partikeln der Agglomerate bilden, wodurch die klebrigen Eigenschaften wiederum maskiert wären. Des Weiteren könnte eine Nachkristallisation des erzeugten Pulvers eine Möglichkeit zur Verminderung der Verbackungsneigung sein. Die verlangsamte Kristallisation wäre aufgrund der vielen Kristallkeime vermutlich nicht so ausgeprägt wie bei dem untersuchten teilkristallinen Molkepulver. Dies ist dadurch begründet, dass die bei der Sprühtrocknung entstehenden Partikeln mehr Kristallkeime besitzen würden als bei einer konventionellen Kristallisation. Bei niedrigen Temperaturen könnte sich die amorphe Laktose an die vorhandenen α-Laktose-Monohydrat-Kristalle anlagern, wobei der Diffusionsweg eines amorphen Laktosemoleküls zu einem Keim kürzer wäre als bei dem in Kapitel 6.4 untersuchten teilkristallinen Molkepulver.

Neben den genannten Kristallisationsarten und den damit verbundenen Verzögerungen bei einer Nachkristallisation wäre ein weiterer Prozessweg, dass man die übersättigte Molke nicht oder zumindest nur so weit kristallisiert, dass die Konzentration der amorphen Laktose nach der Sprühtrocknung für eine homogene Keimbildung in den entstehenden Partikeln ausreichend hoch ist. Hierzu müsste die Molke im erhitzten Zustand direkt nach der Voreindampfung sprühgetrocknet werden. Bei diesem Prozessweg wäre eine Nachkristallisation im Vergleich zu vollständig amorpher Molke nicht verlangsamt, wodurch die benötigten Verweilzeiten in einem Nachbehandlungsapparat entsprechend kürzer wären. Ein weiterer Vorteil wäre, dass man die voreingedampfte Molke nicht abkühlen und für die Trocknung wieder erwärmen muss. Nachteil dieser Verfahrensvariante wäre allerdings, dass während der Sprühtrocknung die Temperatur höher bzw. die relative Luftfeuchte niedriger eingestellt werden müsste, da sich Wasser aus den entstehenden amorphen Molkepulvern schwerer entfernen lässt als aus den konventionell vorkristallisierten Pulvern. Um die Wirtschaftlichkeit des sich daraus ergebenden Gesamtprozesses abschätzen zu können, müsste die Übersättigungslinie der in den restlichen Salzen und Proteinen gelösten Laktose (vgl. Abb. 6.14) ermittelt werden, damit die homogene Keimbildung während einer Nachkristallisation ermöglicht werden kann.

6.4.1 Verminderung der Verbackungsneigung durch Pudern

Wie in Kapitel 6.1 beschrieben, haben sich während der Behandlung in der Wirbelschicht bei einer Mischung aus kristallinem und teilkristallinem Pulver mit V = 60:40 Agglomerate gebildet, welche nach der Lagerung in einem Exsikkator mit einer relativen Luftfeuchte von φ = 0,86 freifließend waren. Dies bedeutet, dass zumindest die äußeren Partikeln der Agglomerate stabil bzw. kristallin sind. Durch diese Gegebenheiten werden die klebrigen Eigenschaften des teilkristallinen Kerns maskiert, wodurch sich eine weitere Möglichkeit zur Verminderung der Verbackungsneigung von sprühgetrockneten Molkepulvern ergibt. Bei den Versuchen hat sich allerdings gezeigt, dass die mechanische Stabilität der gebildeten Agglomerate sehr gering ist und die Agglomerate leicht zerstört werden können. Da die Pulver in der Praxis üblicherweise in 25 kg-Säcken auf Paletten gestapelt werden, wird das so erhaltene Produkt den geforderten Ansprüchen nicht gerecht. Eine spezielle Anwendung einer solchen Verfahrensvariante wäre jedoch z.B. die Agglomeration von teilkristallinem Molkepulver mit kristallinen Kakaopartikeln für Kakaogetränkepulver. Dieses Pulver müsste allerdings in mechanisch stabilen Gebinden, z.B. Glasbehälter, abgefüllt werden.

Untersuchungen zur Verminderung der Verbackungsneigung durch Pudern wurden mit teilkristallisiertem Molkepermeatpulver (Fa. Meggle) und kristalliner Laktose (200 MESH, Fa. Meggle) durchgeführt. Hierzu wurden Mischungen mit verschiedenen Massenanteilen der beiden Pulver in Probengläser gegeben und durch Schütteln homogen vermengt. Danach wurden die Proben für eine Woche in einem Exsikkator bei einer relativen Luftfeuchte von φ = 0,86 bei Raumtemperatur eingelagert. Die Summenverteilungen Q_3 der Partikelgrößen der verwendeten Pulver sind im Anhang in Abbildung 8.72 aufgeführt. Die Versuche haben gezeigt, dass die Pulvermischungen erst ab einem Massenanteil von

40 Gew.-% an kristalliner Laktose (200 MESH) nach der Einlagerung fließend waren. Die Mischungen bis zu einem Massenanteil von 30 Gew.-% waren hingegen stark verbackt. Um den kristallinen Anteil unter 5 Gew.-% zu senken, müsste ein sehr viel feineres Pulver, im Vergleich zu der untersuchten Laktose (200 MESH) als Pudermittel verwendet werden, damit die Oberflächen der teilamorphen Partikeln mit kristalliner Laktose abgedeckt werden können.

6.4.2 Einfluss der Vorkristallisation auf die Produkteigenschaften von Molkepermeatpulver

Um den Einfluss der Kristallgrößenverteilung des Vorkristallisats auf die Produkteigenschaften von sprühgetrocknetem teilkristallinem Molkepermeatpulver bestimmen zu können, wurden von der Fa. Meggle zwei verschiedene Molkepermeatsuspensionen sprühgetrocknet. Die eine Suspension wurde vor der Sprühtrocknung auf konventionelle Art kristallisiert. Zur Erzeugung einer Suspension mit besonders feinen Laktosekristallen wurde Molkepermeat vor der Kristallisation mit gemahlener Laktose angeimpft und anschließend sprühgetrocknet. Die Abbildungen 6.17 und 6.18 zeigen REM-Aufnahmen von diesen Pulvern.

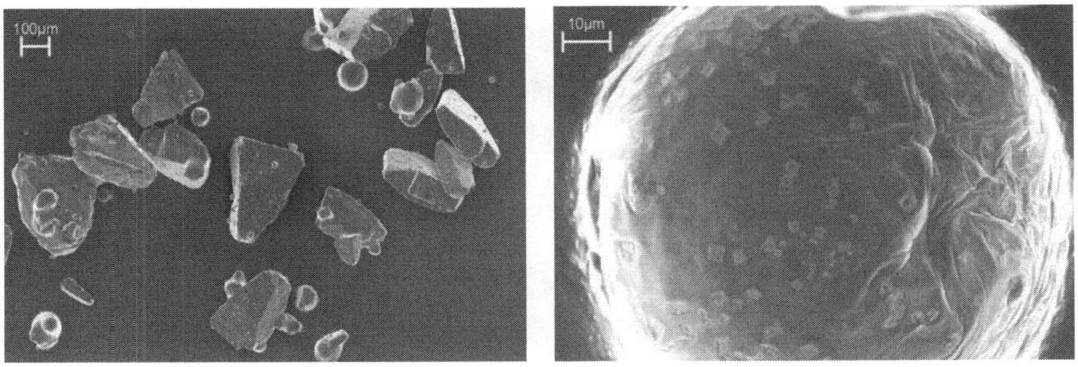

Abbildung 6.17: REM-Aufnahmen von teilkristallinem Molkepermeatpulvers ohne Impfung des Vorkristallisats.

Wie man aus den Abbildungen erkennen kann, weisen die Pulver ähnliche Partikelmorphologien auf wie die teilkristalline Molke in Kapitel 6.1. Es sind wiederum tomahawk-ähnliche Kristalle zu erkennen, welche sich als die bei der Vorkristallisation entstehenden α-Laktose-Monohydrat-Kristalle identifizieren lassen. Des Weiteren sind runde

Partikeln zu sehen, welche durch die Zerstäubung der Lösung während der Sprühtrocknung entstehen. Wie bei der teilkristallinen Molke sind kleine quaderförmige Kristalle an der Oberfläche der Molkepermeatpartikeln zu sehen. Eine Spektralanalyse dieser Kristalle ergab, dass es sich hierbei um KCl handelt. Die beiden Molkepermeatpulver, welche durch Vorkristallisation mit und ohne Animpfen hergestellt worden sind, unterscheiden sich wie erwartet in der Größe der α-Laktose-Monohydrat-Kristalle.

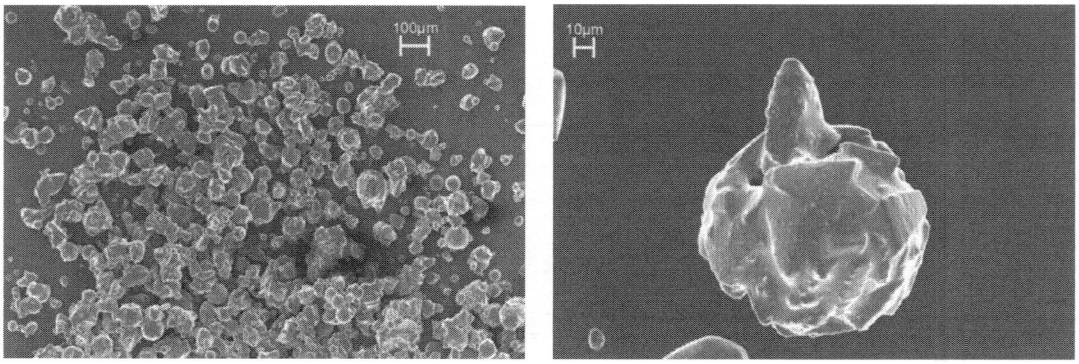

Abbildung 6.18: REM-Aufnahmen von teilkristallinem Molkepermeatpulvers mit Impfung des Vorkristallisats.

Das rechte Bild in Abbildung 6.18 zeigt ein Partikel des angeimpften Pulvers, welcher aus mehreren α-Laktose-Monohydrat-Kristallen besteht, die mit erstarrter Restlösung des Molkepermeats zusammengehalten werden. Wie man erkennen kann, sind die entstandenen α-Laktose-Monohydrat-Kristalle der angeimpften Suspension so groß bzw. der Anteil an erstarrter Restlösung so hoch, dass der amorphe Anteil sich nicht in den Kern des Partikels zurückziehen kann. Eine Maskierung der klebrigen Eigenschaften (siehe Abbildung 6.16) durch die stabilen Kristalle ist bei dem untersuchten Pulver demnach nicht möglich. Einlagerungsversuche mit diesem Pulver in einem Exsikkator bei einer relativen Luftfeuchte von $\varphi = 0,86$ und Raumtemperatur bestätigten diese Überlegungen dadurch, dass das Pulver während der Lagerung verbacken ist.

Zur Klärung des Einflusses der Kristallgrößenverteilung des Vorkristallisats auf eine Nachkristallisation werden Kristallisationsversuche mit den beiden genannten sprühgetrockneten teilkristallinen Molkepermeatpulver mit und ohne Animpfung der eingedampften Molkepermeatlösung in der in Kapitel 4 beschriebenen Apparatur durchgeführt. Die behandelten Partikeln werden im Anschluss mittels XRD-Messungen, REM-Aufnahmen und Einlagerungsversuchen bei einer hohen relativen Luftfeuchte analysiert bzw. charakterisiert. Die Abbildungen 6.19 und 6.20 zeigen die Sorptionsverläufe von vollständig amorphem und teilkristallinem Molkepermeatpulver mit und ohne Animpfung bei verschiedenen Prozessbedingungen.

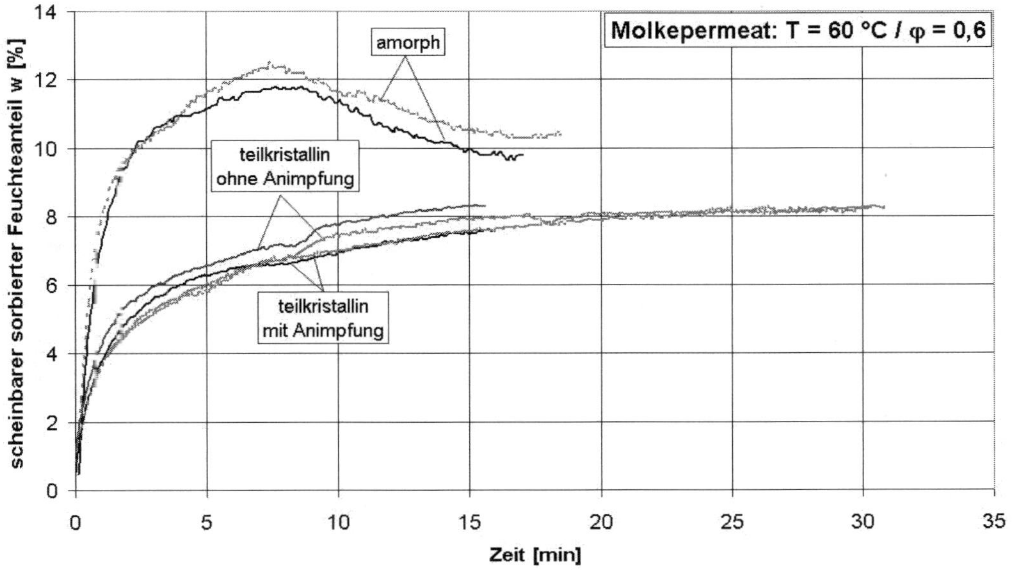

Abbildung 6.19: Sorptionsverläufe von vollständig amorphem und teilkristallinem Molkepermeatpulver mit und ohne Animpfung der eingedampften Molkepermeatlösung.

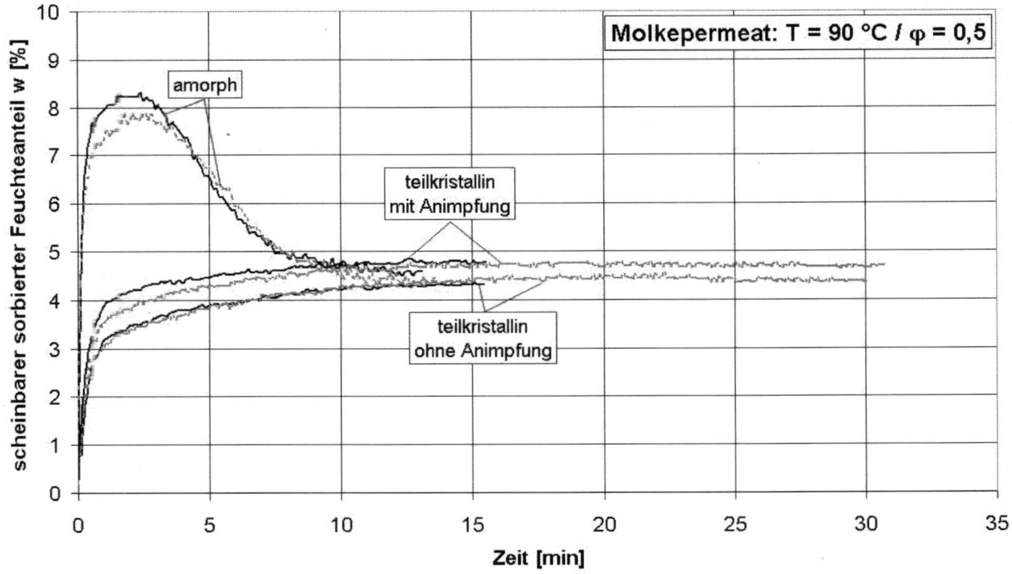

Abbildung 6.20: Sorptionsverläufe von vollständig amorphem und teilkristallinem Molkepermeatpulver mit und ohne Animpfung der eingedampften Molkepermeatlösung.

Wie man aus den Abbildungen erkennen kann, tritt bei beiden teilkristallinen Pulvern keine spontane Kristallisation auf, welche durch den Sorptionsverlauf nachvollzogen werden könnte. Demnach verhält sich teilkristallines Molkepermeatpulver wie teilkristallines Molkepulver, bei welchem die Kristallisation aufgrund der geringen Konzentration an Laktose in der erstarrten Restlösung stark verlangsamt ist. Die Abbildungen 6.21 und 6.22 zeigen die REM-Aufnahmen der für 30 Minuten bei verschiedenen Prozessbedingungen behandelten Proben.

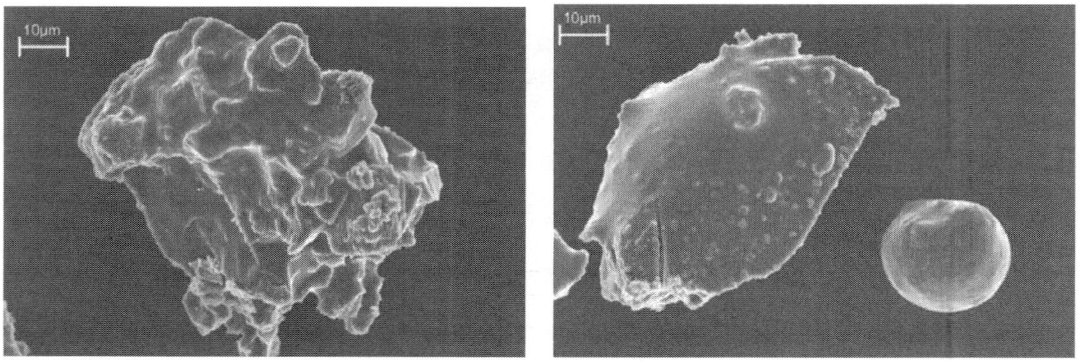

Abbildung 6.21: REM-Aufnahmen des bei T = 60 °C / φ = 0,6 (links) und T = 60 °C / φ = 0,5 (rechts) behandelten teilkristallinen Molkepermeatpulvers ohne Impfung des Vorkristallisats.

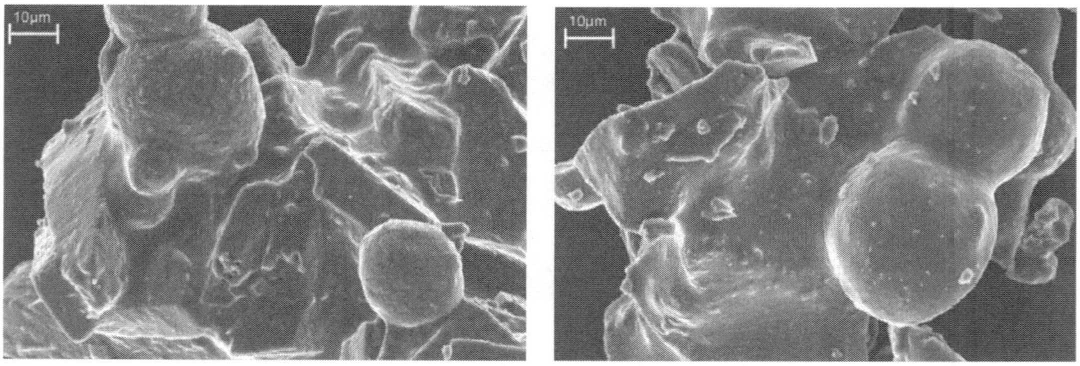

Abbildung 6.22: REM-Aufnahmen des bei T = 60 °C / φ = 0,6 (links) und T = 60 °C / φ = 0,5 (rechts) behandelten teilkristallinen Molkepermeatpulvers mit Impfung des Vorkristallisats.

Wie man aus den Abbildungen erkennen kann, haben sich auf den Oberflächen der Partikeln bei beiden Pulvern und Prozessbedingungen keine weiteren kristallinen Strukturen gebildet. Dies weist wiederum auf eine verlangsamte Kristallisation des teilkristallinen Molkepermeat-pulvers im Vergleich zu vollständig amorphem Pulver hin.

Um die Ergebnisse der REM-Aufnahmen zu bestätigen und den kristallinen Anteil der jeweiligen Proben quantifizieren zu können, wurden von den Pulvern XRD-Analysen nach der in Kapitel 5 beschriebenen Methode durchgeführt. Hierbei konnten in allen analysierten Proben keine β-Laktoseanteile nachgewiesen werden (Abbildungen 6.23 und 6.24).

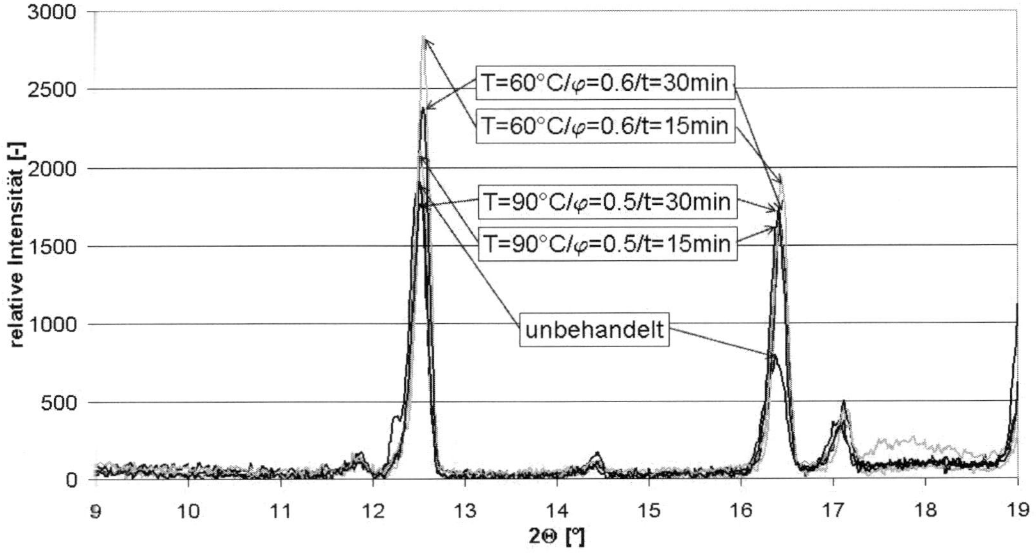

Abbildung 6.23: Röntgendiffraktogramme der ungeimpften vorkristallisierten Molkepermeatpulver, welche bei verschiedenen Temperaturen und relativen Luftfeuchten für unterschiedliche Zeiten behandelt wurden.

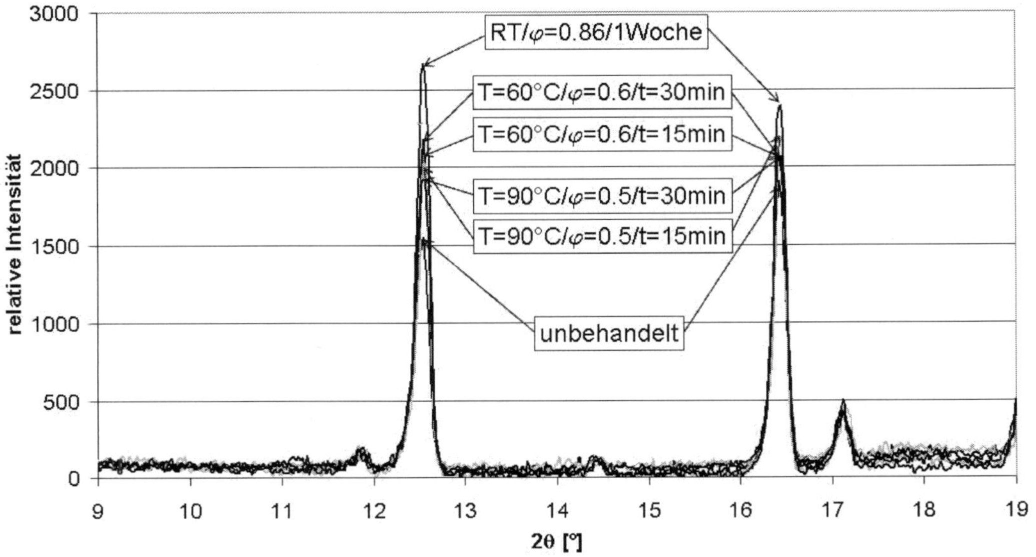

Abbildung 6.24: Röntgendiffraktogramme der geimpften vorkristallisierten Molkepermeatpulver, welche bei verschiedenen Temperaturen und relativen Luftfeuchten für unterschiedliche Zeiten behandelt wurden.

Bei den XRD-Analysen der ungeimpften Molkepermeatpulver ergaben die Messungen große Höhenschwankungen der beiden spezifischen α-Laktose-Monohydrat-Peaks in den Diffraktogrammen. Aus diesem Grund war eine reproduzierbare Quantifizierung der kristallinen Anteile der Pulver nicht möglich. Tabelle 6.3 zeigt die Massenanteile an α-Laktose-Monohydrat des angeimpften Pulvers vor und nach den Behandlungen.

Tabelle 6.3: Mittels XRD gemessene Massenanteile an α-Laktose-Monohydrat der behandelten teilkristallinen Molkepermeatpulvern mit Impfung des Vorkristallisats.

T = 60 °C / φ = 0,6			**T = 90 °C / φ = 0,5**		
Behandlungszeit t [min]			**Behandlungszeit t [min]**		
0	**15**	**30**	**0**	**15**	**30**
57 Gew.-%	72 Gew.-%	66 Gew.-%	57 Gew.-%	64 Gew.-%	67 Gew.-%

Wie man erkennen kann, steigt der Anteil an α-Laktose-Monohydrat während den Behandlungen leicht an. Dabei muss allerdings beachtet werden, dass die Quantifizierung der kristallinen Anteile mit Hilfe von XRD-Messungen Fehlerabweichungen bis zu 7 % aufweisen. Zum Vergleich wurde angeimpftes teilkristallines Molkepermeatpulver für eine Woche bei einer relativen Luftfeuchte von φ = 0,86 bei Raumtemperatur gelagert. Eine XRD-Analyse des kristallisierten Pulvers ergab einen Anteil an α-Laktose-Monohydrat von 80 Gew.-%. Betrachtet man die Umwandlungszeiten von vollständig amorphem Molkepermeat im Vergleich dazu, so sind diese für T = 60 °C und φ = 0,6 ca. t_{Ges} = 15 Min und für T = 90 °C und φ = 0,5 ca. t_{Ges} = 9 Min.

Die Untersuchungen haben somit ergeben, dass die Kristallisation der amorphen Laktose zu β-Laktose in teilkristallinem Molkepermeatpulver nicht möglich und die Kristallisation zu α-Laktose-Monohydrat verlangsamt ist. Ähnliche Ergebnisse ergaben die Untersuchungen mit teilkristallinem Molkepulver in Kapitel 6.3, bei welchem für T = 70 °C und φ = 0,6 eine verlangsamte Kristallisation zu α-Laktose-Monohydrat nachgewiesen werden konnte. Als Fazit der Untersuchungen kann man zusammenfassen, dass eine Vorkristallisation von Molke oder Molkepermeat zu Verzögerungen in der Nachkristallisation führt und eine Animpfung des Vorkristallisats auf genannte Weise die Kristallisation von teilkristallinem Molkepermeat-pulver nicht beschleunigt.

7 Schlussbetrachtung

7.1 Zusammenfassung

Um die Verbackungsneigung von sprühgetrockneten laktosehaltigen Pulvern zu vermindern, wurden in dieser Arbeit zunächst Erkenntnisse darüber angestrebt, unter welchen Prozessbedingungen amorph oder teilkristallin gewonnene Pulver in einem zeitlich begrenzten Nachbehandlungsschritt vollständig kristallisiert werden können. Um Prozessparameter für eine solche Behandlung abschätzen zu können, wurden die Induktionszeiten sowie die Aktivierungsenergien der Kristallisationen von vollständig amorphem Laktose-, Molkepermeat- und Molkepulver mittels DSC-Messungen bestimmt. Die gemessenen Induktionszeiten haben gezeigt, dass die Kristallisation bei den untersuchten Pulvern in einem technisch relevanten Zeitraum möglich ist. Die Induktionszeiten der Laktosekristallisation in Molkepermeat- und Molkepulver sind länger als die für Laktosepulver. Aufgrund der Anteile von Proteinen und Salzen bzw. der geringeren Konzentration an Laktose in Molkepermeat- und Molkepulver scheint die Kristallisation aus sterischen Gründen verzögert zu sein. Des Weiteren ergaben die Untersuchungen, dass die Aktivierungsenergien der Kristallisation von Laktose in Molkepermeat- und Molkepulver deutlich geringer sind als bei Laktosepulver. Dies bedeutet, dass eine Temperaturerhöhung in einem Prozess zur Nachkristallisation der Laktose in Molkepermeat- und Molkepulver nicht so sehr beschleunigt werden kann wie dies bei Laktosepulver möglich ist.

Für die Auslegung einer Verfahrensapparatur zur Umwandlung der amorphen Pulver wurden die benötigten Verweilzeiten (Sorptions-, Induktions- und Kristallisationszeit) für eine Umwandlung von vollständig amorphen Laktose-, Molkepermeat- und Molkepulver in Abhängigkeit von den Prozesstemperaturen und relativen Luftfeuchten bestimmt. Die kristallisierten Pulver wurden im Anschluss daran analysiert, um das Verhältnis zwischen den Anomeren α- und β-Laktose sowie die gebildeten Kristallmodifikationen bestimmen zu können. Es hat sich hierbei gezeigt, dass sich in Laktosepulver das Verhältnis zwischen α- und β-Laktose während der Kristallisation erst bei sehr hohen Temperaturen und relativen Luftfeuchten ändert. Bei den Umwandlungen haben sich β-Laktose, α-Laktose-Anhydrat sowie Mischkristallformen in den Molverhältnissen von $5\alpha/3\beta$, $3\alpha/2\beta$ und $4\alpha/1\beta$ gebildet. α-Laktose-Monohydrat entsteht nur in geringen Mengen bei der niedrigsten eingestellten Temperatur von $T = 50$ °C. Im Gegensatz hierzu kristallisiert die Laktose in Molkepermeat-

und Molkepulver bei niedrigen Temperaturen fast ausschließlich zu α-Laktose-Monohydrat und bei hohen Temperaturen fast ausschließlich zu β-Laktose. Die Mutarotation der Laktose scheint daher bei den Pulvern im Vergleich zu reiner Laktose beschleunigt zu sein. Da die Kristallisation prinzipiell langsamer ist als in Laktosepulver wird vermutet, dass mehr Wasser in das Kristallgitter als Hydrat eingebaut werden kann. Des Weiteren ergaben XRD-Analysen, dass die Laktose in Molkepermeat- und Molkepulver nicht vollständig kristallisiert. Eine mögliche Erklärung hierfür wäre eine gewisse „Löslichkeit" der Laktose in einer erstarrten Matrix, bestehend aus Proteinen, Salzen und anderen Substanzen.

Nach der Bestimmung der benötigten Verweilzeiten für eine Nachkristallisation von amorphen laktosehaltigen Pulvern und der Analyse dieser kristallisierten Proben, wurden die Möglichkeiten der Umsetzbarkeit eines praxistauglichen Verfahrens abgeschätzt. Hierzu wurden von Herrn Dr. Nijdam (Alexander-von-Humboldt-Stipendiat) die Fluidisierungsgrenzen von teilkristallinem Molkepulver in einer gerüttelten Wirbelschicht in Abhängigkeit der Prozessbedingungen bestimmt. Die Untersuchungen haben gezeigt, dass sich bei den maximal möglichen Temperaturen und relativen Luftfeuchten Laktose in vollständig amorphem Molkepulver in keinen technisch sinnvollen Zeiten umwandelt. Bei Mischungen aus gemahlenen kristallisierten Molkepartikeln und teilkristalliner Molke im Verhältnis 60:40 konnten die Prozessbedingungen so eingestellt werden, dass sich vollständig amorphe Molke innerhalb von ca. 12 Minuten umwandeln würde. Weitere Untersuchungen haben ergeben, dass die Laktose in teilkristallinem Molkepulver bei niedrigen Temperaturen verlangsamt und bei hohen Temperaturen nicht kristallisiert. Untersuchungen zum Einfluss der Vorkristallisation von sprühgetrocknetem teilkristallinem Molkepermeatpulver haben ergeben, dass eine Vergrößerung der Anzahl an Kristallisationskeimen durch Animpfen des Vorkristallisats die Produkteigenschaften der Partikeln kaum ändert. Zum einen verbackt das „angeimpfte" Pulver bei der Lagerung in einer Atmosphäre mit einer hohen relativen Luftfeuchte ebenso wie ein „nicht-angeimpftes" Pulver. Zum anderen ist die Nachkristallisation in beiden Fällen verlangsamt. Eine andere Möglichkeit zur Verminderung der Verbackungsneigung wäre die Maskierung der klebrigen Eigenschaften des Pulvers durch stabile Partikeln. Puder- bzw. Agglomerationsversuche haben gezeigt, dass für Mischungen aus teilkristallinem Molkepermeatpulver und kleinen α-Laktose-Monohydrat-Kristallen das Pulver bei hohen Luftfeuchtigkeiten erst ab einem Massenanteil von 40 Gew.-% an α-Laktose-Monohydrat freifließend bleibt und nicht verbackt.

7.2 Fazit

Eine Nachkristallisation von vollständig amorphen Molkepermeat- und Molkepulvern ist in technisch relevanten Zeiten möglich. Aufgrund der Verzögerung der Laktosekristallisation in teilkristallinem Molkepermeat- und Molkepulver ist eine Nachkristallisation dieser Pulver in einem Fließbett oder in anderen Apparaten vermutlich nicht wirtschaftlich.

Um die Verbackungsneigung von sprühgetrockneten laktosehaltigen Pulvern dennoch mittels eines praxistauglichen Verfahrens zu vermindern, könnten die klebrigen Eigenschaften der Partikeln durch stabile bzw. kristalline Partikeln maskiert werden. Solch eine Vorgehensweise wäre z.B. durch eine Agglomeration (Pudern) in einem Fließbett möglich. Hierzu müsste allerdings die Menge eines solchen stabilen Pulvers so hoch, bzw. die für das Pudern verwendeten Partikeln so klein sein, dass eine wirtschaftliche Anwendung dieser Methode fraglich erscheint.

Teilkristallines laktosehaltiges Pulver kristallisiert verlangsamt und die Erzeugung von vielen Kristallisationskeimen durch Animpfen des Vorkristallisats führt nicht zu einer Beschleunigung der Nachkristallisation. Um die Verbackungsneigung von sprühgetrockneten laktosehaltigen Pulvern zu vermindern, wird vorgeschlagen, Molkepermeat oder Molke nach der Eindampfung entweder direkt im warmen Zustand zu sprühtrocknen oder nur einen Teil der darin enthaltenen Laktose zu kristallisieren. Ziel dieser Verfahrensvariante ist es, den amorphen Anteil an Laktose im Pulver so hoch einzustellen, dass eine homogene Keimbildung während einer Nachkristallisation möglich ist. Die notwendige Verweilzeit des Pulvers für eine solche Behandlung wäre daher im Vergleich zu teilkristallinem Pulver nicht verlängert. Nachteil des Verfahrens ist allerdings, dass aufgrund der unterschiedlichen Sorptionsisothermen von amorpher und kristalliner Laktose die Trocknungstemperatur in einem Sprühtrockner höher bzw. die relative Luftfeuchte niedriger eingestellt werden müssen.

Damit bei einer Nachbehandlung die bei Raumtemperatur stabilste Kristallmodifikation der Laktose erzeugt wird, nämlich α-Laktose-Monohydrat, sollten Prozesstemperaturen von T = 50 – 60 °C und eine möglichst hohe relative Luftfeuchte eingestellt werden. Da sich die Fluidisierungseigenschaften der Partikeln durch den geforderten höheren amorphen Anteil verschlechtern und eine sehr hohe relative Luftfeuchte benötigt wird, scheint die Umsetzung eines solchen Prozesses mit Hilfe eines Fließbetts nicht möglich. Für eine Nachkristallisation wird daher ein Förderband als Apparatur vorgeschlagen, welches von warmer und feuchter Luft umströmt wird. Da die Partikeln während der Umwandlung verkleben, müsste die verbackene Pulverschicht am Ende des Förderbandes abgenommen und mit Hilfe einer Mühle zerkleinert werden.

7.3 Ausblick

Die in der vorliegenden Arbeit gewonnenen Erkenntnisse liefern Ansatzpunkte für die Entwicklung eines großtechnischen Verfahrens zur Verminderung der Verbackungsneigung von sprühgetrockneten laktosehaltigen Pulvern. Es wurden Möglichkeiten aufgezeigt, wie man die Eigenschaften von klebrigen Partikeln, z.B. durch Pudern, maskieren kann. Da aus Sicht des Autors diese Agglomerate eine nur unzureichende mechanische Stabilität besitzen, zielen die Vorschläge für weitere Untersuchungen auf die vollständige Nachkristallisation der Laktose ab. Laktose in teilkristallinem Molkepermeat- und Molkepulver kristallisiert jedoch sehr viel langsamer als in vollständig amorphem Pulver und eine homogene Keimbildung ist während einer Nachbehandlung nicht möglich. Aus diesem Grund ist ein besseres Verständnis der „Löslichkeit" der Laktose in einer erstarrten Matrix, bestehend aus Proteinen, Salzen und anderen Substanzen notwendig. Hierbei ist insbesondere die Kenntnis der Sättigungs- bzw. Übersättigungslinie im Phasendiagramm von Interesse. Würde man die minimale Konzentration an Laktose in einer amorphen Matrix kennen, bei der eine homogene Keimbildung möglich ist, so könnte man die Mehrkosten für die energieintensivere Sprühtrocknung der übersättigten Lösung abschätzen. Der Prozess könnte somit hinsichtlich Gewinnschöpfung optimiert werden.

8 Anhang

8.1 Literaturverzeichnis

[Adhikari u.a. 2003]

Adhikari, B.; Howes, T.; Bhandari, B.R.; Troung, V.:
Surface Stickiness of Drops of Carbohydrate and Organic Acid Solutions during Convective Drying: Experiments and Modeling.
Drying Technology, Vol. 21, No. 5, pp. 839 – 873 (2003)

[Aguilar/Ziegler 1994a]

Aguilar, C.A.; Ziegler, G.R.: Physical and microscopic characterization of dry whole milk with altered Lactose content. 1. Effect of Lactose concentration.
Journal of Dairy Science, Vol. 77, pp. 1189 – 1197 (1994)

[Aguilar/Ziegler 1994b]

Aguilar, C.A.; Ziegler, G.R.: Physical and microscopic characterization of dry whole milk with altered Lactose content. 2. Effect of Lactose crystallization.
Journal of Dairy Science, Vol. 77, pp. 1198 – 1204 (1994)

[Aguilera u.a. 1993]

Aguilera, J.M.; Levi, G.; Karel, M.: Effect of water content on the glass transition and caking of fish protein hydrolyzates.
Biotechnol. Prog., Vol. 9, pp. 651 – 654 (1993)

[Aguilera u.a. 1995]

Aguilera, J.M.; Del Valle, J.M.; Karel, M.:
Caking phenomena in amorphous food powders.
Trends in Food Science & Technology, Vol. 6, pp. 149 – 154 (1995)

[Ambarkhane u.a. 2005]

Ambarkhane, A.V.; Pincott, K.; Buckton, G.: The use of inverse gas chromatography and gravimetric vapour sorption to study transitions in amorphous lactose.
International Journal of Pharmaceutics, Vol. 294, pp. 129 – 135 (2005)

[Andersen u.a. 2001]

Andersen, A.B.; Hansen, E.; Jorgensen, U.; Skibsted, L.H.:
Glass transition in frozen fresh cheese.
Milchwissenschaft, Vol. 56, No. 8, pp. 441 – 443 (2001)

[Anderson 1946]

Anderson, R.B.:
J. Am. Chem. Soc., Vol. 68, pp. 686 (1946)

[Anderson/Hall 1948]

Anderson, R.B.; Hall, K.W.:
J. Am. Chem. Soc., Vol. 70, pp. 1727 (1948)

[Anker u.a. 1999]

Anker, M.; Stading, M.; Hermansson, A.-M.:
Effects of pH and the gel state on the mechanical properties, moisture contents, and glass transition temperature of whey protein films.
Journal of Agricultural and Food Chemistry, Vol. 47, pp. 1878 – 1886 (1999)

[Arlabosse u.a. 2003]

Arlabosse, P.; Rodier, E.; Ferrasse, J.H.; Chavez, S.; Lecomte, D.:
Comparison between static and dynamic methods for sorption isotherm measurements.
Drying Technology, Vol. 21, No. 3, pp. 479 – 497 (2003)

[Arvanitoyannis/Blanshard 1994]

Arvabitoyannis, I.; Blanshard, J.M.V.:
Rates of crystallization of dried Lactose-Sucrose mixtures.
Journal of Food Science, Vol. 59, No. 1, pp. 197 – 205 (1994)

[Avrami 1939]

Avrami, M.: Kinetics of phase change. I
Journal of Chemical Physics, Vol. 7, pp. 1103 – 1112 (1939)

[Avrami 1940]

Avrami, M.: Kinetics of phase change. II
Journal of Chemical Physics, Vol. 8, pp. 212 – 224 (1940)

[Avrami 1941]

Avrami, M.: Kinetics of phase change. III

Journal of Chemical Physics, Vol. 9, pp. 177 – 184 (1941)

[Barham/Hodnett 2005]

Barham, A.S.; Hodnett, B.K.:

In situ X-ray diffraction study of the crystallization of spray-dried Lactose.

Crystal Growth & Design, Vol. 5, No. 5, pp. 1965 – 1970 (2005)

[Briggner u.a. 1994]

Briggner, L.-E.; Buckton, G.; Bystrom, K.; Darcy, P.:

The use of isothermal microcalorimetry in the study of changes in crystallinity induced during the processing of powders.

International Journal of Pharmaceutics, Vol. 105, pp. 125 – 135 (1994)

[Bronlund/Paterson 2004],

Bronlund, J.; Paterson, T.: Moisture sorption isotherms for crystalline, amorphous and predominantly crystalline lactose powders.

International Dairy Journal, Vol. 14, pp. 247 – 254 (2004)

[Brunauer u.a. 1938]

Brunauer, S.; Emmett, P.H., Teller, E.:

Adsorption of gases in multimolecular layers.

Journal of the American Chemical Society, Vol. 60, pp. 309 – 319 (1938)

[Buckton/Darcy 1996]

Buckton, G.; Darcy, P.:

Water mobility in amorphous lactose below and close to the glass transition temperature.

International Journal of Pharmaceutics, Vol. 136, pp. 141 – 146 (1996)

[Buma/Wiegers 1967]

Buma, T.J.; Wiegers, G.A.:

X-ray powder patterns of lactose and unit cell dimensions of β-Lactose.

Neth. Milk Dairy J., Vol. 51, pp. 208 (1967)

[Burin u.a. 2000]

Burin, L.; Jouppila, K.; Roos, Y.; Kansikas, J.; Del Pilar Buera, M.: Color formation in dehydrated modified Whey powder systems as affected by compression and T_g.
Jour. Agricultural and Food Chemistry, Vol. 48, No. 11, pp. 5263 – 5268 (2000)

[Burin u.a. 2004]

Burin, L.; Jouppila, K.; Roos, Y.; Kansikas, J.; Del Pilar Buera, M.:
Retention of β-galactosidase activity as related to Maillard reaction, lactose crystallization, collapse and glass transition in low moisture whey systems.
International Dairy Journal, Vol. 14, pp. 517 – 525 (2004)

[Bushill u.a. 1962]

Bushill, J.H.; Wright, W.B.; Fuller, C.H.F.; Bell, A.V.: The Crystallization of Lactose with particular reference ti its occurrence in Milk Powder.
First Congr. Food science technology, pp. 237 - 245 (1962)

[Caric 1994]

Caric, M.: Concentrated and dried dairy products.
Trends in Food Science and Technology, Vol. 5, No. 7, p. 240 (1994)

[Celedón/Aguilera 2002]

Celedón, A.; Aguilera, J.M.:
Applications of microprobe Raman spectroscoy in food science.
Food Science and Technology International, Vol. 8, No. 2, pp. 101 – 108 (2002)

[Champion u.a. 1997]

Champion, D.; Hervet, H.; Blond, G.; Le Meste, M.; Simatos, D.: Translational Diffusion in Sucrose solutions in the vicinity of their glass transition temperature.
Journal of Physical Chemistry B, Vol. 101, pp. 10674 – 10679 (1997)

[Champion u.a. 2000]

Champion, D.; Le Meste, M.; Simatos, D.:
Towards an improved understanding of glass transition and relaxations in foods:
Molecular mobility in the glass transition range.
Trends in Food Science & Technology, Vol. 11, pp. 41 – 55 (2000)

[Chan u.a. 1995]

Chan, T.V.; Shyu, G.D.; Isayev, A.I.:

Master Curve Approach to Polymer Crystallization Kinetics.

Polymer Engineering and Science, Vol. 35, No. 9, pp. 733 – 740 (1995)

[De Boer 1953]

De Boer, J.H.: The dynamic character of adsorption.

2nd Edition, Clarendon Press, Oxford (1953)

[De Bruijn u.a. 1981]

De Bruijn, T.J.W.; De Jong, W.A.; Van Den Berg, P.J.: Kinetic parameters in Avrami-Erofeev type reactions from isothermal and non-isothermal experiments.

Thermochimica Acta, Vol. 45, pp. 315 – 325 (1981)

[Dey u.a. 2000]

Dey, F.K.; Cleaver, J.A.S.; Zhdan, P.A.:

Atomic force microscopy study of adsorbed moisture on lactose particles.

Advanced Powder Technol., Vol. 11, No. 4, pp. 401 – 413 (2000)

[Dilworth u.a. 2004]

Dilworth, S.E.; Buckton, G.; Gaisford, S.; Ramos, R.:

Approaches to determine the enthalpy of crystallisation, and amorphous content, of Lactose from isothermal calorimetric data.

International Journal of Pharmaceutics, Vol. 284, pp. 83 – 94 (2004)

[Downton u.a. 1982]

Downton, G.E.; Flores-Luna, J.L.; King, J.:

Mechanism of stickiness in hygroscopic, amorphous powders.

Ind. Eng. Chem. Fundam., Vol. 21, pp. 447 – 451 (1982)

[Drapier-Beche u.a. 1997]

Drapier-Beche, N.; Fanni, J.; Parmentier, M.; Vilasi, M.:

Evaluation of Lactose crystalline forms by nondestructive analysis.

Journal of Dairy Science, Vol. 80, pp. 457 – 463 (1997)

[Drapier-Beche u.a. 1998]

Drapier-Beche, N.; Fanni, J.; Parmentier, M.:
Kinetics of the synthesis of Lactose molecular compounds.
Journal of Dairy Science, Vol. 81, pp. 2826 – 2832 (1998)

[Drapier-Beche u.a. 1999]

Drapier-Beche, N.; Fanni, J.; Parmenter, M.:
Physical and Chemical Properties of Molecular Compounds of Lactose.
Journal of Dairy Science, Vol. 82, pp. 2558 – 2563 (1999)

[Earl/Parrish 1983]

Earl, W.L.; Parrish, F.W.: A Cross-Polarization-Magic-Angle sample spinning N.M.R. study of several crystal forms of lactose.
Carbohydrate Research, Vol. 115, pp. 23 – 32 (1983)

[Elamin u.a. 1995]

Elamin, A.A.; Sebhatu, T.; Ahlneck, C.: The use of amorphous model substances to study mechanically activated materials in the solid state.
International Journal of Pharmaceutics, Vol. 119, pp. 25 – 36 (1995)

[Fernandez u.a. 2003]

Fernandez, E.; Schebor, C.; Chirife, J.:
Glass transition temperature of regular and lactose hydrolyzed milk powders.
Lebensm.-Wiss. U. Technol., Vol. 36, pp. 547 – 551 (2003)

[Fix/Steffens 2004]

Fix, I.; Steffens, K.-J.: Quantifying low amorphous or crystalline amounts of Alpha-Lactose-Monohydrate using X-Ray Powder Diffraction, Near-Infrared Spectroscopy, and Differential Scanning Calorimetry.
Drug Development and Industrial Phamacy, Vol. 30, No. 5, pp. 513 – 523 (2004)

[Fries u.a. 1971]

Fries, D.C.; Rao, S.T.: Sundaralingam, M.: Structural chemistry of Carbohydrates. III. Crystal and molecular structure of 4-O-β-D-Galactopyranosyl-α-D-glucopyranose Monohydrate (α-Lactose Monohydrate).
Acta Cryst., B27, pp. 994 (1971)

[Fulcher 1925]

Fulcher, G.S.:
J. Am. Ceram. Soc., Vol 8, pp. 789 (1925)

[Gehrich/Cammenga 2002]

Gehrich, K.; Cammenga,, H.: Eine Frage der Menge.
Süsswaren, Vol. 12, pp. 14 – 17 (2002)

[Gombás u.a. 2002]

Gombás, A.; Szabó-Révész, P.; Kata, M.; Regdon, G.; Eros, I.:
Quantitative determination of crystallinity of α-Lactose Monohydrate by DSC.
Journal of Thermal Analysis and Calorimetry, Vol. 68, pp. 503 – 510 (2002)

[Gordon/Taylor 1952]

Gordon, M.; Taylor, J.S.:
Ideal copolymers and the second-order transitions of synthetic rubbers.
J. Appl. Chem., Vol. 2, pp. 493 – 500 (1952)

[Guggenheim 1966]

Guggenheim, R.A.: Application of statistical mechanics.
Clarendon Press, Oxford (1966)

[Haase/Nickerson 1966]

Haase, G.; Nickerson, T.A.:
Kinetic Reactions of Alpha and Beta Lactose. I. Mutarotation.
Journal of Dairy Science, Vol. 49, pp. 127 132 (1966)

[Haque/Roos 2004]

Haque, M.K.; Roos, Y.H.: Water plasticization and crystallization of Lactose in spray-dried Lactose/Protein Mixtures.
J. Food Sci., Vol. 69, No. 1, pp. 23 – 29 (2004)

[Haque/Roos 2005]

Haque, Md.K.; Roos, Y.H.: Crystallization and X-ray diffraction of spray-dried and freeze-dried amorphous Lactose.
Carbohydrate Research, Vol. 340, pp. 293 – 301 (2005)

[Henderson 1979]

Henderson, D. W.: Experimental analysis of non-isothermal transformation involving nucleation and growth.
Journal of Thermal Analysis, Vol. 15, pp. 325 – 331 (1979)

[Hill u.a. 1998]

Hill, V.L.; Craig, D.Q.M.; Feely, L.C.: Characterisation of spray-dried lactose using modulated differential scanning calorimetry.
International Journal of Pharmaceutics, Vol. 161, pp. 95 – 107 (1998)

[Hockett/Hudson 1931]

Hockett, R.C.; Hudson, C.S.: A novel modification of Lactose.
J. Am. Chem. Soc., Vol. 53, pp. 4455-4456 (1931)

[Hoffman u.a. 1976]

Hoffman, J.D.; Davis, G.T.; Lauritzen, J.I.:
The rate of crystallization of linear polymers with chain folding.
N.B. Hannay (Ed.), Treatise on Solid State Chemistry, Vol. 3, Chap. 7, Plenum Press, New York, (1976)

[Hoffmann u.a. 1985]

Hoffmann, H.; Mauch, W.; Untze, W.: Zucker und Zuckerwaren.
Paul Parcy-Verlag, Berlin (1985)

[Hogan/Buckton 2001]

Hogan, S.E.; Buckton, G.: The application of Near Infrared Spectroscopy and Dynamic Vapor Sorption to quantify low amorphous contents of crystalline Lactose.
Pharmaceutical Research, Vol. 18, No. 1, pp. 112 – 116 (2001)

[Holsinger 1988]

Holsinger, V.H.: Lactose.
Fundamentals of Dairy Chemistry, 3rd Ed., VanNostrand Reinhold, ew York (1988)

[Holsinger 1997]

Holsinger, V.H.: Physical and Chemical Properties of Lactose.
Advanced Dairy Chemistry Volume 3, Chapman & Hall, London (1997)

[Horton 2002]

Horton, B.S.: Developments in whey processing and utilization.
Bulletin of the International Dairy Federation Bruxelles, Vol. 374, pp. 66 – 69 (2002)

[Hynd 1980]

Hynd, J.: Drying of whey.
Journal of the Society of Dairy Technology, Vol. 33, No. 2, pp. 52 – 54 (1980)

[Ibach/Kind 2006]

Ibach, A.; Kind, M.: Gezielte Kristallisation von amorphem Zucker am Beispiel von laktosehaltigen Pulvern.
Chem. Ing. Tech., Vol. 79 (9), 1236 (2006)

[Iglesias/Chirife 1982]

Iglesias, H.A.; Chirife, J.:
Handbook of food isotherms: Water sorption parameters for food and food components.
Academic Press, New York (1982)

[Johnson/Mehl 1939]

Johnson, W.A.; Mehl, R.F.: Reaction kinetics in progress of nucleation and growth.
Transactions of the American Institute of Mining and Metallurgical Engineers, Vol. 135, pp. 416 – 442 (1939)

[Jones u.a. 1998]

Jones, A.D.; Tier, C.M.; Wilkins, J.P.G.:

Analysis of the Maillard reaction products of β-Lactoglobulin and Lactose in skimmed milk powder by capillary electrophoresis and electrospray mass spectrometry.

Journal of Chromatography A, Vol. 822, pp. 147 – 154 (1998)

[Jouppila u.a. 1997]

Jouppila, K.; Kansikas, J.; Roos, Y.H.:

Glass Transition, Water Plasticization, and Lactose Crystallization in Skim Milk Powder.

Journal of Dairy Science, Vol. 80, pp. 3152 – 3160 (1997)

[Jouppila u.a. 1998]

Jouppila, K.; Kansikas, J.; Roos, Y.: Crystallization and X-ray Diffraction of crystals formed in water-plasticized amorphous Lactose.

Biotechnol. Prog., Vol. 14, pp. 347 – 350 (1998)

[Jouppila/Roos 1994]

Jouppila, K.; Roos, Y.H.:

Water Sorption and Time-Dependent Phenomena of Milk Powders.

Journal of Dairy Science, Vol. 77, pp. 1798 – 1808 (1994)

[Jouppila/Roos 1994]

Jouppila, K.; Roos, Y.H.: Glass Transitions and Crystallization in Milk Powders.

Journal of Dairy Science, Vol. 77, pp. 2907 – 2915 (1994)

[Karel 1975]

Karel, M.: Water activity and food preservation. In Principles of Food Science. Part II. (Ed.) Karel, M., Fenneman, O.R., and Lund, D.B., pp. 237. Marcel Decker, New York (1975)

[Kasapis u.a. 2003]

Kasapis, S.; Al-Marhoobi, I.M.; Mitchell, J.R.: Testing the validity of comparisons between the rheological and the calorimetric glass transition temperatures.

Carbohydrate Research, Vol. 338, pp. 787 – 794 (2003)

[Katainen u.a. 2005]

Katainen, E.; Niemelä, P.; Harjunen, P.; Suhonen, J.; Järvinen, K.: Evaluation of the amorphous content of Lactose by solution calorimetry and Raman spectroscopy. Talanta, Vol. 68, pp. 1 – 5 (2005)

[Kedward u.a. 2000a]

Kedward, C.J.; Macnaughtan, W.; Mitchell, J.R.:
Crystallization kinetics of amorphous Lactose as a function of moisture content using isothermal differential scanning calorimetry.
Food Engineering and Physical Properties, Vol. 65, No. 2, pp. 324 – 328 (2000)

[Kedward u.a. 2000b]

Kedward, C.J.; Macnaughtan, W.; Mitchell, J.R.: Isothermal and non-isothermal crystallization in amorphous sucrose and lactose at low moisture contents.
Carbohydrate Research, Vol. 329, pp. 423 – 430 (2000)

[Kenny u.a. 1993]

Kenny, J.M.; Maffezzoli, A.; Nicolais, L.:
A new kinetic model for polymer crystallization derived by calorimetric analysis.
Thermochimica Acta, Vol. 227, pp. 83 – 95 (1993)

[Kessler 1988]

Kessler, H.G.: Lebensmittel- und Bioverfahrenstechnik – Molkereitechnologie
Verlag A. Kessler, Freising (1988)

[Kessler 1996]

Kessler, H.G.: Lebensmittel- und Bioverfahrenstechnik – Molkereitechnologie
Technische Universität München – Weihenstephan (1996)

[Kirchmeier 1987]

Kirchmeier, O.: Phasenumwandlungen in der Technologie der Milch.
Volkswirtschaftlicher Verlag, München (1987)

[Kissinger 1957]

Kissinger, H.E.: Reaction kinetics in differential thermal analysis.
Analytical Chemistry, Vol. 29, No. 11, pp. 1702 – 1706 (1957)

[Knudsen u.a. 2002]

Knudsen, J.C.; Antanuse, H.S.; Risbo, J.; Skibsted, L.H.:
Induction time and kinetics of crystallization of amorphous lactose, infant formula and whole milk powder as studied by isothermal differential scanning calorimetry.
Milchwissenschaft, Vol. 57, pp. 543 – 546 (2002)

[Kudra 2003]

Kudra, T.: Sticky region in drying – definition and indentification.
Drying Technology, Vol. 21, No. 8, pp. 1457 – 1469 (2003)

[Labuza/Braisier 1992]

Labuza, T.P.; Baisier, W.M.: The kinetics of nonenzymatic browning.
In: Physical Chemistry of foods, New York, Marcel Dekker, pp 595 – 649 (1992)

[Lauritzen/Hoffman 1973]

Lauritzen, J.I.; Hoffman, J.D.:
Extension of theory of growth of chain-folded polymer crystals to large undercooling.
J. Appl. Phys., Vol. 44, pp. 4340 – 4352 (1973)

[Lednický/Muchová 1995]

Lednický, F.; Muchová, M.:
Quantitative evaluation of early-stage growth kinetics of heterogeneously nucleated spherulites: Has the nucleation induction time a nonzero value?
J. Macromol. Sci.-Phys., B34, pp. 75 – 85 (1995)

[Levoguer/Booth 2002]

Levoguer, C.L.; Booth, J.: Collapsing of amorphous lactose studied by DVS.
Application Notes 3 and 10, Porotec, 65719 Hofheim.

[Lievonen/Roos 2002]

Lievonen, S.M.; Roos, Y.H.:
Nonenzymatic browning in amorphous food models: Effects of glass transition and water.
Journal of Food Science, Vol. 67, No. 6, pp. 2100 – 2106 (2002)

[Lim/Nickerson 1973]

Lim, S.G;. Nickerson, T.A.: Effect of methanol on the various forms of Lactose. Journal of Dairy Science, Vol. 56, pp. 843 (1973)

[Lin u.a. 2004]

Lin, S.X.Q.; Chen, X.D.; Pearce, D.L.: Desorption isotherm of milk powders at elevated temperatures and over a wide range of relative humidity. Journal of Food Engineering, Vol. 68, pp. 257 – 264 (2005)

[Lloyd u.a. 1996]

Lloyd, R.J.; Chen, X.D.; Hargreaves, J.B.: Glass transition and caking of spray-dried lactose. International Journal of Food Science and Technology, Vol. 31, pp. 305 – 311 (1996)

[Maffezzoli u.a. 1995]

Maffezzoli, A.; Kenny, J.M.; Torre, L.: On the physical dimensions of the Avrami constant. Thermochimica Acta, Vol. 269/270, pp. 185 – 190 (1995)

[Maffezzoli, u.a. 1993]

Maffezzoli,A.; Kenny, J.M.; Nicolais, L.: A macrokinetic approach to crystallization modelling of semicrystalline thermoplastic matrices for advanced composites. Journal of Materials Science, Vol. 28, pp. 4994 – 5001 (1993)

[Mahlin u.a. 2004]

Mahlin, D.; Berggren, J.; Alderborn, G.; Engström, S.: Moisture-Induced surface crystallization of spray-dried amorphous Lactose particles studied by atomic force microscopy. Journal of Pharmaceutical Sciences, Vol. 93, No. 1, pp. 29 – 37 (2004)

[Mazzobre u.a. 2003]

Mazzobre, M.F.; Aguilera, J.M.; Buera, M.P.: Microscopy and calorimetry as complementary techniques to analyze sugar crystallization from amorphous systems. Carbohydrate Research, Vol. 338, pp. 541 – 548 (2003)

[Miao/Roos 2005]

Miao, S.; Roos, Y.H.: Crystallization kinetics and X-ray diffraction of crystals formed in amorphous Lactose, Trehalose, and Lactose/Trehalose Mixtures.
Journal of Food Science, Vol. 70, No. 5, pp. 350 – 358 (2005)

[Morrissey 1985]

Morissey, P.A.: Lactose: Chemical and Physiochemical Properties. Developments in Dairy Chemistry – 3, Elsevier Applied Science Publishers, London (1985)

[Muchová/Lednický 1995]

Muchová, M.; Lednický, F.: Induction time as a measure for heterogeneously spherulite nucleation: Quantitative evaluation of early-stage growth kinetics.
J. Macromol. Sci.-Phys., B34, pp.55 – 73 (1995)

[Muir, 2002]

Muir, D.D.: Lactose: Properties, Production, Applications.
Encyclopedia of Dairy Sciences, Academic Press, Amsterdam (2002)

[Murphy u.a. 2005]

Murphy, B.M.; Prescott, S.W.; Larson, I.:
Measurement of Lactose crystallinity using Raman spectroscopy.
Journal of Pharmaceutical and Biomedical Analysis, Vol. 38, pp. 186 – 190 (2005)

[Murray/White 1955]

Murray, P.; White, J.:
J. Trans. Brit. Ceram. Soc., Vol. 54, pp. 151 – 187 (1955)

[Nayak u.a. 1998]

Nayak, S.K.; Jena, P.; Ball, K.D.; Berry, R.S.:
Dynamics and instabilities near the glass transition : From clusters to crystals.
J. Chem. Phys., Vol. 108, pp. 234 – 239 (1998)

[Nickerson 1974]

Nickerson, T.A.: Lactose Occurrence.
Fundamentals of Dairy Chemistry, pp. 273 – 324, The Avi Publishing Company, Inc., Westport (1974)

[Nickerson/Lim 1974]

Nickerson, T.A.; Lim, S.G.: Effect of various alcohols on Lactose.

Journal of Dairy Science, Vol. 57, pp. 1320 (1974)

[Nickerson/Moore 1974]

Nickerson, T.A.; Moore, E.E.: Factors influencing lactose crystallization.

Journal of Dairy Science, Vol. 37, pp. 1315 – 1319 (1974)

[Norgaard u.a. 2005]

Norgaard, L.; Hahn, M.T.; Knudsen, L.B.; Farhat, I.A.; Engelsen, S.B.:

Multivariate near-infrared and Raman spectroscopic quantifications of the crystallinity of Lactose in whey permeate powder.

International Dairy Journal, Vol. 15, pp. 1261 – 1270 (2005)

[Norm DIN 1952]

Durchflussmessung mit Blenden, Düsen, und Venturirohren in voll durchströmten Rohren mit Kreisquerschnitt. Ausg. Juli 1982, Berlin, Beuth-Verlag (1982)

[Ohtake u.a. 2004]

Ohtake, S.; Schebor, C.; Palecek, S.P.; De Pablo, J.J.:

Effect of pH, counter ion, and Phosphate concentration on the glass transition temperature of freeze-dried Sugar-Phosphate mixtures.

Pharmaceutical Research, Vol. 21, No. 9, pp. 1615 – 1621 (2004)

[Olano 1978]

Olano, A.:

Treatment of forms of lactose with dilute alcoholic solutions of sodium hydroxide.

Journal of Dairy Science, Vol. 61, pp. 1622 – 1623 (1978)

[Olano u.a. 1977]

Olano, A.; Bernhard, R.A.; Nickerson, T.A.:

Alteration in the ratio of α to β-Lactose co-crystallized from organic solvents.

Journal of Food Science, Vol. 42, pp. 1066 – 1068 (1977)

[Olano u.a. 1983]

Olano, A.; Corzo, N.; Martinez-Castro, I.: Studies on β-Lactose crystallization.
Milchwissenschaft, Vol. 38, pp. 471-474 (1983)

[Olano/Rios 1978]

Olano, A.; Rios, J.J.: Treatment of Lactose with alkaline methanolic solutions:
Production β-Lactose from α-Lactose hydrate.
Journal of Dairy Science, Vol. 61, pp. 300 - 302 (1978)

[Ollett/Parker 1990]

Ollett, A.-L.; Parker, R.:
The viscosity of supercooled fructose and its glass transition temperature.
Journal of Texture Studies, Vol. 21, pp. 355 – 362 (1990)

[Özkan u.a. 2002]

Özkan, N.; Walisinghe, N.; Chen, X.D.: Characterization of stickiness and cake formation in whole and skim milk powders.
Journal of Food Engineering, Vol. 55, pp. 293 – 303 (2002)

[Ozmen/Langrish 2002]

Ozmen, L.; Langrish, T.A.G.: Comparison of Glass Transition Temperature and Sticky Point Temperature for Skim Milk Powder.
Drying Technology, Vol. 20, No. 6, pp. 1177 – 1192 (2002)

[Ozmen/Langrish 2003a]

Ozmen, L. and Langrish, T.A.G.: An experimental investigation of the wall deposition of Milk Powder in a Pilot-Scale Spray Dryer.
Drying Technology, Vol. 21, No. 7, pp. 1253 – 1272 (2003)

[Ozmen/Langrish 2003b]

Ozmen, L. and Langrish, T.A.G.:
A study of the limitations to Spray Dryer Outlet Performance.
Drying Technology, Vol. 21, No. 5, pp. 895 – 917 (2003)

[Pallansch 1972]

Pallansch, M.J.: New methods for drying acid whey.
Proceedings of Whey Products Conference, Pub. No. 3779 (1972)

[Palzer/Zürcher 2004]

Palzer, S.; Zürcher, U.: Kinetik unerwünschter Agglomerationsprozesse bei der Lagerung und Verarbeitung amorpher Lebensmittelpulver.
Chemie Ingenieur Technik, Vol. 76, No. 10, pp. 1594 – 1599 (2004)

[Parrish u.a. 1979]

Parrish, F.W.; Ross, K.D.; Simpson, T.D.:
Formation of α- and β-Lactose octaacetates, and from α-Lactose monohydrate.
Carbohydrate Research, Vol. 71, pp. 322 – 326 (1979)

[Parrish/Brown 1982]

Parrish, W.; Brown, M.L.:
Solid state transformations of α-Lactose monohydrate in alcoholic media.
Journal of Dairy Science, Vol. 65, pp. 1688 – 1691 (1982)

[Patel/Nickerson 1970]

Patel, K.N.; Nickerson, T.A.:
Influence of Sucrose on the Mutarotation Velocity of Lactose.
Journal of Dairy Science, Vol. 53, No. 12, pp. 1654 – 1658 (1970)

[Peleg 1992]

Peleg, M.: On the use of the WLF Model in polymers and foods.
Critical Reviews in Food Science and Nutrition, Vol. 32, pp. 59 – 66 (1992)

[Platteau u.a. 2005]

Platteau, C.; Lefebvre, J.; Affouard, F.; Willart, J.-F.; Mallet, F.: Structure determination of the stable anhydrous phase of α-Lactose from X-ray powder diffraction.
Acta Crystallographica, B61, pp. 185 – 191 (2005)

[Plock 1994]

Plock, J.: Zum Einfluss von Lactose auf die Denaturierung von Molkenproteinen in Molkenkonzentrat und auf die Ausbildung thermisch induzierter Gelstrukturen. Fortschritt-Berichte VDI, Reihe14, Nr. 69, VDI Verlag (1994)

[Pothmann 1997]

Pothmann, E.: Heißdampftrocknung lösungsmittelhaltiger Güter: Trocknung alkoholhaltiger, kapillarporöser Einzelkörper mit überhitztem Wasserdampf. Forschungsberichte VDI, Reihe 3, Nr. 529 (1997)

[Price/Young 2004]

Price, R.; Young, P.M.:
Visualization of the crystallization of Lactose from amorphous state.
Journal of Pharmaceutical Sciences, Vol. 93, No. 1, pp. 155 – 164 (2004)

[Rennie u.a 1999]

Rennie, P.R.; Chen, X.D.; Hargreaves, C. ; Mackereth, A.R.:
A study of the cohesion of dairy powders.
Journal of Food Engineering, Vol. 39, pp. 277 – 284 (1999)

[Roetman 1975]

Roetman, K.:
Neth. Milk Dairy J., Vol. 29, pp. 225 – 327 (1975)

[Roos 1993]

Roos, Y.: Melting and glass transitions of low molecular weight carbohydrates.
Carbohydrate Research, Vol. 238, pp. 39 – 48 (1993)

[Roos 1995]

Roos, Y.H.: Phase Transitions in Foods.
Academic Press, Inc., San Diego (1995)

[Roos/Karel 1990]

Roos, Y.; Karel, M.: Differential Scanning Calorimetry study of phase transitions affecting the quality of dehydrated materials.
Biotechnol. Prog., Vol. 6, pp. 159 – 163 (1990)

[Roos/Karel 1991a]

Roos, Y.; Karel, M.: Plasticizing effect of water on thermal behaviour and crystallization of amorphous food models.

Journal of Food Science, Vol. 56, No. 1, pp. 38 – 43 (1991)

[Roos/Karel 1991b]

Roos, Y.; Karel, M.: Applying state diagrams to food processing and development.

Food Technology, pp. 66 – 72 (1991)

[Roos/Karel 1992a]

Roos, Y.; Karel, M.: Effects of Glass Transitions on dynamic phenomena in sugar containing food systems.

Glassy State in Foods (1992)

[Roos/Karel 1992b]

Roos, Y.; Karel, M.: Crystallization of amorphous Lactose.

Journal of Food Science, Vol. 57, No. 3, pp. 775 – 777 (1992)

[Ross 1978a]

Ross, K.D.: Effects of methanol on physical properties of α- and β-Lactose.

Journal of Dairy Science, Vol. 61, pp. 152 - 158 (1978)

[Ross 1978b]

Ross, K.D.: Rapid determination of crystalline lactose in whey powders by differential scanning calorimetry.

Journal of Dairy Science, Vol. 61, pp. 255 (1978b)

[Roth 1977]

Roth, D.: Das Agglomerationsverhalten von Frisch gemahlenem Zucker.

Zucker, Vol. 30, Nr. 9, pp. 464 – 470 (1977)

[Saito 1985]

Saito, Z.: Particle structure in spray-dried whole milk and in instant skim milk powder as related to Lactose crystallization.

Food Microstructure, Vol. 4, pp. 333 – 340 (1985)

[Saito 1988]

Saito, Z.: Lactose crystallization in commercial whey powders and in spray-dried Lactose. Food Microstructure, Vol. 7, pp. 75 – 81 (1988)

[Schmitt 1998]

Schmitt, E.A.; Law, D.; Zhang, G.G.Z.: Nucleation and crystallization kinetics of hydrated amorphous Lactose above the glass transition temperature. Journal of Pharmaceutics Sciences, Vol. 88, No. 3, pp. 291 – 296 (1998)

[Schuchmann u.a. 1990]

Schuchmann, H.; Roy, I.; Peleg, M.: Empirical models for moisture sorption isotherms at very high water activities. Journal of Food Science, Vol. 55, No. 3, pp. 759 – 762 (1990)

[Schuck u.a. 2004]

Schuck, P.; Dolivet, A.; Méjean, S.: Lactose crystallization and hygroscopicity. Bulletin of the International Dairy Federation Bruxelles, Vol. 389, pp. 10 – 15 (2004)

[Schuck/Dolivet 2002]

Schuck, P.; Dolivet, A.: Lactose crystallization: Detemination of α-lactose monohydrate in spray-dried dairy products. Lait, Vol. 82, pp. 413 – 421 (2002)

[Sebhatu u.a. 1994]

Sebhatu, T; Angerg, M.; Ahlneck, C.: Assessment of the degree of disorder in crystalline solids by isothermal microcalorimetry. Int. J. Pharm., Vol. 104, pp. 135 – 144 (1994)

[Sebhatu u.a. 1997]

Sebhatu, T; Ahlneck, C.; Alderborn, G.: The effect of moisture content on the compression and bond-formation properties of amorphous lactose particles. International Journal of Pharmaceutics, Vol. 146, pp. 101 – 114 (1997)

[Sharp/Doob 1941]

Sharp, P.F.; Doob, H.: Quantitative determination of Alpha and Beta Lactose in dried milk and dried whey. Journal of Dairy Science, Vol. 24, pp. 589 – 602 (1941)

[Simatos/Karel 1988]

Simatos, D.; Karel, M.:

Characterization of the condition of water in foods-physico-chemical aspects.

Food Preservation by moisture control, Elsevier Applied Science Publishers, London (1988)

[Simpson u.a. 1982]

Simpson, T.D.; Parrish, F.W.; Nelson, M.L.:

Crystalline forms of lactose produced in acidic alcoholic media.

Journal of Food Science, Vol. 47, pp. 1948 – 1954 (1982)

[Sperling 1986]

Sperling, L.H.: Introduction to Physical Polymer Science.

John Wiley & Sons, New York (1986)

[Steckel/Bolzen 2005]

Steckel, H.; Bolzen, N.: Calorimetric study on amorphous Lactose during and after Re-Crystallization at different relative Humidity.

Pharm. Ind., Vol. 67, No. 6, pp. 709 – 712 (2005)

[Stubberud/Forbes 1998]

Stubberud, L.; Forbes, R.T.: The use of gravimetry for the study of the effect of additives on the moisture-induced recrystallisation of amorphous lactose.

International Journal of Pharmaceutics, Vol. 163, pp. 145 – 156 (1998)

[Susi/Ard 1974]

Susi, H.; Ard, J.S.: Laser-Raman spectra of lactose.

Carbohydrate Research, Vol. 37, pp. 351 – 354 (1974)

[Tammann/Hesse 1926]

Tamman, G.; Hesse, W.Z.:

Anorg. Allg. Chem., Vol. 156, pp. 245 (1926)

[Ten Brinke u.a. 1993]

Ten Brinke, G.; Karasz, F.E.; Ellis, T.S.:
Depression of Glass Transition Temperatures of Polymer Networks by Diluents.
Macromolecules, Vol. 16, pp. 244 – 249 (1983)

[Thomsen u.a. 2005a]

Thomsen, M.K.; Jespersen, L.; Sjostrom, K.; Risbo, J.; Skibsted, L.H.:
Water activity-temperature state diagram of amorphous Lactose.
Journal of Agricultural and Food Chemistry, Vol. 53, pp. 9182 – 9185 (2005)

[Thomsen u.a. 2005b]

Thomsen, M.K.; Lauridsen, L.; Skibsted, L.H.; Risbo, J.: Two types of radicals in whole milk powder. Effect of Lactose crystallization, Lipid oxidation, and browning reactions.
Journal of Agricultural and Food Chemistry, Vol. 53, pp. 1805 – 1811 (2005)

[Thomsen u.a. 2005c]

Thomsen, M.K.; Lauridsen, L.; Skibsted, L.H.; Risbo, J.: Temperature effect on Lactose crystallization, Maillard reactions, and Lipid oxidation in whole milk.
Journal of Agricultural and Food Chemistry, Vol. 53, pp. 7082 – 7090 (2005)

[Töpel 1987]

Töpel, A.: Chemie der Milch.
VEB Fachbuchverlag, Leipzig (1987)

[Torre u.a. 1995]

Torre, L.; Maffezzoli, A.; Kenny, J.M.: A macrokinetic approach to crystallization applied to a new thermoplastic Polyimide (New TPI) as a model polymer.
Journal of Applied Polymer Science, Vol. 56, pp. 985 – 993 (1995)

[Troy/Sharp 1930]

Troy; Sharp:
Journal of Dairy Science, Vol. 13, pp 140 (1930)

[Ullmann's 1990]

Ullmann's Encyclopedia of Industrial Chemistry. Lactose and Derivatives.
Vol. A 15, pp. 107 – 114, VCH-Verlag, Weinheim (1990)

[Van den Berg 1985]

Van den Berg, C.: Development of B.E.T.-like models for sorption of water on foods, theory and relevance.
Martinus Nijhoff Publisher, Dordrecht (1985)

[VDI-Wärmeatlas 1997]

VDI-Wärmeatlas: 8. Aufl., Springer-Verlag. Berlin: Verein Deutscher Ingenieure (1997)

[Visser 1983]

Visser, R.A.: Crystal Growth kinetics of Alpha-Lactose Hydrate.
Dissertation, Katholieke Universiteit Nijmegen, Nijmegen, Niederlanden (1983)

[Vogel 1921]

Vogel, H.:
Phys. Z., Vol. 22, pp. 645 (1921)

[Vuataz 1988]

Vuataz, G.: Preservation of skim-milk powders: Role of water activity and temperature in Lactose crystallization and Lysine loss.
Food Preservation by Moisture Control, Elsevier, Amsterdam (1988)

[Vuataz 2002]

Vuataz, G.: The phase diagram of milk: A new tool for optimising the drying process.
Lait, Vol. 82, pp. 485 – 500 (2002)

[Wallack/King 1988]

Wallack, D.A.; King, J.: Sticking and agglomeration of hygroscopic, amorphous carbohydrate and food powders.
Biotechnology Progress, Vol. 4, No. 1, pp. 31 – 35 (1988)

[Walstra/Jenness 1984]

Walstra, P.; Jenness, R.: Dairy Chemistry and Physics.
John Wiley & Sons, New York (1984)

[Weck/Schlünder 1992]

Weck, A..; Schlünder, E.-U.: Superheated-Steam Drying of porous ceramic spheres. Heat and Mass Transfer in Porous Media; Quintard, M., Todorovic, M. (Hrsg.); Elsevier: Amsterdam, pp. 745 – 762 (1992)

[Weisser 1985]

Weisser, H.: Influence of temperature on sorption. In: Properties of water in foods. Martinus Nijhoff Publisher, Dordrecht (1985)

[Williams, Landel und Ferry 1955]

Williams, M.; Landel, R.F.; Ferry, J.D.: The temperature dependence of relaxation mechanisms in amorphous polymers and other glass-forming liquids. Journal of the American Chemical Society, Vol. 77, pp. 3701 – 3707 (1955)

[Woldt 1992]

Woldt, E.: The relationship between isothermal and non-isothermal description of Johnson-Mehl-Avrami-Kolmogorov kinetics. Journal Phys. Chem. Solids, Vol. 53, No. 4, pp. 521 – 527 (1992)

[Würsch u.a. 1984]

Würsch, P.; Rosset, J.; Köllreuter, B.; Klein, A.: Crystallization of b-lactose under elevated storage temperature in spray-dried milk powder. Milchwissenschaft, Vol. 39, No. 10, pp. 579 – 582 (1984)

[Young 1970]

Young, H.: The drying of whey and whey products. Proceedings of Whey Products Conference, Pub. No. ARS-73-69 (1970)

[Zadow 1984]

Zadow, J.G.: Lactose: Properties and uses. Journal of Dairy Science, Vol. 67, pp. 2654 – 2679 (1984)

8.2 Stoffdaten

Wasseraktivitäten der Salzlösungen

Die Dampfdrücke über den Salzlösungen p_D sowie der Sättigungsdampfdruck von Wasser in Luft $p_{D,s}$ = 4245,5 Pa wurden aus dem [VDI-Wärmeatlas 1997] entnommen. Folgende Approximationsgleichung mit den Stoffkonstanten A und B wurde verwendet:

$$p_D\,[Pa] = A \cdot 10^{10} \cdot \exp\left\{-\frac{1000 \cdot B}{273{,}5 + T\,[°C]}\right\} \qquad \text{(Gl. 8.1)}$$

Mit den angegebenen Konstanten ergeben sich für T = 30 °C folgende Wasseraktivitäten.

Tabelle 8.1: Wasseraktivitäten a_W der gesättigten Salzlösungen bei T = 30 °C.

	Konstanten		**Dampfdruck p_D**	**Wasseraktivität**	**Gültigkeits-**
Salzlösung	***A***	***B***	**[Pa]**	**a_W [-]**	**bereich *T* [°C]**
NaOH	0,2408	4,839	281,37	0,07	15 … 50
LiCl	0,3702	4,7926	504,11	0,12	-17,6 … 100,3
CH_3COOK	1,871	5,0919	949,27	0,22	-17,6 … 31,1
$MgCl_2$	2,5382	5,0742	1365,20	0,32	0 … 62,3
NaJ	0,8933	4,7249	1520,82	0,36	-12,1 … 45
K_2CO_3	1,2235	4,7725	1780,30	0,42	2 ... 80
KCl	5,8807	5,0397	3544,26	0,83	5 ... 95,5

8.3 Messdaten in tabellarischer Form

Tabelle 8.2: Gemessene Feuchteanteile der Pulver nach Einlagerung über den gesättigten Salzlösungen bei T = 30 °C.

Laktose (Fa. Uelzena)			
Salz	**Proben-Nr.**	**w [%]**	**w_{Mittel} [%]**
NaOH	0	1,5	1,6
	21	1,6	
LiCl	0	1,4	1,4
	21	1,5	
CH_3COOK	0	3,6	3,6
	21	3,6	
$MgCl_2$	0	3,8	3,8
	21	3,8	
$MgCl_2$	0	4,5	4,5
	21	4,5	

Molkepermeat (Fa. Meggle)			
Salz	**Proben-Nr.**	**w [%]**	**w_{Mittel} [%]**
NaOH	0	1,7	1,8
	21	2,0	
LiCl	0	1,8	1,9
	21	2,0	
CH_3COOK	0	4,1	4,4
	21	4,7	
$MgCl_2$	0	7,5	7,5
	21	7,4	
NaJ	0	7,2	7,4
	21	7,5	

Molke (Fa. Uelzena)			
Salz	**Proben-Nr.**	**w [%]**	**w_{Mittel} [%]**
NaOH	0	1,56	1,63
	21	1,71	
LiCl	0	1,6	1,6
	21	n.b.	
CH_3COOK	0	3,7	3,9
	21	4,0	
$MgCl_2$	0	6,0	6,3
	21	6,7	
NaJ	0	6,2	6,2
	21	6,2	

Tabelle 8.3: Gemessene Glasübergangstemperaturen der befeuchteten Pulvern.

Laktose (Fa. Uelzena)		
w [%]	1-w [%]	$T_{G,W}$ [°C]
1,4	98,6	86
1,4	98,6	86
1,6	98,4	84
1,6	98,5	86
1,6	98,4	85
1,6	98,4	84
3,6	96,4	64
3,6	96,4	64
3,6	96,4	64
3,8	96,2	50
3,8	96,2	51
3,8	96,2	51
4,5	95,5	45
4,5	95,5	45
4,5	95,5	46

Molkepermeat (Fa. Meggle)		
w [%]	1-w [%]	$T_{G,W}$ [°C]
1,7	98,3	77
1,8	98,2	74
2,0	98,0	72
1,8	98,2	70
1,9	98,1	66
2,0	98,0	66
4,1	95,9	47
4,4	95,6	40
4,7	95,3	40
7,5	92,5	22
7,4	92,6	19
7,2	92,8	23
7,4	92,6	21
7,5	92,5	21

Molke (Fa. Uelzena)		
w [%]	1-w [%]	$T_{G,W}$ [°C]
1,6	98,4	77
1,6	98,4	77
1,7	98,3	77
1,7	98,4	68
1,7	98,4	68
1,7	98,4	68
3,7	96,3	50
3,9	96,1	50
4,0	96,0	48
6,2	93,8	31
6,2	93,8	31
6,2	93,8	31
6,0	94,1	30
6,3	93,7	27
6,2	93,8	25

Tabelle 8.4: Ermittelte Anpassungskonstanten der WLF-Gleichung für die befeuchteten Pulver.

Laktosepulver			
w [%]	C_1 [-]	C_2 [°C]	R^2
1.4	-10.2	13.3	0.988
1.6	-10.4	13.8	0.997
3.6	-9.8	9.2	0.997
3.8	-9.5	5.5	0.916
4.5	-8.8	4.0	0.968

Molkepermeatpulver			
w [%]	C_1 [-]	C_2 [°C]	R^2
4.4	-10.6	30.4	0.976
7.4	-10.6	27.6	0.996
7.5	-12.4	40.1	0.915

Molkepulver			
w [%]	C_1 [-]	C_2 [°C]	R^2
3.9	-11.1	34.5	0.985
6.2	-10.9	27.3	0.999
6.3	-11.0	29.9	0.944

Tabelle 8.5: Ermittelte Reaktionsordnungen n und Geschwindigkeitskonstanten k von Laktosepulver bei verschiedenen Temperaturen und relativen Luftfeuchten.

Laktose: *T* = 50 °C		
φ [-]	***n*** **[-]**	***k*** **[1/s]**
0,8	2,1	0,0047
0,8	1,7	0,0054
0,7	2,0	0,0043
0,7	2,2	0,0042
0,6	2,0	0,0031
0,6	2,3	0,0028
0,5	1,7	0,0024
0,5	1,9	0,0021
0,4	1,4	0,0006
0,4	2,0	0,0011

Laktose: *T* = 60 °C		
φ [-]	***n*** **[-]**	***k*** **[1/s]**
0,8	1,7	0,0085
0,8	1,6	0,0089
0,7	1,9	0,0061
0,7	2,0	0,0059
0,6	2,2	0,0048
0,6	1,9	0,0048
0,5	2,4	0,0030
0,5	2,0	0,0036
0,4	1,7	0,0023
0,4	2,3	0,0022

Laktose: *T* = 70 °C		
φ [-]	***n*** **[-]**	***k*** **[1/s]**
0,8	1,5	0,0162
0,8	1,7	0,0134
0,7	1,9	0,0109
0,7	2,0	0,0110
0,6	1,9	0,0090
0,6	1,9	0,0085
0,5	2,3	0,0050
0,5	1,8	0,0063
0,4	2,2	0,0031
0,4	2,1	0,0028

Laktose: *T* = 80 °C		
φ [-]	***n*** **[-]**	***k*** **[1/s]**
0,8	1,6	0,0189
0,8	1,5	0,0234
0,7	1,8	0,0112
0,7	1,5	0,0156
0,6	1,9	0,0116
0,6	1,7	0,0124
0,5	2,0	0,0073
0,5	2,2	0,0098
0,4	1,6	0,0040
0,4	1,6	0,0064
0,3	1,9	0,0022
0,3	1,8	0,0019

Laktose: $T = 90$ °C		
φ [-]	n [-]	k [1/s]
0,8	0,8	0,0150
0,8	1,5	0,0294
0,7	1,4	0,0179
0,7	1,7	0,0270
0,6	1,4	0,0185
0,6	2,0	0,0204
0,5	1,6	0,0137
0,5	2,1	0,0138
0,4	1,6	0,0123
0,4	1,6	0,0093
0,3	2,0	0,0057
0,3	2,1	0,0054
0,2	1,0	0,0003
0,2	1,1	0,0004

Laktose: $T = 100$ °C		
φ [-]	n [-]	k [1/s]
0,8	0,2	0,0300
0,8	1,0	0,0262
0,7	1,4	0,0240
0,7	1,4	0,0250
0,6	1,4	0,0236
0,6	1,2	0,0231
0,5	1,5	0,0185
0,5	1,3	0,0203
0,4	1,4	0,0151
0,4	1,6	0,0141
0,3	1,8	0,0082
0,3	1,9	0,0066
0,2	1,6	0,0020
0,2	1,8	0,0023

Laktose: $T = 110$ °C		
φ [-]	n [-]	k [1/s]
0,7	0,8	0,0210
0,7	1,6	0,0196
0,6	0,8	0,0327
0,6	1,3	0,0282
0,5	1,6	0,0228
0,5	0,9	0,0334
0,4	1,5	0,0205
0,4	1,5	0,0226
0,3	1,9	0,0135
0,3	1,6	0,0175
0,2	1,4	0,0058
0,2	2,1	0,0060

Tabelle 8.6: Ermittelte Reaktionsordnungen n und Geschwindigkeitskonstanten k von Molkepermeatpulver bei verschiedenen Temperaturen und relativen Luftfeuchten.

Molkepermeat: T = 50 °C		
φ [-]	n [-]	k [1/s]
0,6	2,1	0,0015
0,6	1,2	0,0024
0,5	1,5	0,0011
0,5	1,6	0,0011

Molkepermeat: T = 60 °C		
φ [-]	n [-]	k [1/s]
0,6	1,7	0,0085
0,6	1,6	0,0089
0,5	1,9	0,0061
0,5	2,0	0,0059
0,4	2,2	0,0048
0,4	1,9	0,0048

Molkepermeat: T = 70 °C		
φ [-]	n [-]	k [1/s]
0,6	1,7	0,0049
0,6	2,0	0,0060
0,5	1,8	0,0032
0,5	1,8	0,0034
0,4	1,4	0,0010
0,4	1,5	0,0010

Molkepermeat: T = 80 °C		
φ [-]	n [-]	k [1/s]
0,6	1,5	0,0084
0,6	1,7	0,0080
0,5	1,4	0,0042
0,5	1,4	0,0033
0,4	1,3	0,0024
0,3	0,9	0,0003
0,3	1,5	0,0002

Molkepermeat: T = 90 °C		
φ [-]	n [-]	k [1/s]
0,6	1,7	0,0076
0,6	1,2	0,0064
0,5	1,7	0,0050
0,5	1,6	0,0045
0,4	1,8	0,0037
0,4	1,5	0,0034
0,3	1,2	0,0006
0,3	1,3	0,0005

Molkepermeat: T = 100 °C		
φ [-]	n [-]	k [1/s]
0,6	1,3	0,0051
0,6	1,0	0,0059
0,5	1,3	0,0061
0,5	1,3	0,0067
0,4	1,6	0,0042
0,4	1,5	0,0040
0,3	1,2	0,0008
0,3	1,5	0,0009

Tabelle 8.7: Ermittelte Reaktionsordnungen n und Geschwindigkeitskonstanten k von Molkepulver bei verschiedenen Temperaturen und relativen Luftfeuchten.

Molke: *T* = 50 °C		
φ [-]	***n*** **[-]**	***k*** **[1/s]**
0,6	1,0	0,0027
0,6	1,0	0,0025
0,5	1,2	0,0004
0,5	1,1	0,0006

Molke: *T* = 60 °C		
φ [-]	***n*** **[-]**	***k*** **[1/s]**
0,6	1,5	0,0061
0,6	1,2	0,0035
0,5	1,4	0,0013
0,5	1,2	0,0016

Molke: *T* = 70 °C		
φ [-]	***n*** **[-]**	***k*** **[1/s]**
0,6	1,5	0,0055
0,6	1,3	0,0055
0,5	1,0	0,0023
0,5	1,3	0,0022
0,4	1,2	0,0008
0,4	1,3	0,0007

Molke: *T* = 80 °C		
φ [-]	***n*** **[-]**	***k*** **[1/s]**
0,6	1,6	0,0062
0,6	1,3	0,0064
0,5	1,5	0,0041
0,5	1,6	0,0030
0,4	1,3	0,0019
0,4	1,2	0,0020

Molke: *T* = 90 °C		
φ [-]	***n*** **[-]**	***k*** **[1/s]**
0,6	1,6	0,0053
0,6	1,3	0,0055
0,5	1,5	0,0040
0,5	1,3	0,0043
0,5	1,7	0,0029
0,4	1,5	0,0016
0,4	1,1	0,0025
0,3	1,5	0,0005
0,3	1,6	0,0005

Molke: *T* = 100 °C		
φ [-]	***n*** **[-]**	***k*** **[1/s]**
0,6	0,8	0,0051
0,6	1,3	0,0067
0,5	1,4	0,0058
0,5	1,5	0,0052
0,4	1,4	0,0019
0,4	1,6	0,0024
0,3	1,3	0,0005
0,3	1,5	0,0006

Tabelle 8.8: Isotherm ermittelte Akitvierungsenergien $E_{A,iso}$ der Kristallisation und präexponentielle Faktoren k_0 der Arrhenius-Gleichung von laktosehaltigen Pulvern bei verschiedenen relativen Luftfeuchten.

Laktose		
φ [-]	**$E_{A,iso}$ [kJ/mol]**	**k_0 [1/s]**
0,8	40	1,9E+04
0,7	40	1,1E+04
0,6	43	2,5E+04
0,5	43	1,9E+04
0,4	56	1,0E+06
0,3	72	1,2E+08
0,2	164	1,9E+20

Molkepermeat		
φ [-]	**$E_{A,iso}$ [kJ/mol]**	**k_0 [1/s]**
0,6	22	8,46E+00
0,5	25	1,92E+01
0,4	69	2,94E+07
0,3	62	3,55E+05

Molke		
φ [-]	**$E_{A,iso}$ [kJ/mol]**	**k_0 [1/s]**
0,6	14	5,40E-01
0,5	44	1,03E+04
0,4	35	1,80E+02
0,3	21	5,09E-01

Tabelle 8.9: Gemessene spezifische Drehwinkel $[\alpha]_D^{20}$ der kristallisierten Laktoseproben.

T = 50 °C:	
φ	α_D^{20}
[-]	[°]
0,4	60,8
0,4	60,4
0,5	59,4
0,5	60,4
0,6	59,5
0,6	61
0,7	60
0,7	60,5
0,8	59,3
0,8	59,6

T = 60 °C:	
φ	α_D^{20}
[-]	[°]
0,4	61,9
0,4	58,6
0,5	59,2
0,5	60,2
0,6	60,1
0,6	59,4
0,7	61,1
0,7	59,5
0,8	59,6
0,8	58

T = 70 °C:	
φ	α_D^{20}
[-]	[°]
0,3	59,9
0,3	57,5
0,4	59,3
0,4	57,2
0,5	60,5
0,5	59,5
0,6	60
0,6	58
0,7	61,4
0,7	59,4
0,8	60,3
0,8	59,1

T = 80 °C:	
φ	α_D^{20}
[-]	[°]
0,3	60
0,3	59,4
0,4	60,2
0,4	60,1
0,5	60
0,5	58,2
0,6	59,7
0,6	58,9
0,7	58,1
0,7	59
0,8	59,1
0,8	58,4

T = 90 °C:	
φ	α_D^{20}
[-]	[°]
0,2	58,1
0,2	58,6
0,3	59,7
0,3	59,0
0,4	60,0
0,4	59,2
0,5	60,5
0,5	59,0
0,6	60,4
0,6	59,3
0,7	59,7
0,7	58,4
0,8	58,9
0,8	48,6

T = 100 °C:	
φ	α_D^{20}
[-]	[°]
0,2	59,7
0,2	59,2
0,3	58,4
0,3	60,5
0,4	60
0,4	58,3
0,5	58,8
0,5	55
0,6	57,7
0,6	61,3
0,7	55,6
0,7	54,7
0,8	36,9
0,8	41,8

T = 110 °C:	
φ	α_D^{20}
[-]	[°]
0,2	58,1
0,2	60,1
0,3	57,6
0,3	53,8
0,4	56,6
0,4	56,8
0,5	58,1
0,5	56,6
0,6	53,8
0,6	54,7
0,7	37,5
0,7	37,9

Tabelle 8.10: Anteil an α-Laktose-Monohydrat x_{Hydrat} der kristallisierten Laktoseproben.

T = 50 °C:	
φ	x_{Hydrat}
[-]	[%]
0,4	6,3
0,4	7,4
0,5	6,9
0,5	7,8
0,6	9,3
0,6	8,0
0,7	9,5
0,7	10,6
0,8	12,4
0,8	14,8

T = 60 °C:	
φ	x_{Hydrat}
[-]	[%]
0,4	5,7
0,4	5,3
0,5	6,2
0,5	5,9
0,6	5,4
0,6	5,2
0,7	5,6
0,7	5,2
0,8	5,0
0,8	4,7

T = 70 °C:	
φ	x_{Hydrat}
[-]	[%]
0,3	2,1
0,3	2,0
0,4	1,7
0,4	1,5
0,5	2,0
0,5	2,2
0,6	2,4
0,6	3,0
0,7	1,2
0,7	3,1
0,8	1,36
0,8	1,74

T = 80 °C:	
φ	x_{Hydrat}
[-]	[%]
0,3	3,3
0,3	4,0
0,4	2,2
0,4	1,9
0,5	3,7
0,5	2,1
0,6	3,0
0,6	3,1
0,7	2,0
0,7	1,7
0,8	2,68
0,8	2

T = 90 °C:	
φ	x_{Hydrat}
[-]	[%]
0,2	1,9
0,2	2,2
0,3	2,0
0,3	1,5
0,4	1,8
0,4	1,8
0,5	1,6
0,5	1,5
0,6	1,5
0,6	1,5
0,7	1,48
0,7	1,14
0,8	1,54
0,8	1,66

T = 100 °C:	
φ	x_{Hydrat}
[-]	[%]
0,2	2,8
0,2	2,7
0,3	4,5
0,3	4,2
0,4	2,1
0,4	2,1
0,5	2,3
0,5	3,2
0,6	3,4
0,6	3,2
0,7	2,56
0,7	3,56
0,8	5,12
0,8	2,82

T = 110 °C:	
φ	x_{Hydrat}
[-]	[%]
0,2	2,7
0,2	2,7
0,3	3,4
0,3	3,3
0,4	2,4
0,4	2,2
0,5	1,6
0,5	2,0
0,6	3,3
0,6	3,2
0,7	6,02
0,7	7,9

Tabelle 8.11: Anteil an α-Laktose-Monohydrat bzw. β-Laktose in den kristallisierten Pulvern.

kristallisiertes Laktosepulver			
T **[°C]**	***φ*** **[-]**	**α-Laktose-Monohydrat-Anteil [%]**	**β-Laktose-Anteil [%]**
50	0.4	5	23
50	0.5	7	22
50	0.8	13	23
70	0.3	0	22
70	0.5	0	20
70	0.8	0	20
90	0.5	0	20
110	0.5	0	18
110	0.7	0	88

kristallisiertes Molkepermeatpulver			
T **[°C]**	***φ*** **[-]**	**α-Laktose-Monohydrat-Anteil [%]**	**β-Laktose-Anteil [%]**
0.5	50	67	1
0.5	70	2	5
0.5	90	6	25
0.8	50	67	0
0.8	70	20	8
0.8	90	0	24

kristallisiertes Molkepulver			
T **[°C]**	***φ*** **[-]**	**α-Laktose-Monohydrat-Anteil [%]**	**β-Laktose-Anteil [%]**
0.5	50	48	6
0.5	70	7	30
0.5	90	0	36
0,8 (*t*=15 Min)	50	45	4
0,8 (*t*=38 Min)	50	56	0
0.8	70	17	27
0.8	90	0	38

8.4 Messdaten in graphischer Form

8.4.1 Dynamische DSC-Messungen

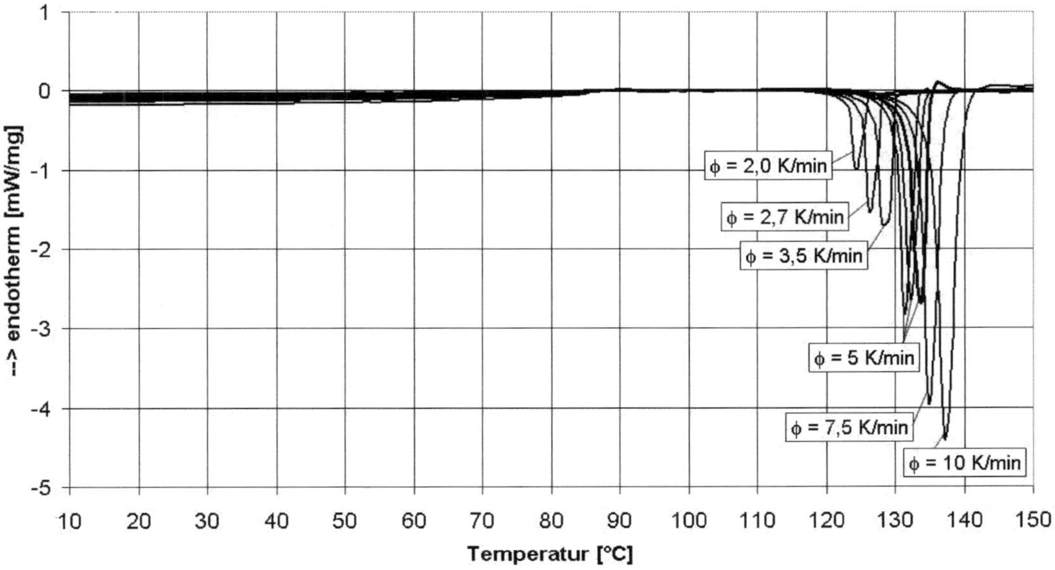

Abbildung 8.1: Dynamische DSC-Messungen von amorphem Laktosepulver (Fa. Uelzena, w = 1,4 %) bei diversen Aufheizraten ϕ.

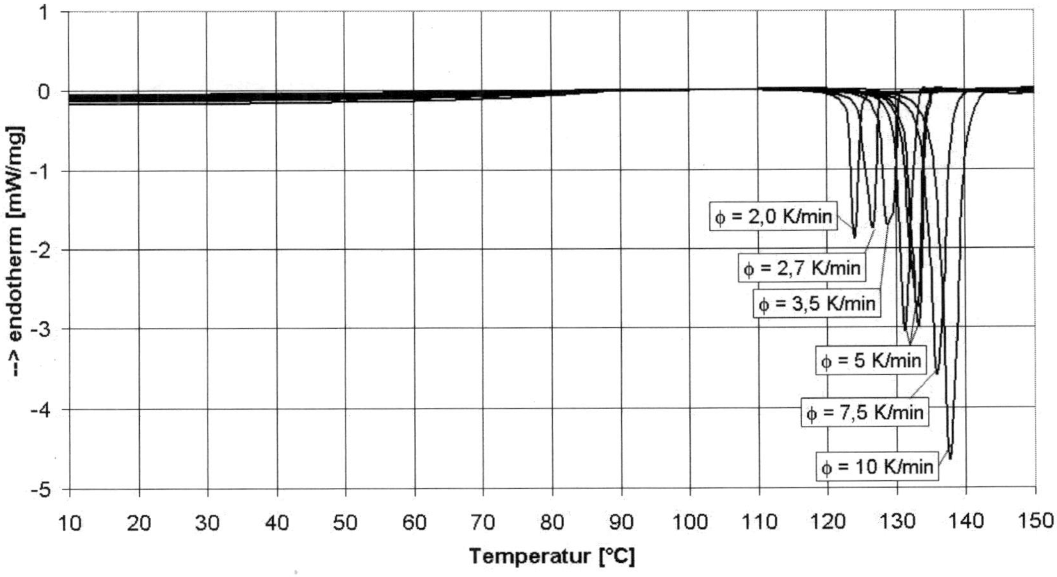

Abbildung 8.2: Dynamische DSC-Messungen von amorphem Laktosepulver (Fa. Uelzena, w = 1,6 %) bei diversen Aufheizraten ϕ.

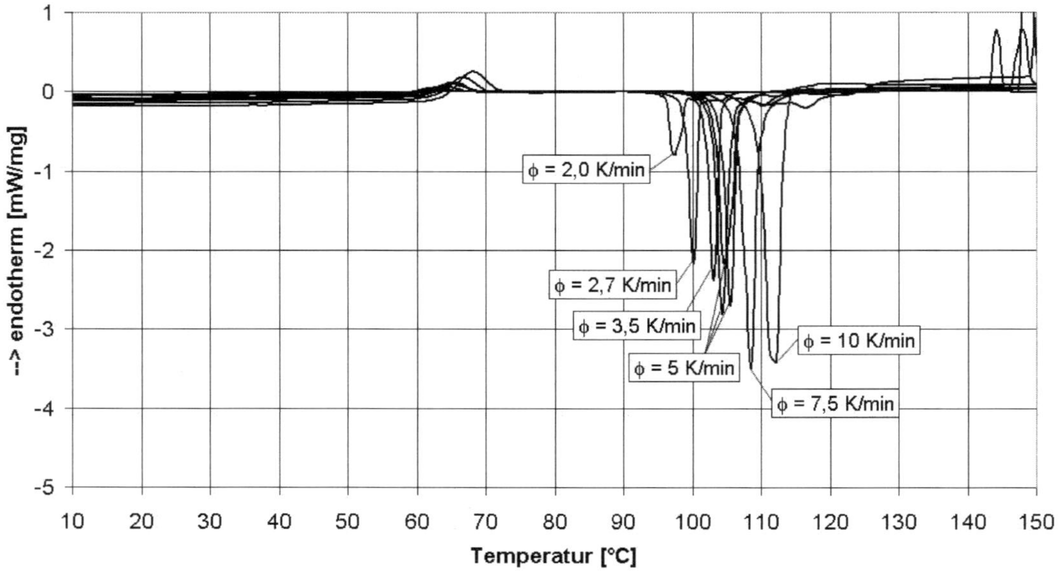

Abbildung 8.3: Dynamische DSC-Messungen von amorphem Laktosepulver (Fa. Uelzena, w = 3,6 %) bei diversen Aufheizraten ϕ.

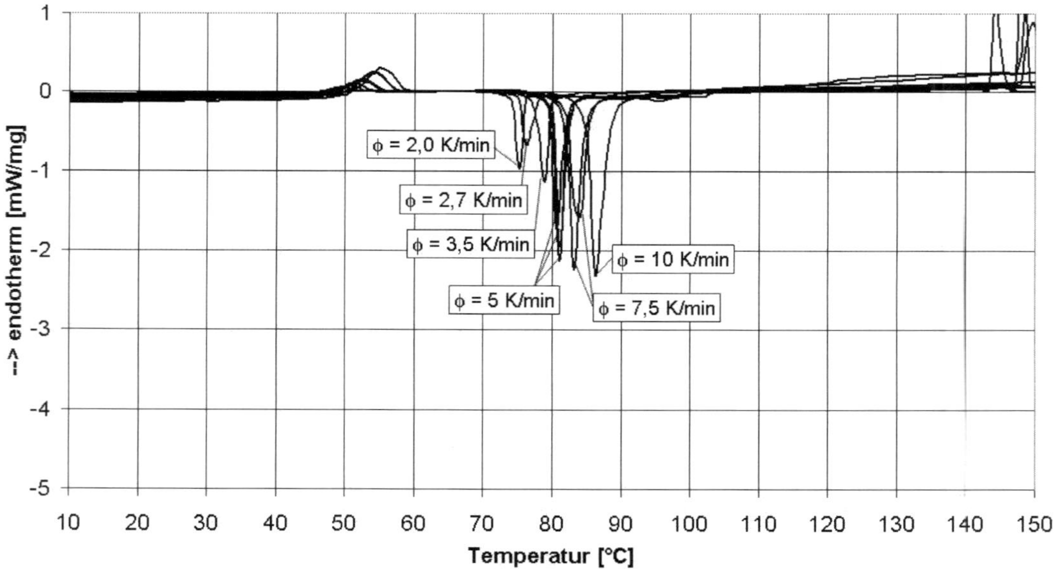

Abbildung 8.4: Dynamische DSC-Messungen von amorphem Laktosepulver (Fa. Uelzena, w = 3,8 %) bei diversen Aufheizraten ϕ.

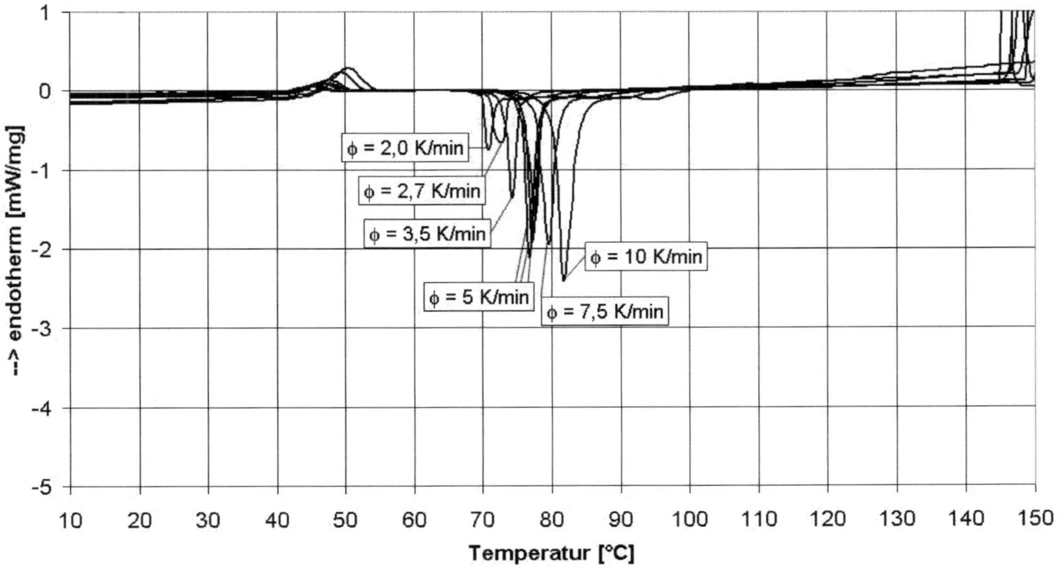

Abbildung 8.5: Dynamische DSC-Messungen von amorphem Laktosepulver (Fa. Uelzena, w = 4,5 %) bei diversen Aufheizraten ϕ.

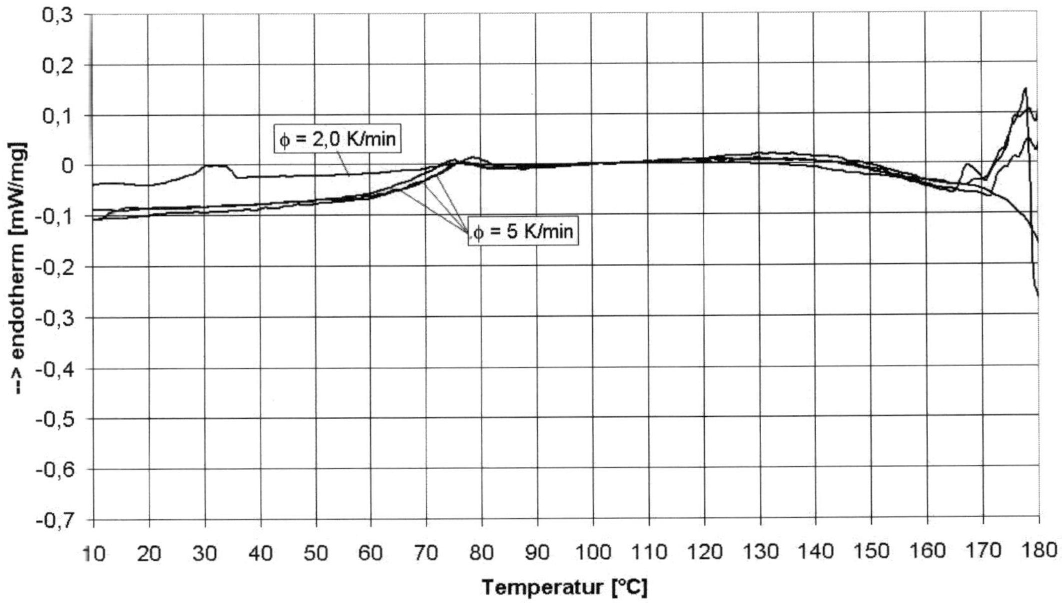

Abbildung 8.6: Dynamische DSC-Messungen von amorphem Molkepermeatpulver (Fa. Meggle, w = 1,8 %) bei diversen Aufheizraten ϕ.

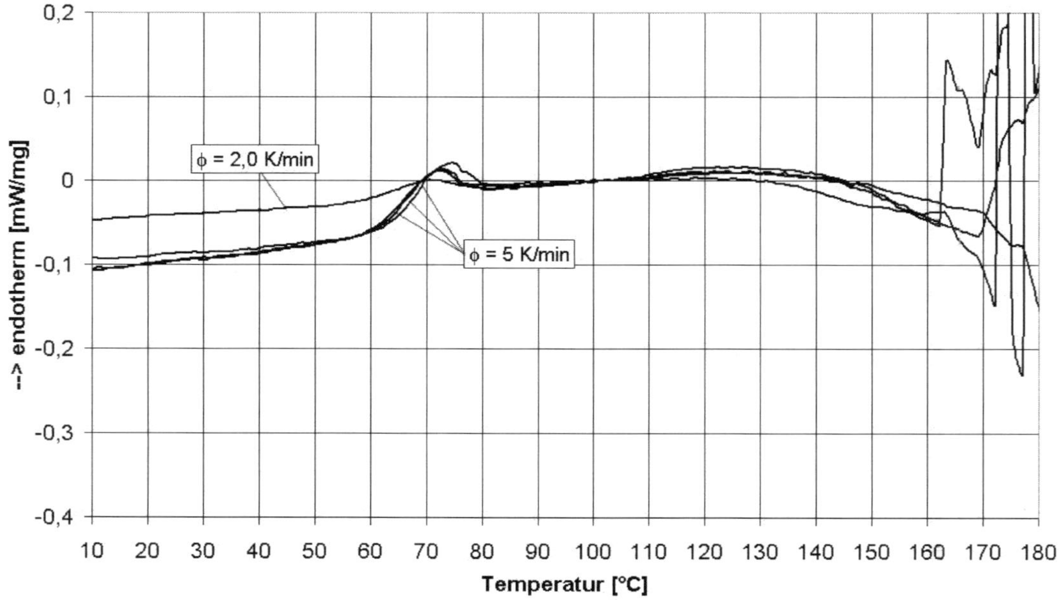

Abbildung 8.7: Dynamische DSC-Messungen von amorphem Molkepermeatpulver (Fa. Meggle, w = 1,9 %) bei diversen Aufheizraten ϕ.

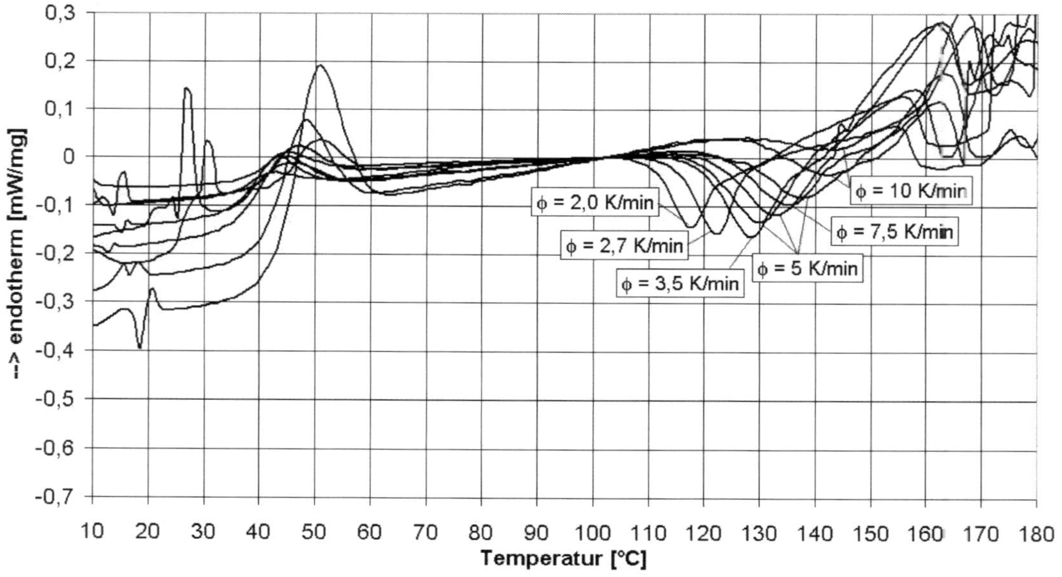

Abbildung 8.8: Dynamische DSC-Messungen von amorphem Molkepermeatpulver (Fa. Meggle, w = 4,4 %) bei diversen Aufheizraten ϕ.

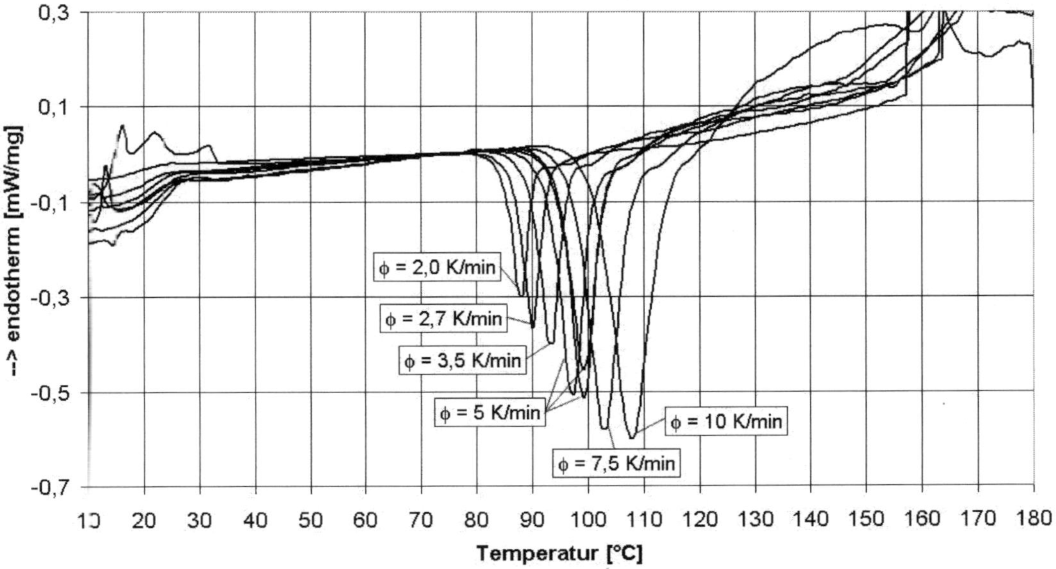

Abbildung 8.9: Dynamische DSC-Messungen von amorphem Molkepermeatpulver (Fa. Meggle, w = 7,4 %) bei diversen Aufheizraten ϕ.

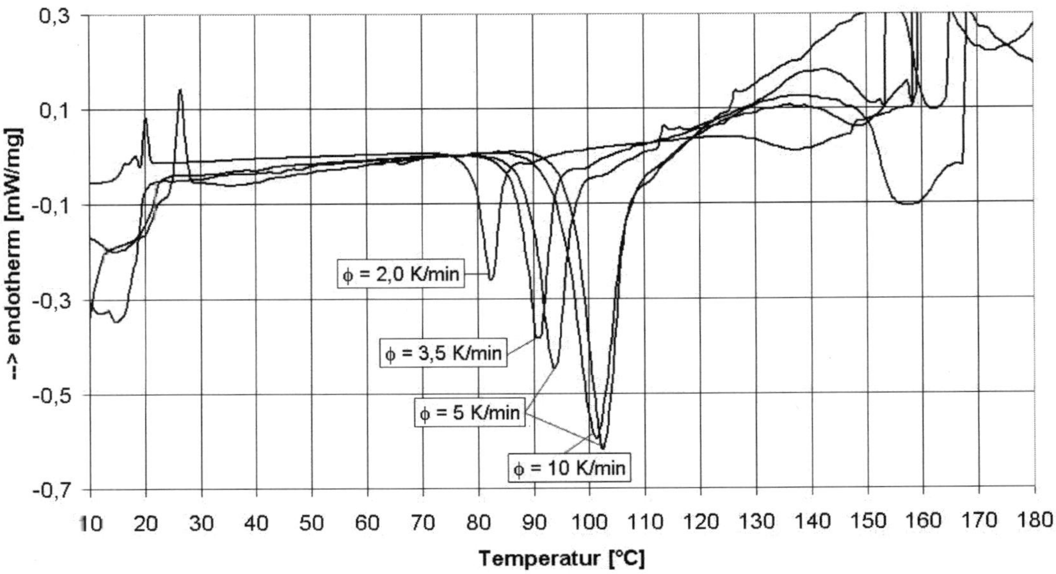

Abbildung 8.10: Dynamische DSC-Messungen von amorphem Molkepermeatpulver (Fa. Meggle, w = 7,5 %) bei diversen Aufheizraten ϕ.

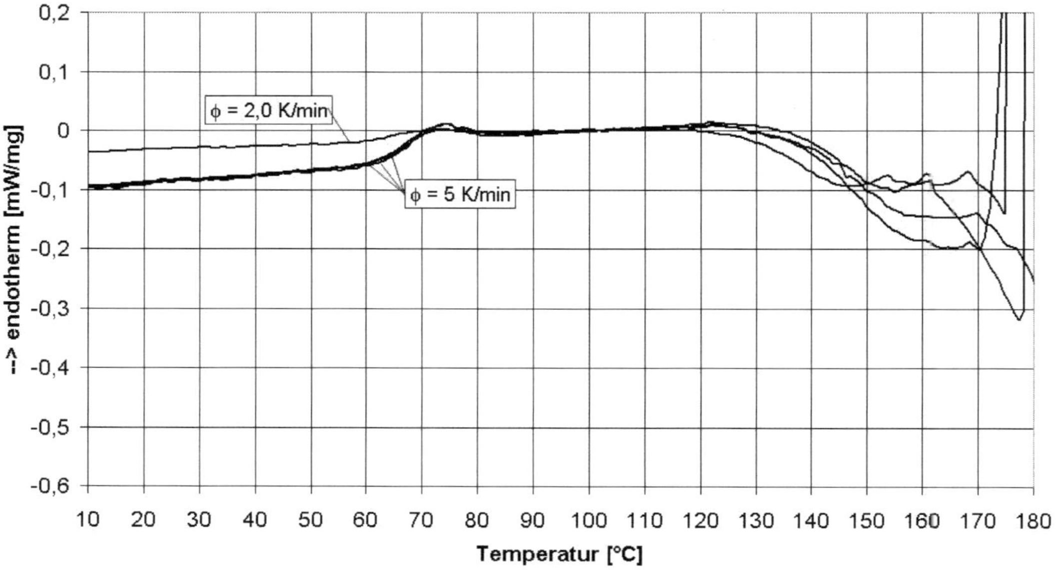

Abbildung 8.11: DynamischeDSC-Messungen von amorphem Molkepulver (Fa. Uelzena, w = 1,6 %) bei diversen Aufheizraten ϕ.

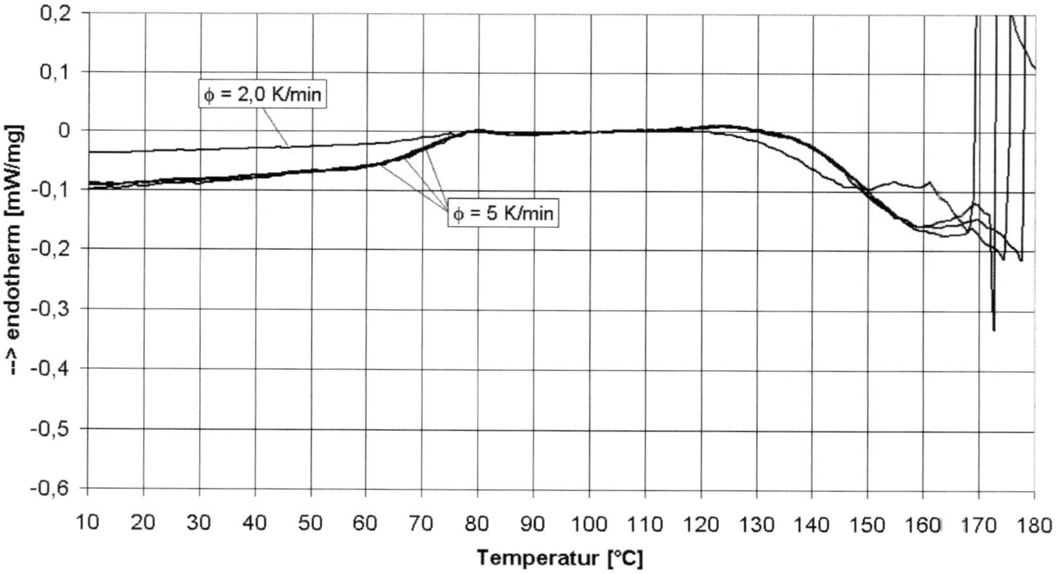

Abbildung 8.12: DynamischeDSC-Messungen von amorphem Molkepulver (Fa. Uelzena, w = 1,63 %) bei diversen Aufheizraten ϕ.

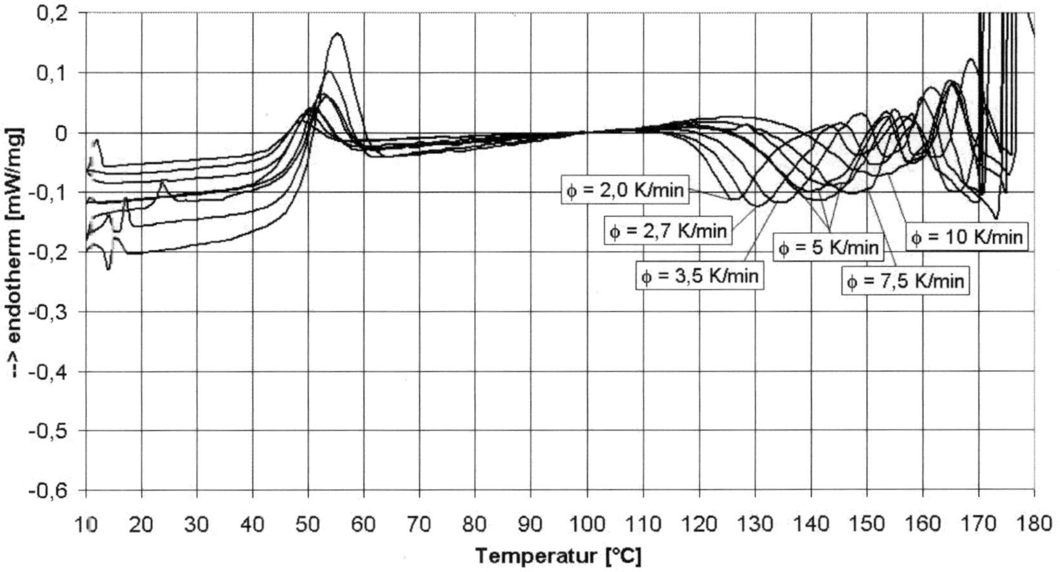

Abbildung 8.13: DynamischeDSC-Messungen von amorphem Molkepulver (Fa. Uelzena, w = 3,9%) bei diversen Aufheizraten ϕ.

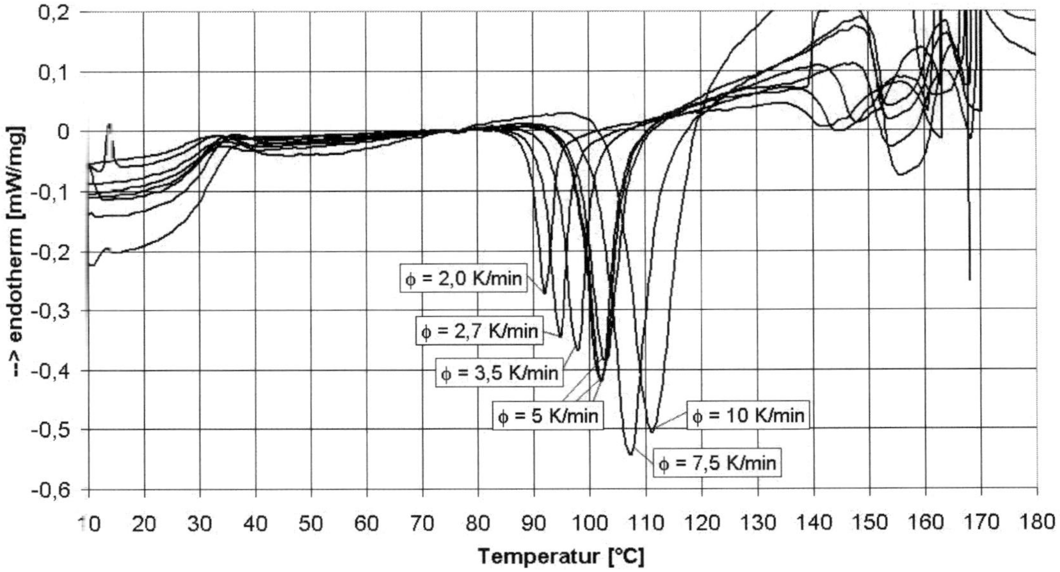

Abbildung 8.14: DynamischeDSC-Messungen von amorphem Molkepulver (Fa. Uelzena, w = 6,2 %) bei diversen Aufheizraten ϕ.

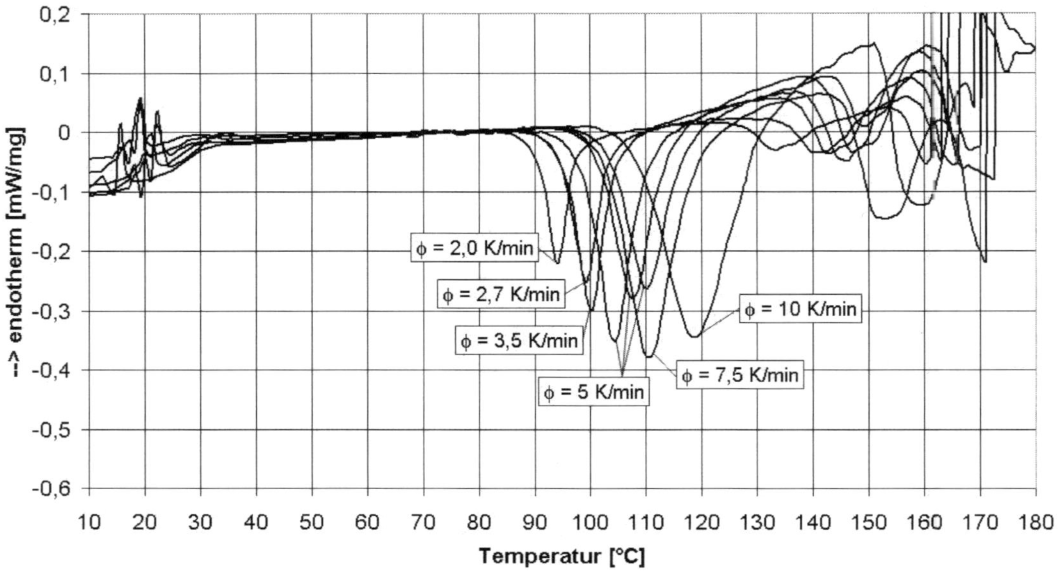

Abbildung 8.15: DynamischeDSC-Messungen von amorphem Molkepulver (Fa. Uelzena, w = 6,3 %) bei diversen Aufheizraten ϕ.

8.4.2 Isotherme DSC-Messungen

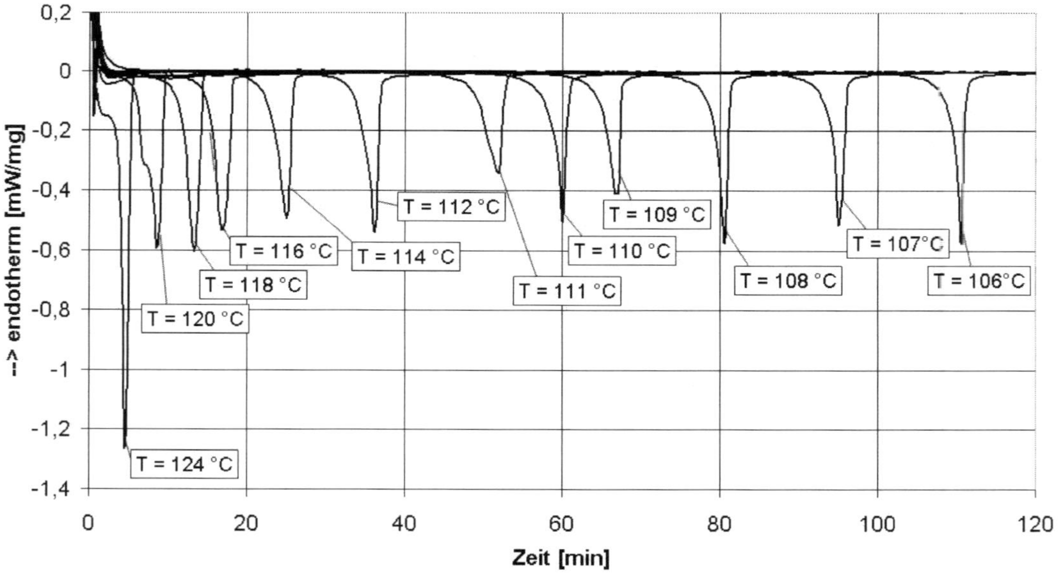

Abbildung 8.16: Isotherme DSC-Messungen von amorphem Laktosepulver (Fa. Uelzena, w = 1,4 %) bei diversen Temperaturen.

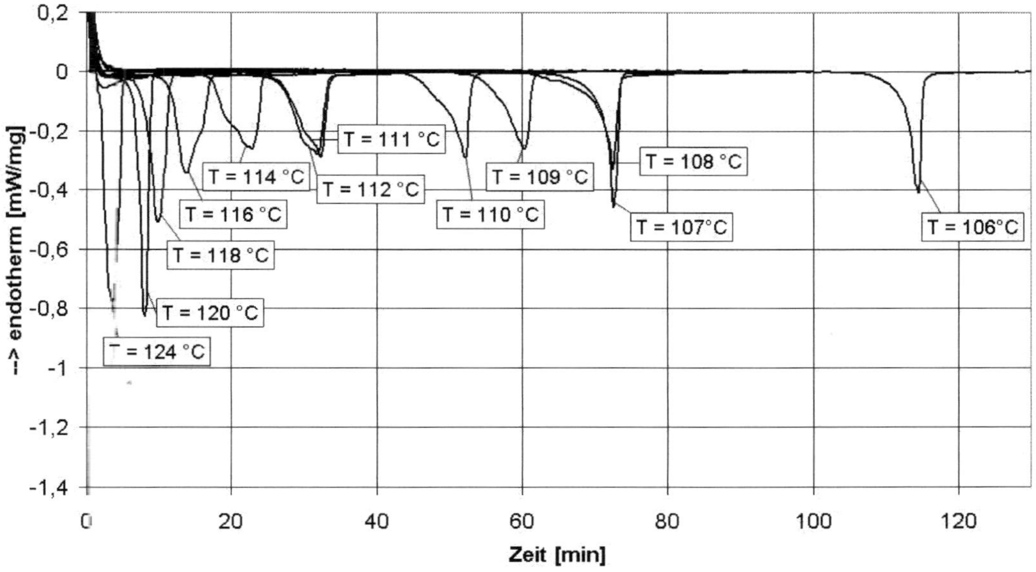

Abbildung 8.17: Isotherme DSC-Messungen von amorphem Laktosepulver (Fa. Uelzena, w = 1,6 %) bei diversen Temperaturen.

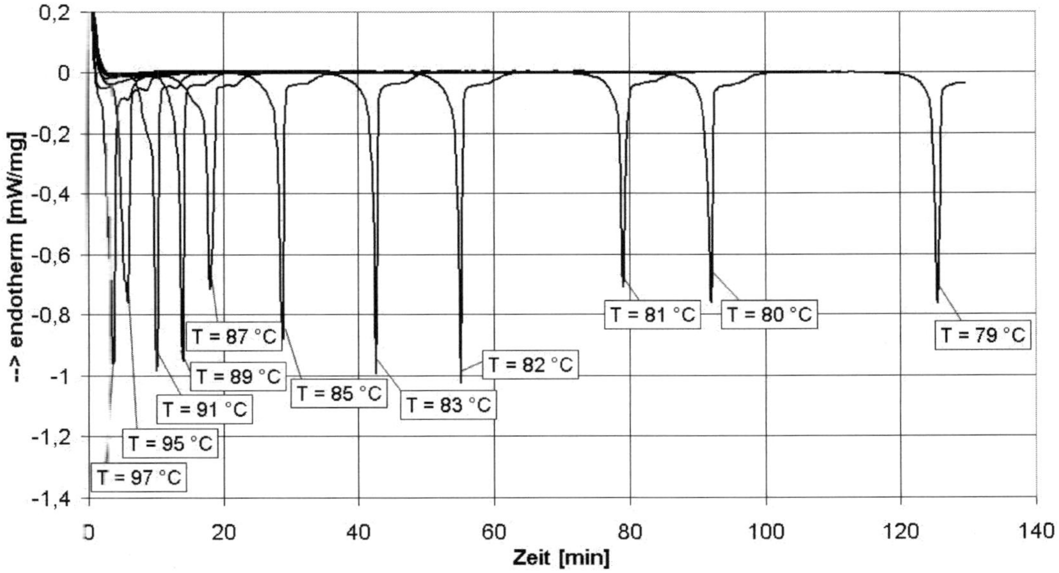

Abbildung 8.18: Isotherme DSC-Messungen von amorphem Laktosepulver (Fa. Uelzena, w = 3,6 %) bei diversen Temperaturen.

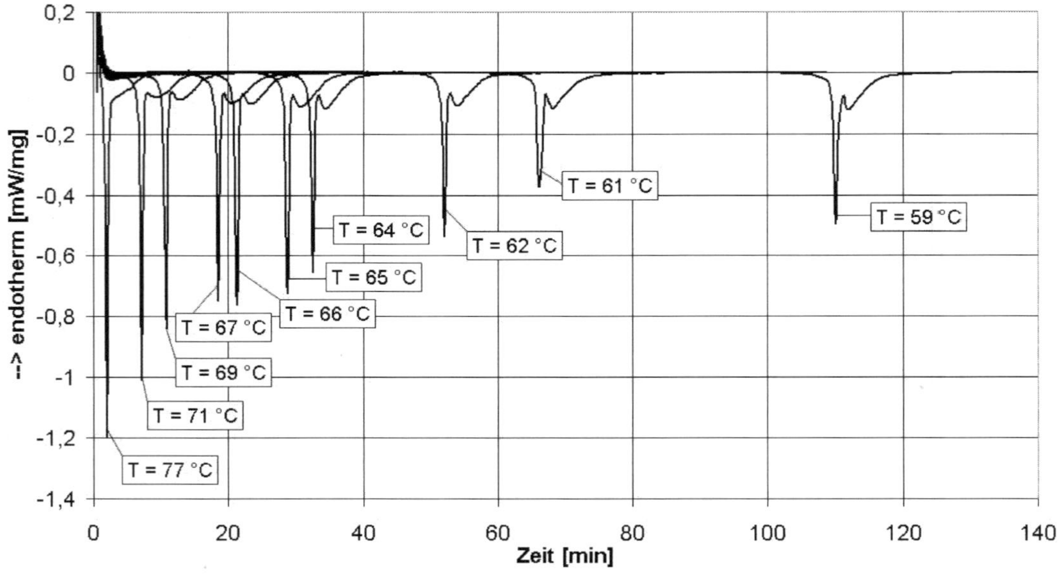

Abbildung 8.19: Isotherme DSC-Messungen von amorphem Laktosepulver (Fa. Uelzena, w = 3,8 %) bei diversen Temperaturen.

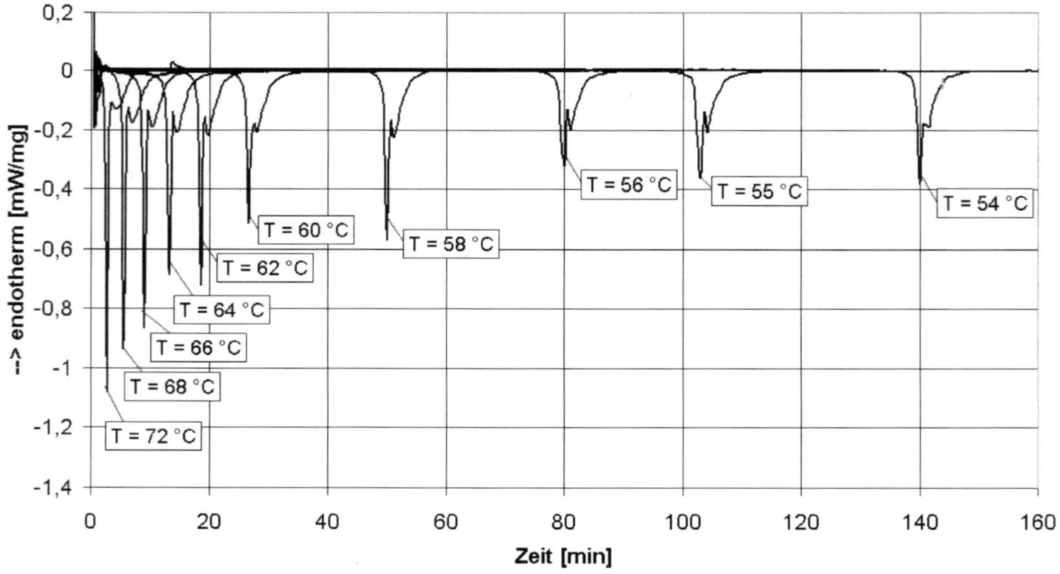

Abbildung 8.20: Isotherme DSC-Messungen von amorphem Laktosepulver (Fa. Uelzena, w = 4,5 %) bei diversen Temperaturen.

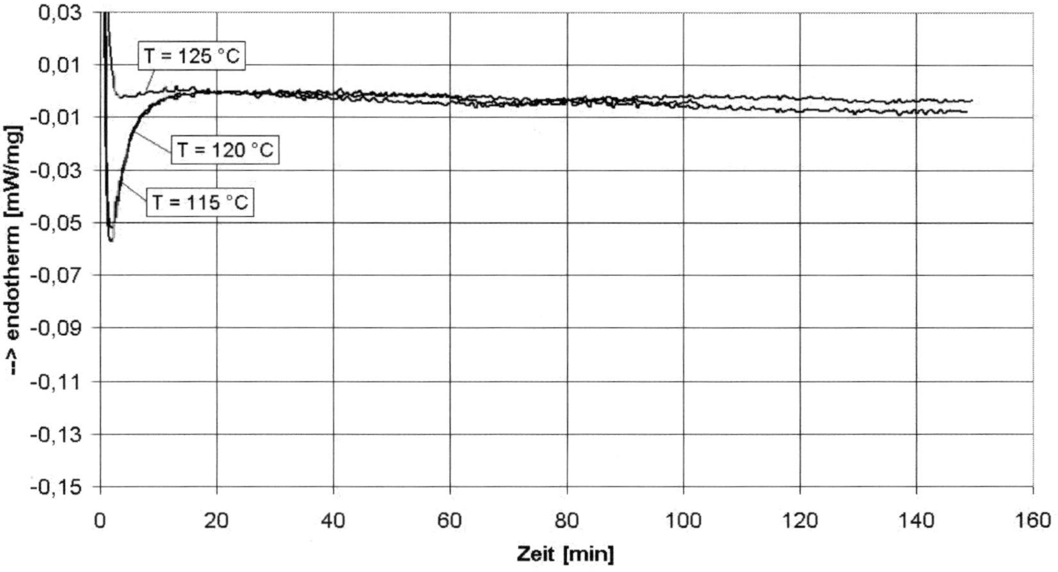

Abbildung 8.21: Isotherme DSC-Messungen von amorphem Molkepermeatpulver (Fa. Meggle, w = 1,8 %) bei diversen Temperaturen.

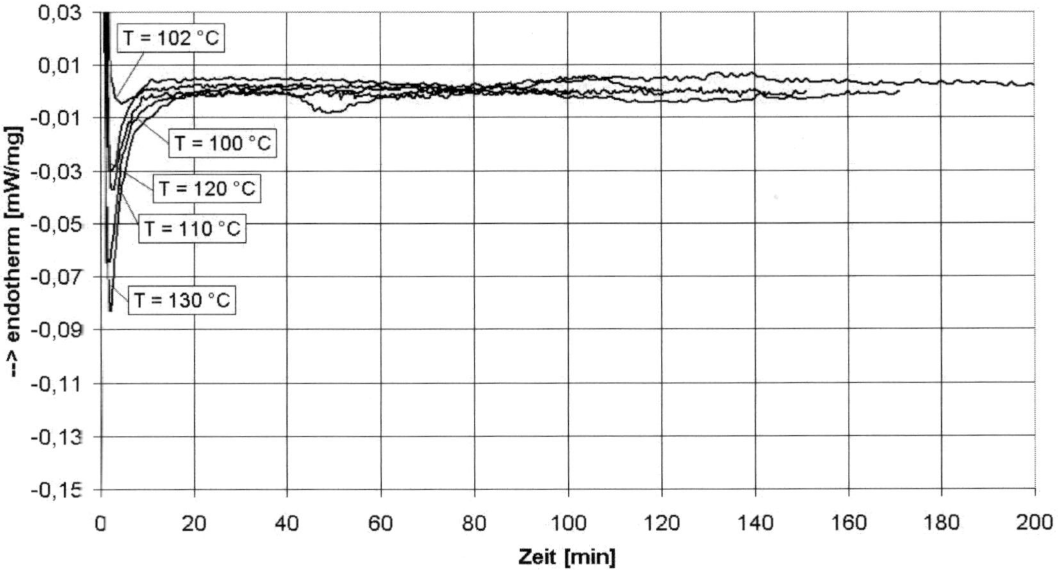

Abbildung 8.22: Isotherme DSC-Messungen von amorphem Molkepermeatpulver (Fa. Meggle, w = 1,9 %) bei diversen Temperaturen.

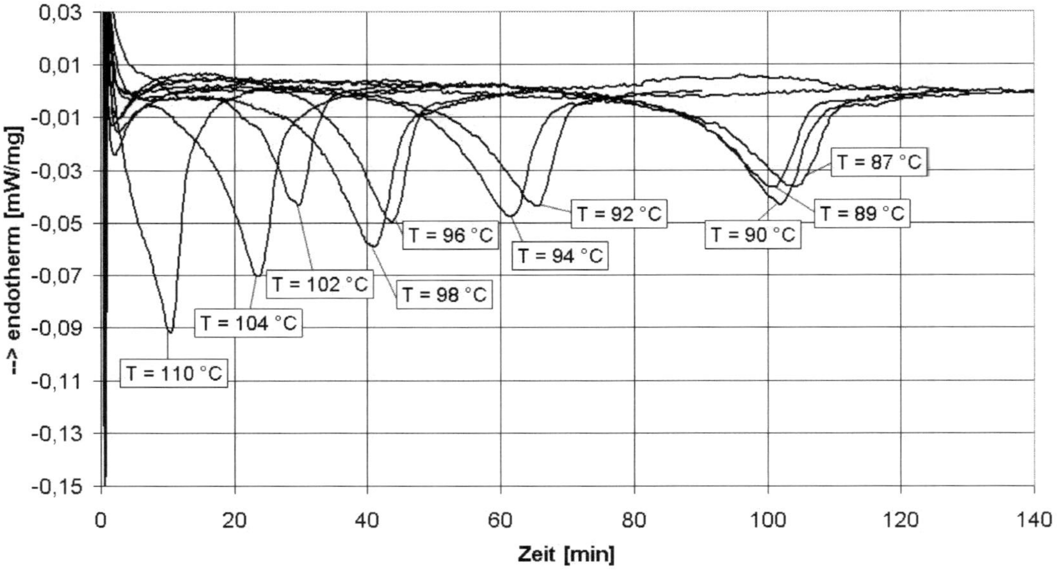

Abbildung 8.23: Isotherme DSC-Messungen von amorphem Molkepermeatpulver (Fa. Meggle, w = 4,4 %) bei diversen Temperaturen.

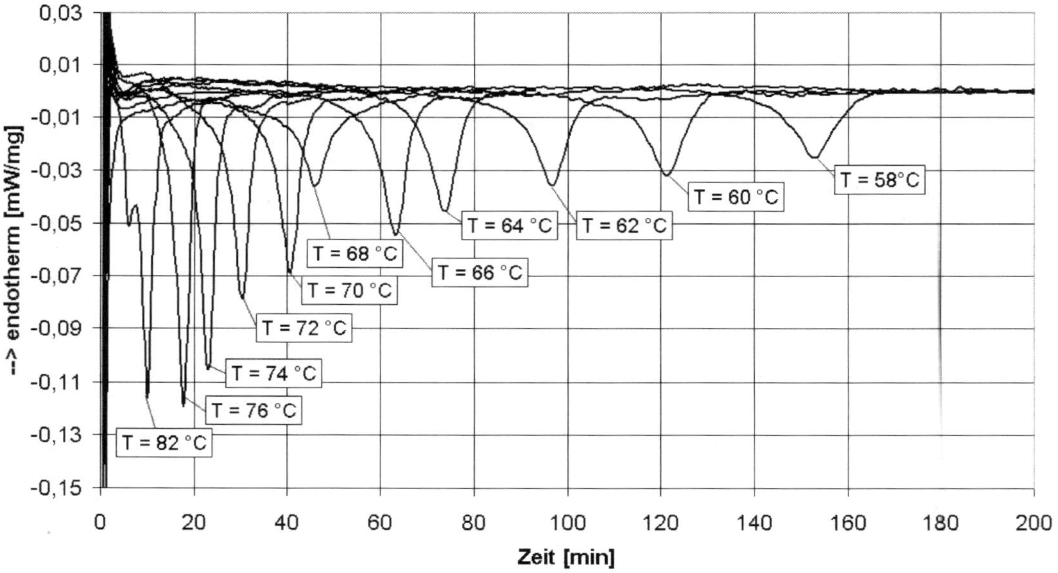

Abbildung 8.24: Isotherme DSC-Messungen von amorphem Molkepermeatpulver (Fa. Meggle, w = 7,4 %) bei diversen Temperaturen.

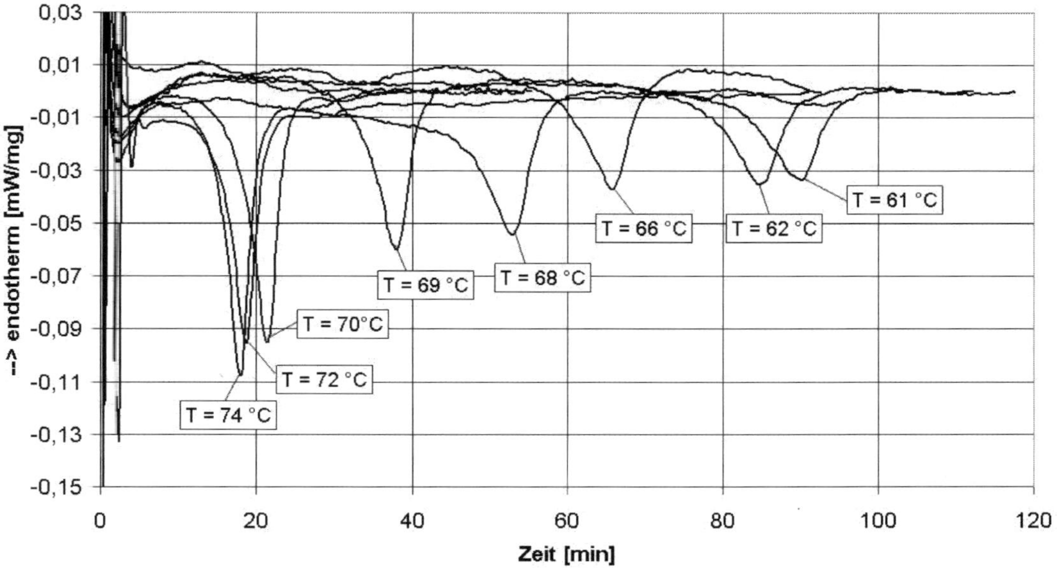

Abbildung 8.25: Isotherme DSC-Messungen von amorphem Molkepermeatpulver (Fa. Meggle, w = 7,5 %) bei diversen Temperaturen.

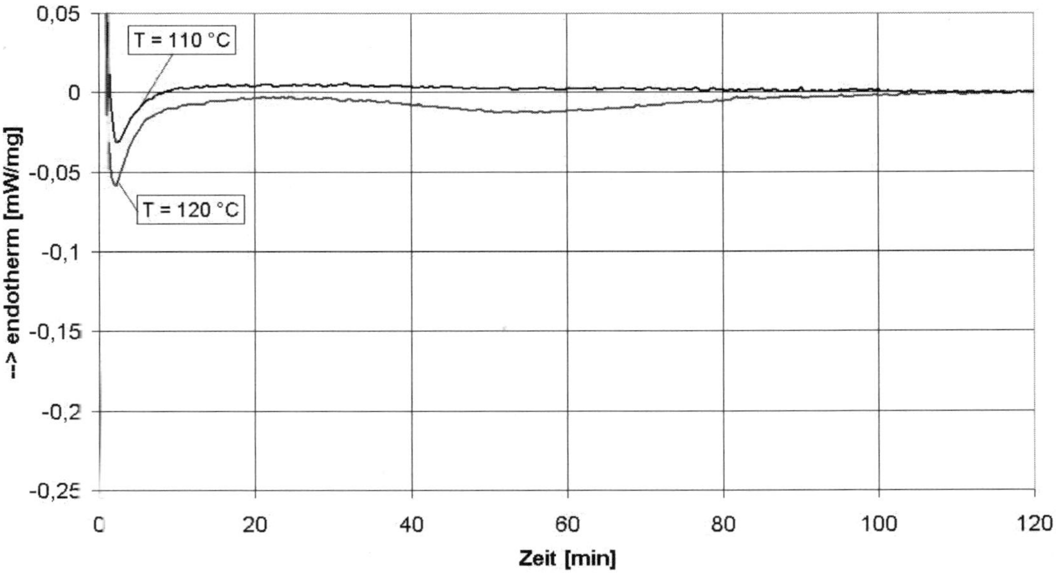

Abbildung 8.26: Isotherme DSC-Messungen von amorphem Molkepulver (Fa. Uelzena, w = 1,6 %) bei diversen Temperaturen.

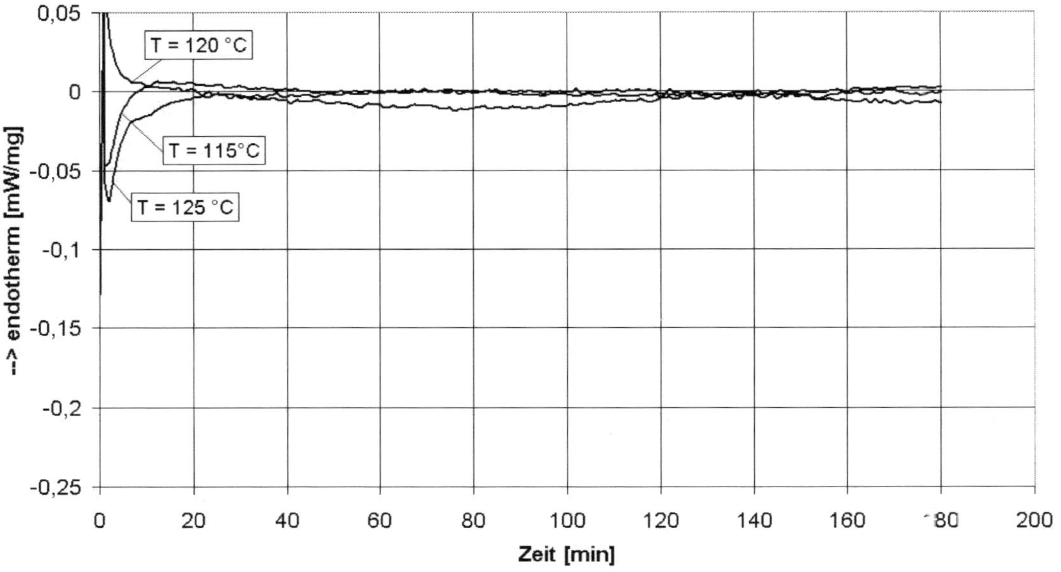

Abbildung 8.27: Isotherme DSC-Messungen von amorphem Molkepulver (Fa. Uelzena, w = 1,63 %) bei diversen Temperaturen.

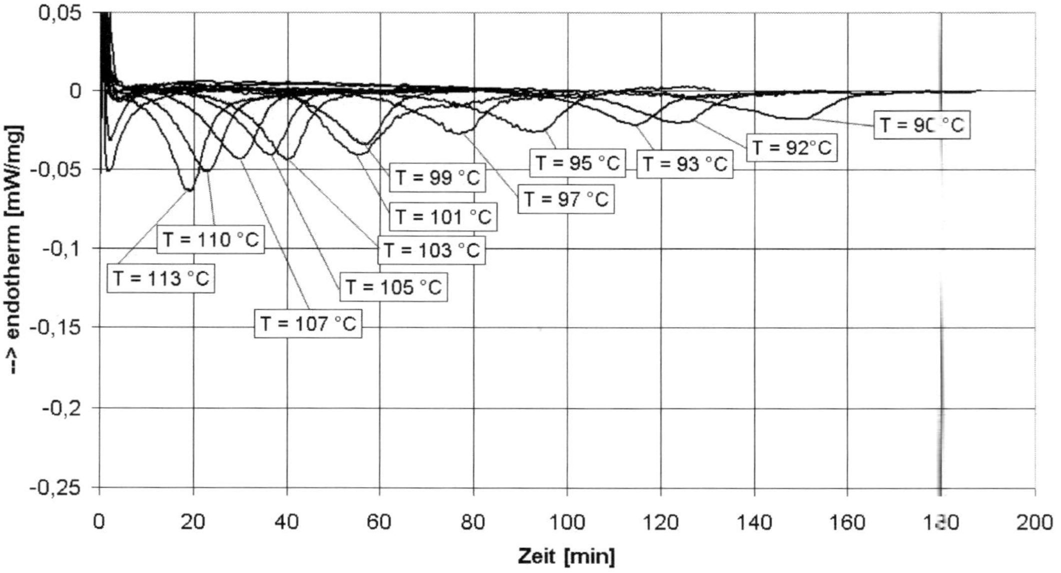

Abbildung 8.28: Isotherme DSC-Messungen von amorphem Molkepulver (Fa. Uelzena, w = 3,9 %) bei diversen Temperaturen.

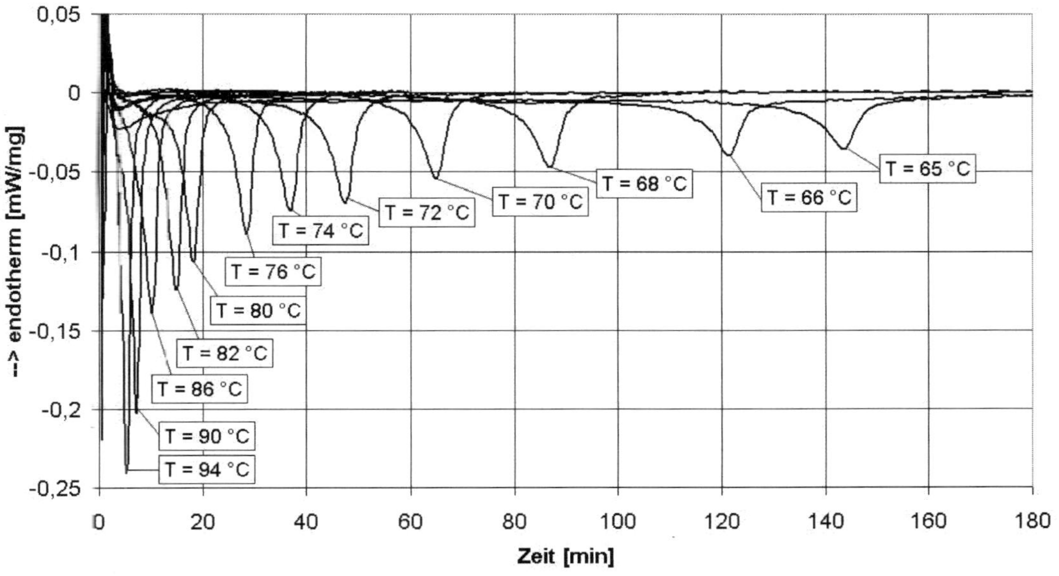

Abbildung 8.29: Isotherme DSC-Messungen von amorphem Molkepulver (Fa. Uelzena, w = 6,2 %) bei diversen Temperaturen.

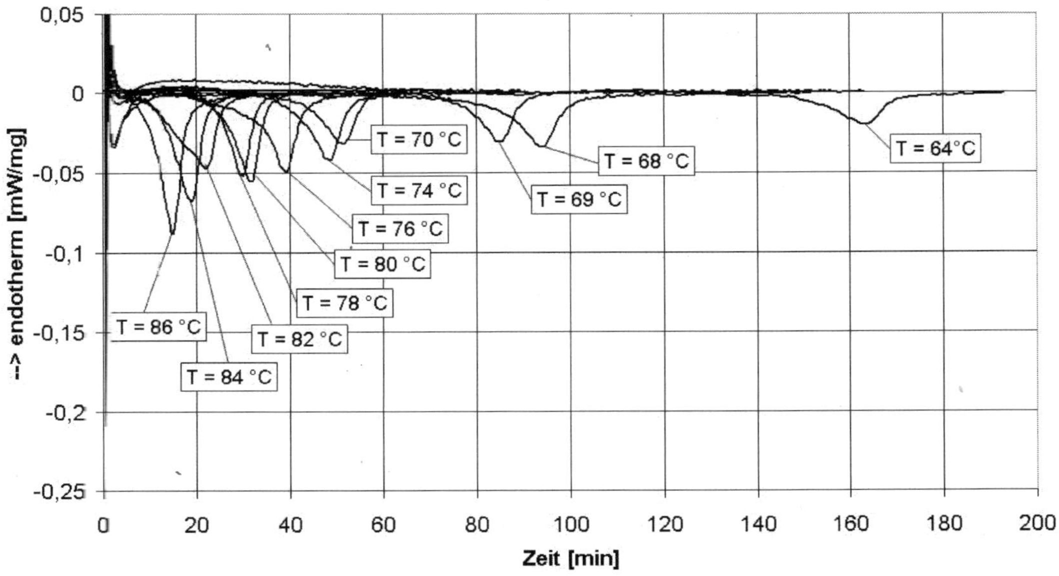

Abbildung 8.30: Isotherme DSC-Messungen von amorphem Molkepulver (Fa. Uelzena, w = 6,3 %) bei diversen Temperaturen.

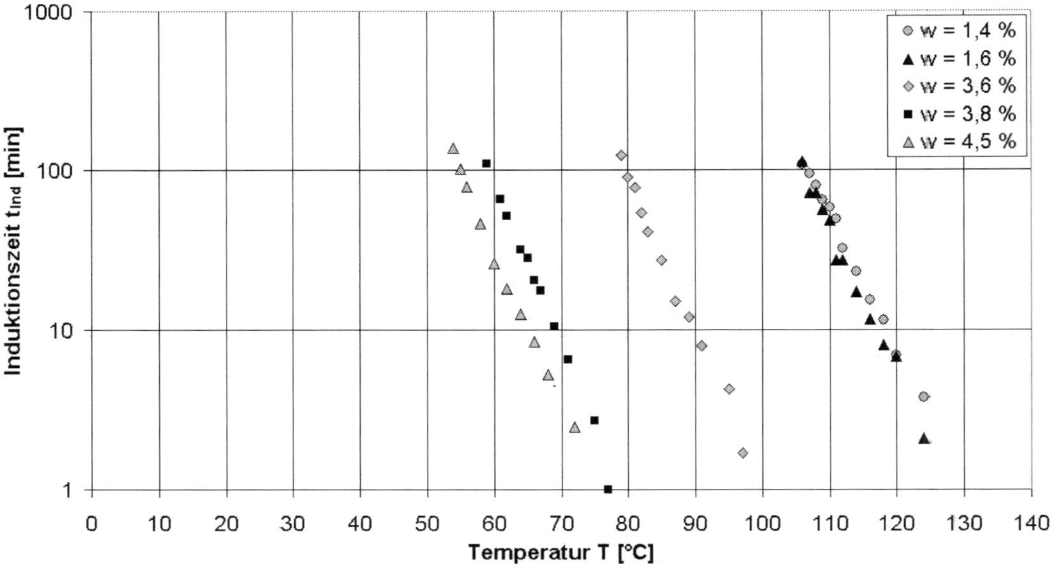

Abbildung 8.31: Induktionszeiten der Kristallisation in Laktospulver (Fa. Uelzena) von verschieden feuchten Pulvern bei diversen Temperaturen.

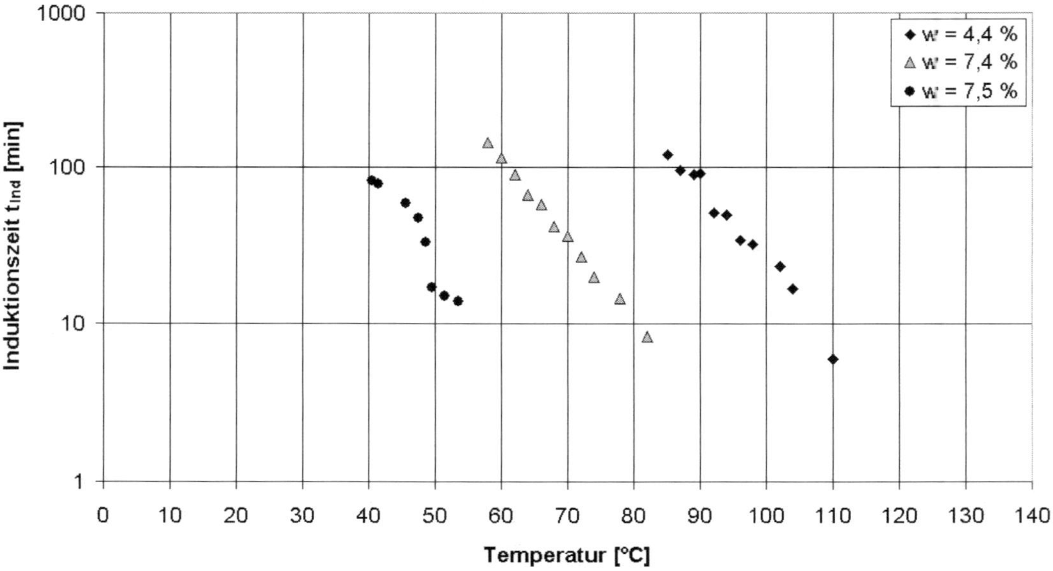

Abbildung 8.32: Induktionszeiten der Kristallisation in Molkepermeatpulver (Fa. Meggle) von verschieden feuchten Pulvern bei diversen Temperaturen.

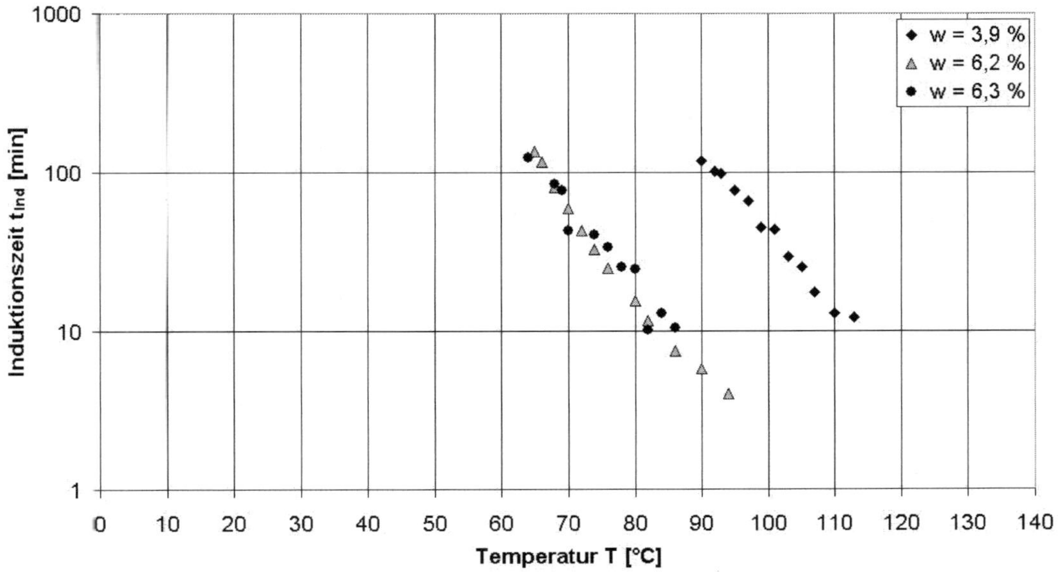

Abbildung 8.33: Induktionszeiten der Kristallisation in Molkepulver (Fa. Uelzena) von verschieden feuchten Pulvern bei diversen Temperaturen.

8.4.3 Verweilzeiten der Nachkristallisation

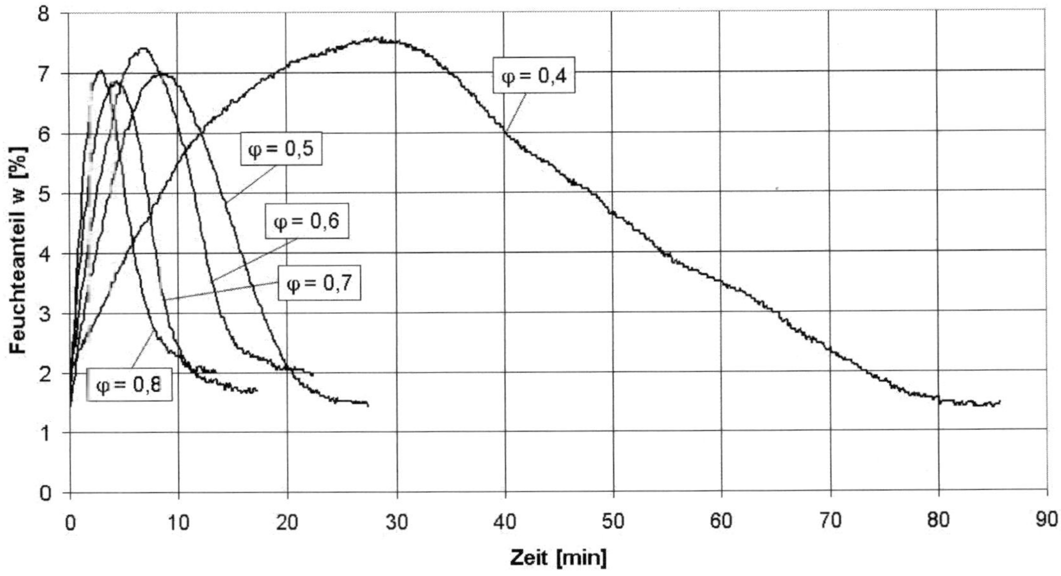

Abbildung 8.34: Sorptions- und Kristallisationsverlauf von amorpher Laktose bei T = 50 °C.

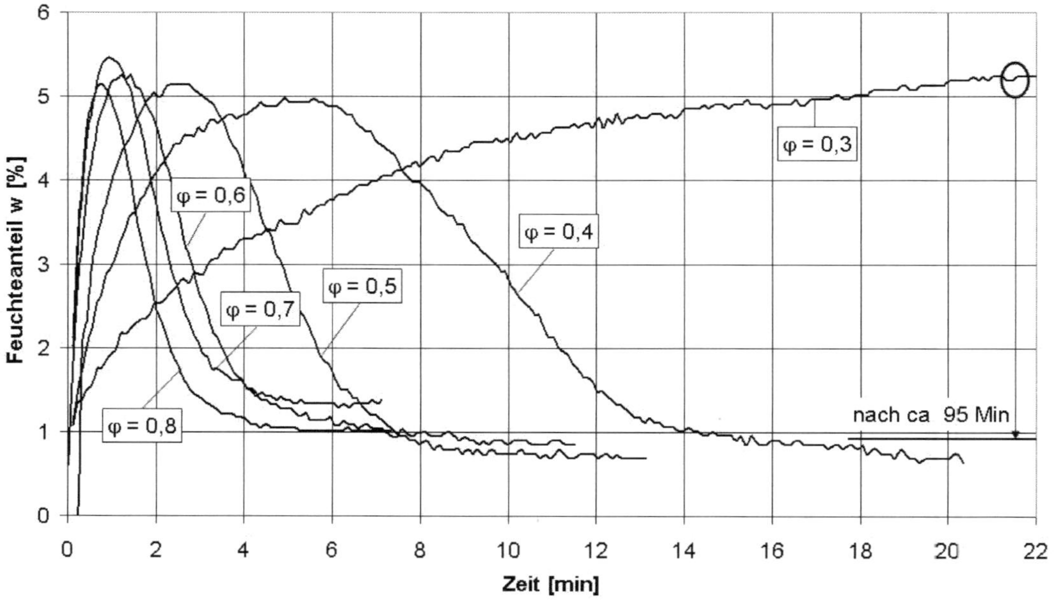

Abbildung 8.35: Sorptions- und Kristallisationsverlauf von amorpher Laktose bei T = 70 °C.

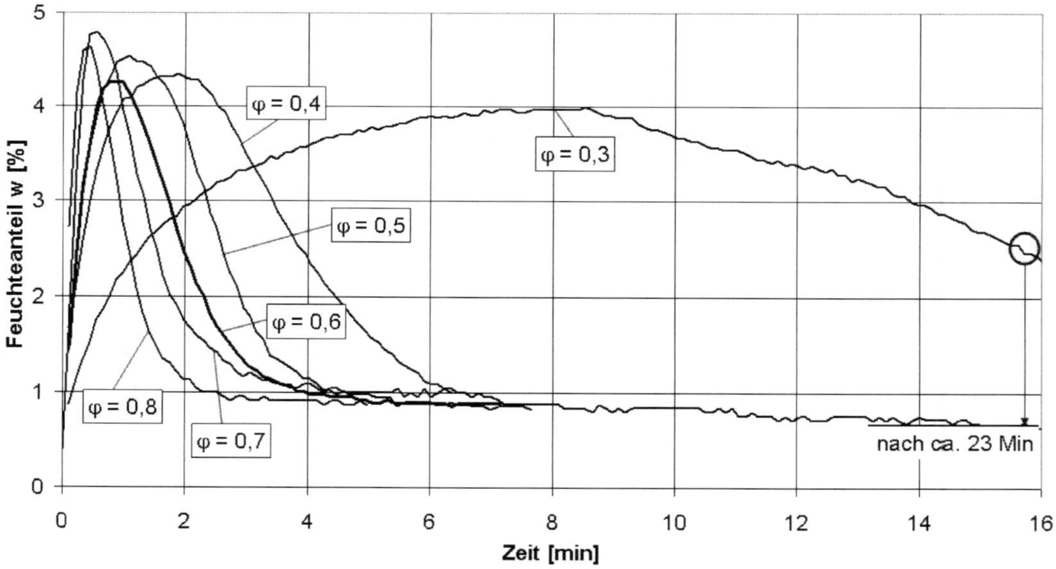

Abbildung 8.36: Sorptions- und Kristallisationsverlauf von amorpher Laktose bei T = 80 °C.

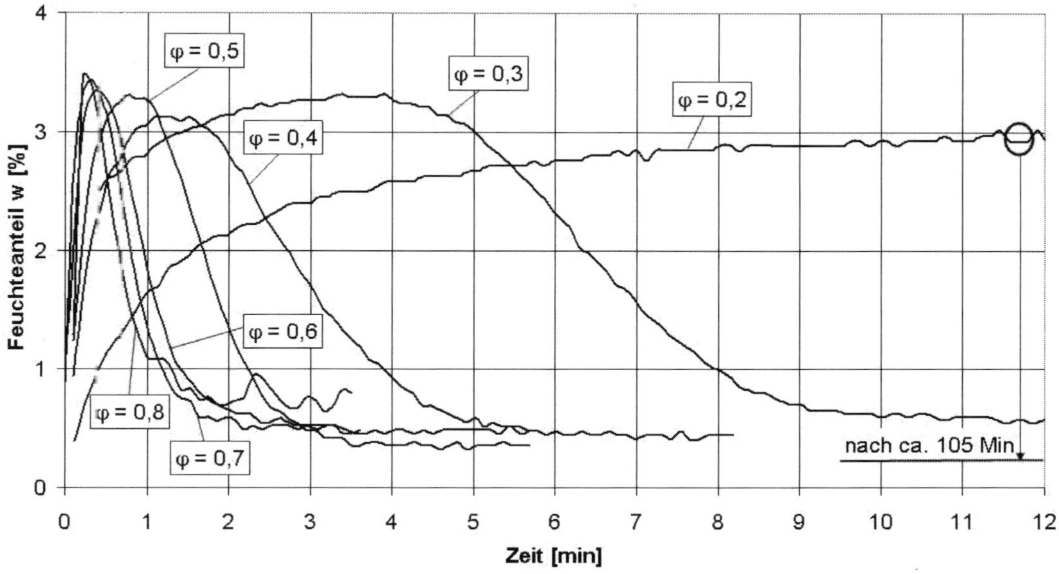

Abbildung 8.37: Sorptions- und Kristallisationsverlauf von amorpher Laktose bei T = 90 °C.

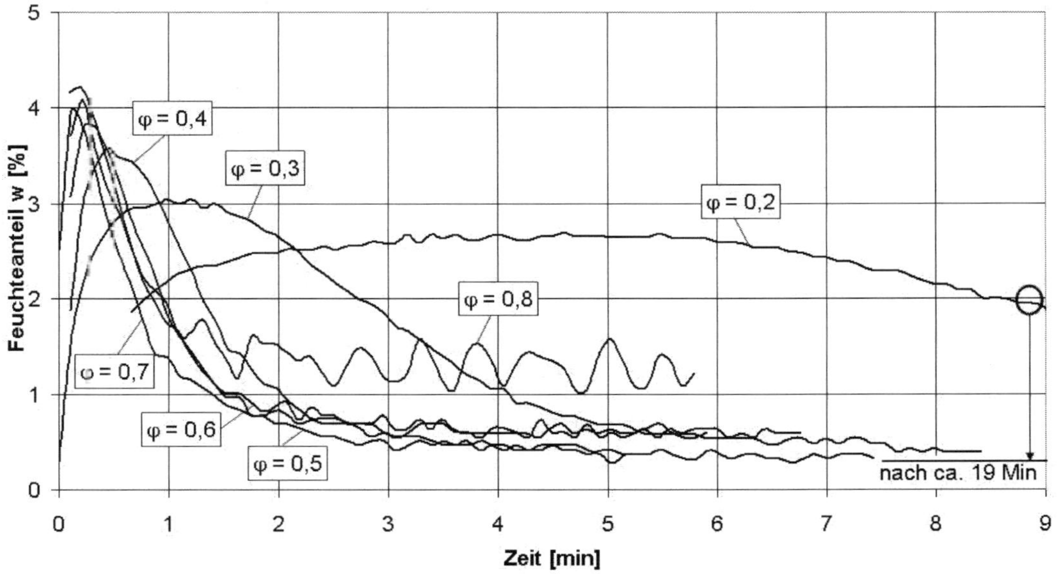

Abbildung 8.38: Sorptions- und Kristallisationsverlauf von amorpher Laktose bei T = 100 °C.

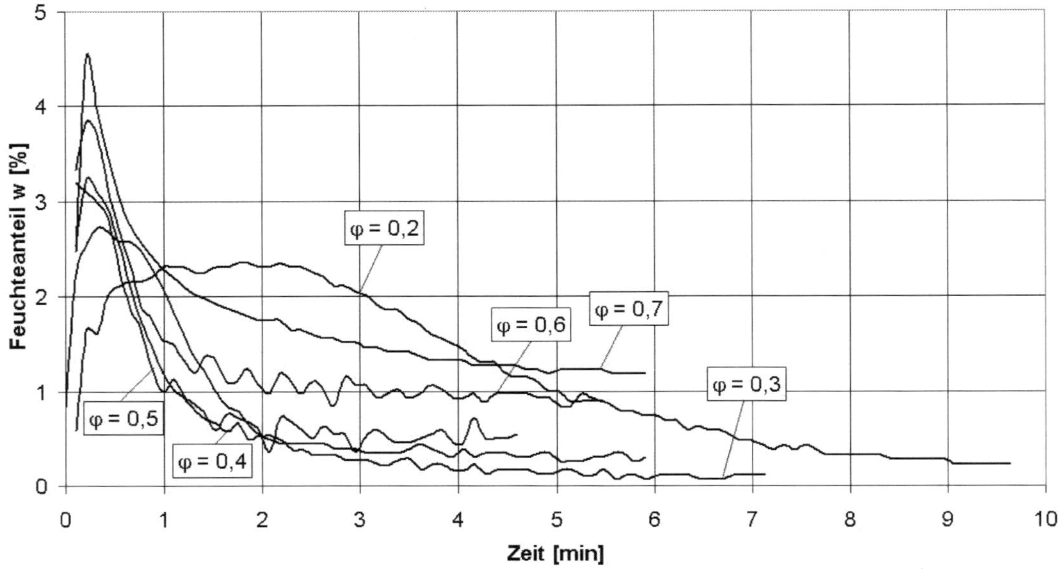

Abbildung 8.39: Sorptions- und Kristallisationsverlauf von amorpher Laktose bei T = 110 °C.

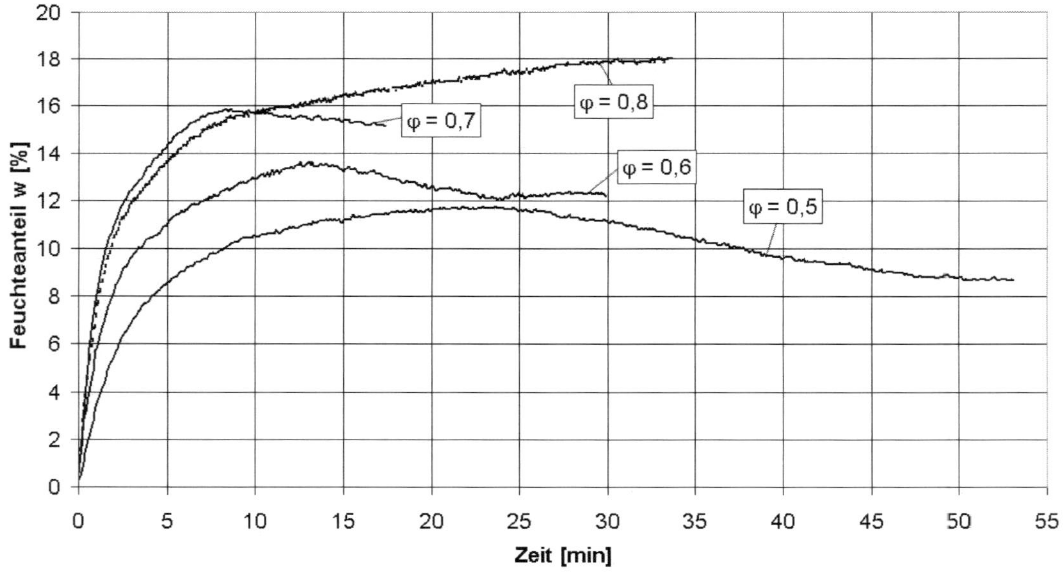

Abbildung 8.40: Sorptions- und Kristallisationsverlauf von amorphem Molkepermeat bei T = 50 °C.

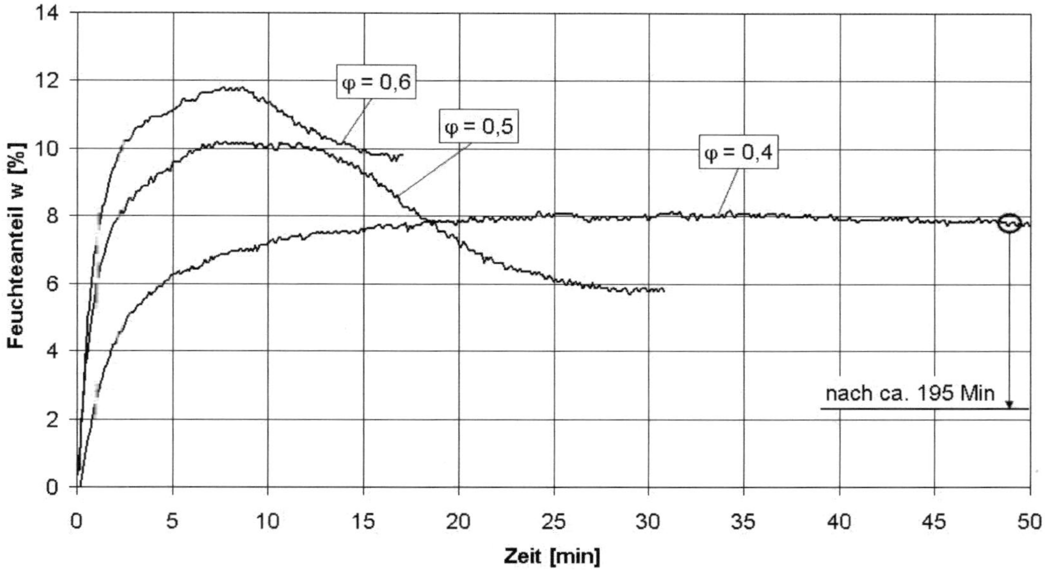

Abbildung 8.41: Sorptions- und Kristallisationsverlauf von amorphem Molkepermeat bei T = 60 °C.

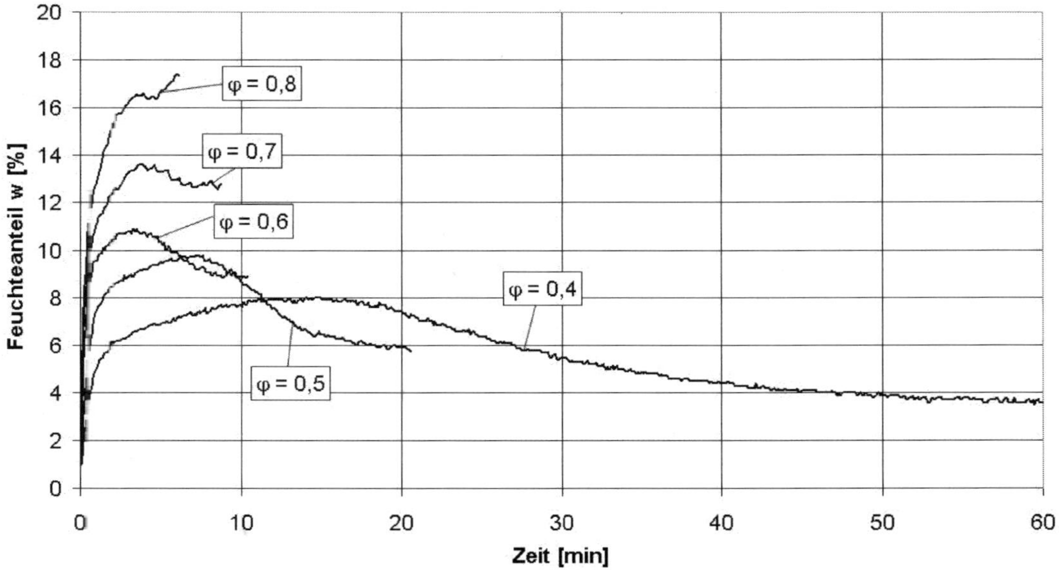

Abbildung 8.42: Sorptions- und Kristallisationsverlauf von amorphem Molkepermeat bei T = 70 °C.

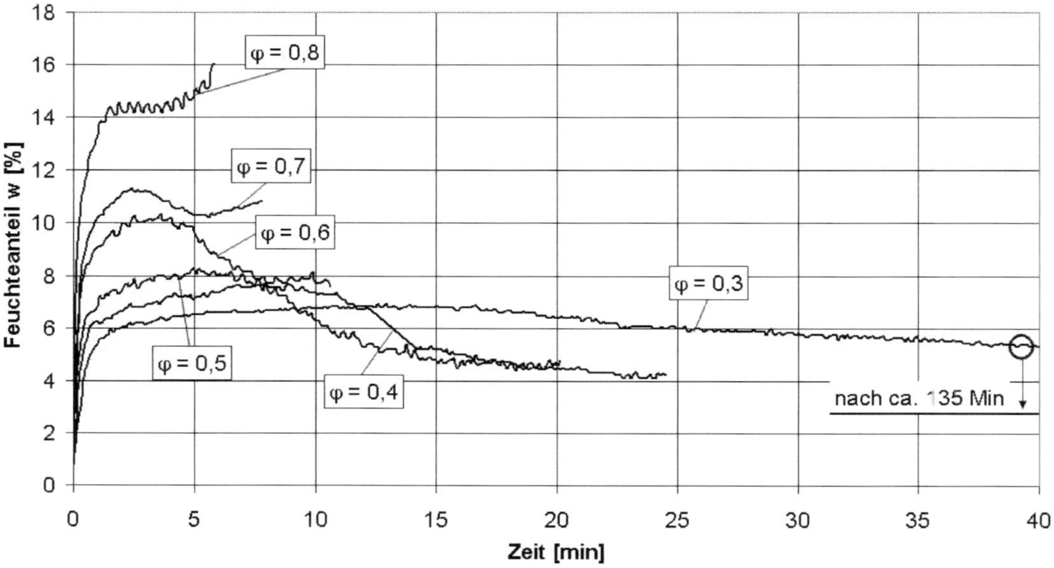

Abbildung 8.43: Sorptions- und Kristallisationsverlauf von amorphem Molkepermeat bei T = 80 °C.

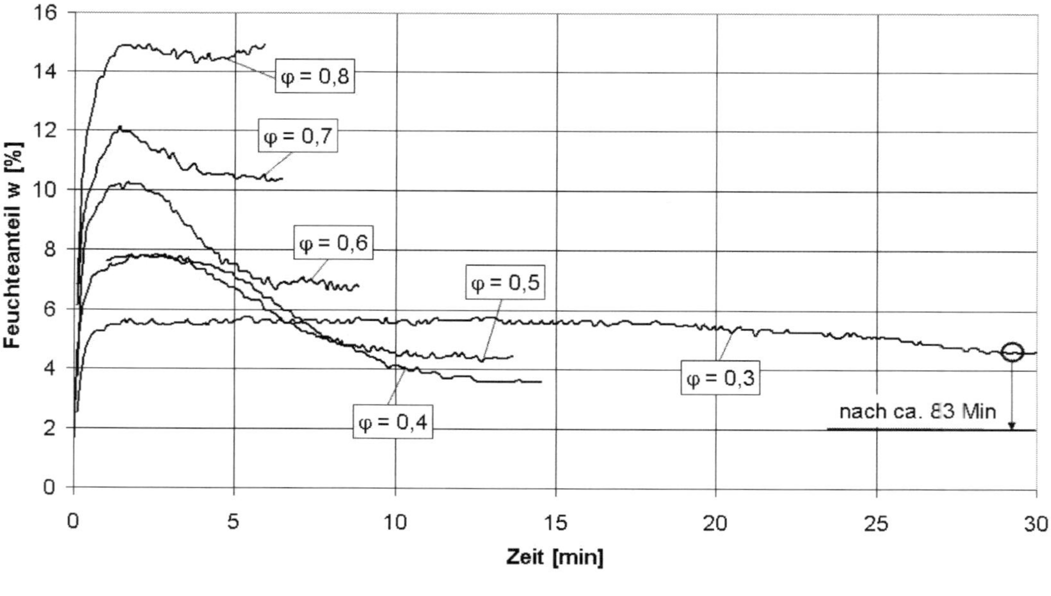

Abbildung 8.44: Sorptions- und Kristallisationsverlauf von amorphem Molkepermeat bei T = 90 °C.

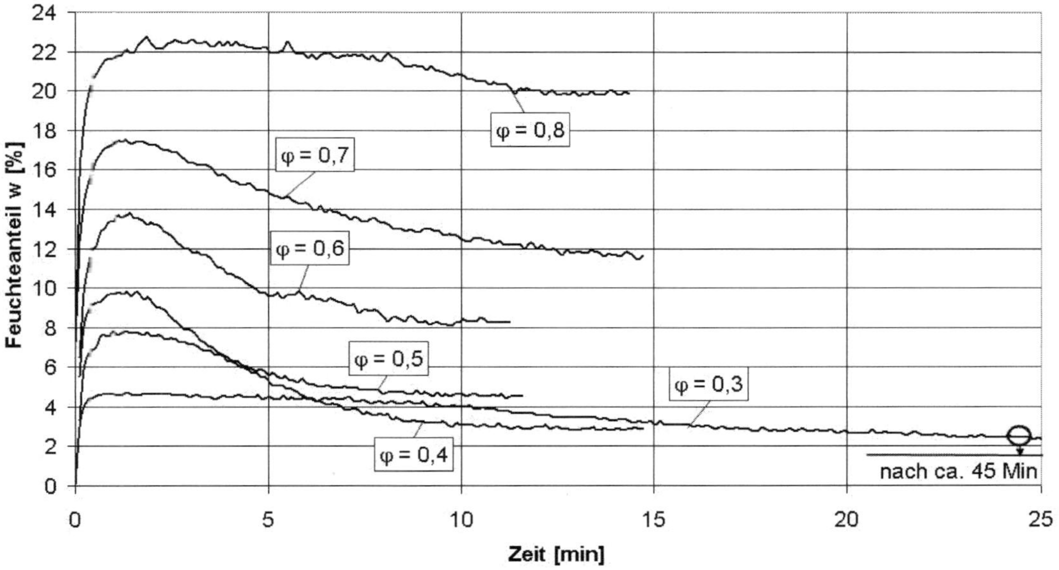

Abbildung 8.45: Sorptions- und Kristallisationsverlauf von amorphem Molkepermeat bei T = 100 °C.

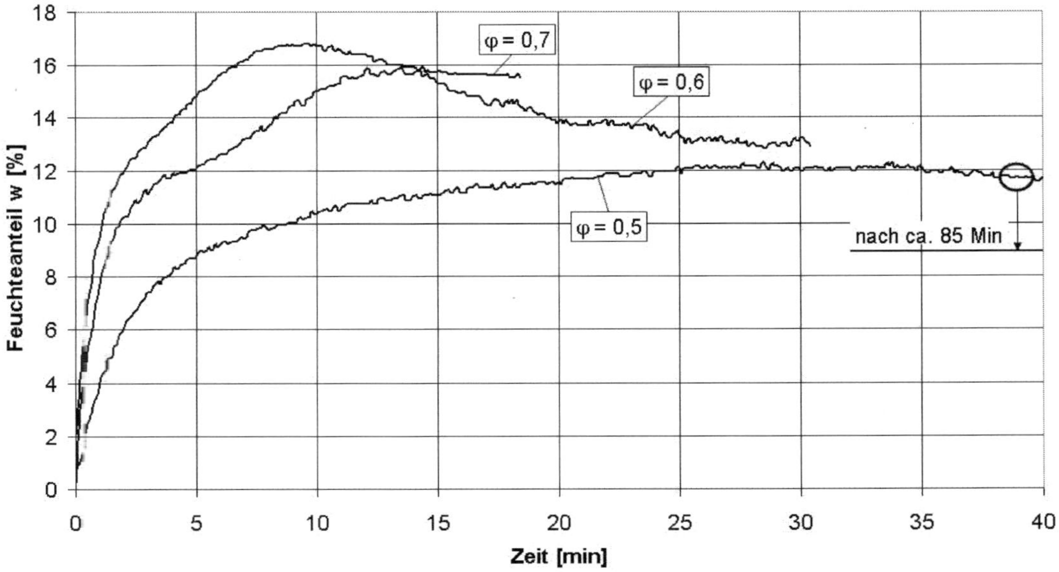

Abbildung 8.46: Sorptions- und Kristallisationsverlauf von amorpher Molke bei T = 50 °C.

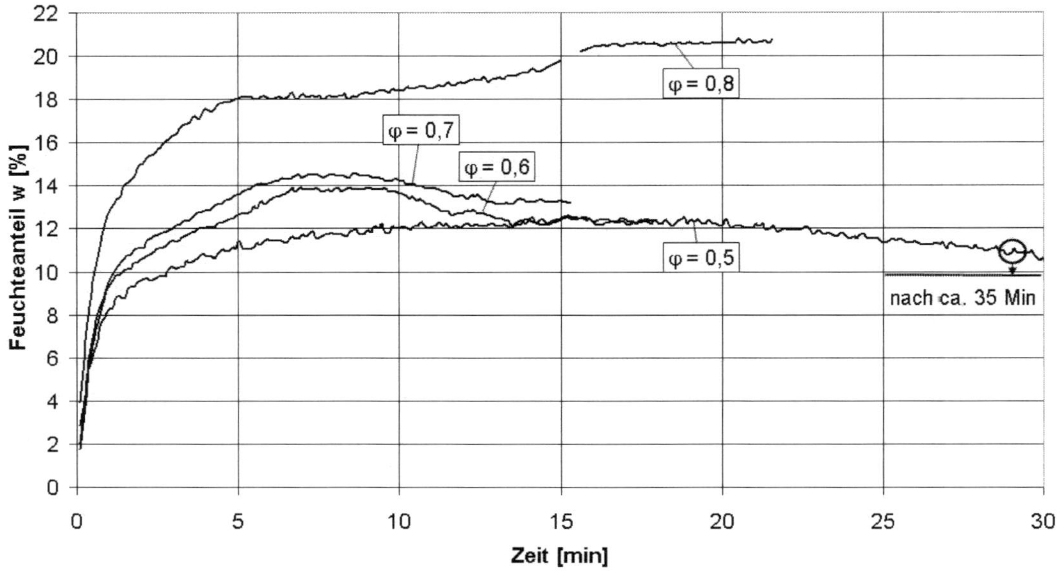

Abbildung 8.47: Sorptions- und Kristallisationsverlauf von amorpher Molke bei T = 60 °C.

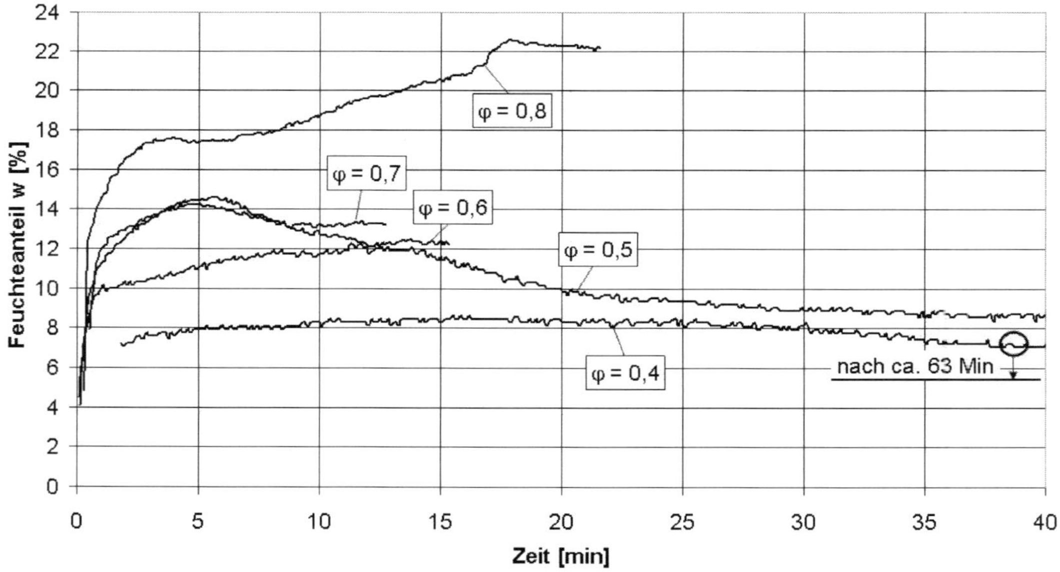

Abbildung 8.48: Sorptions- und Kristallisationsverlauf von amorpher Molke bei T = 70 °C.

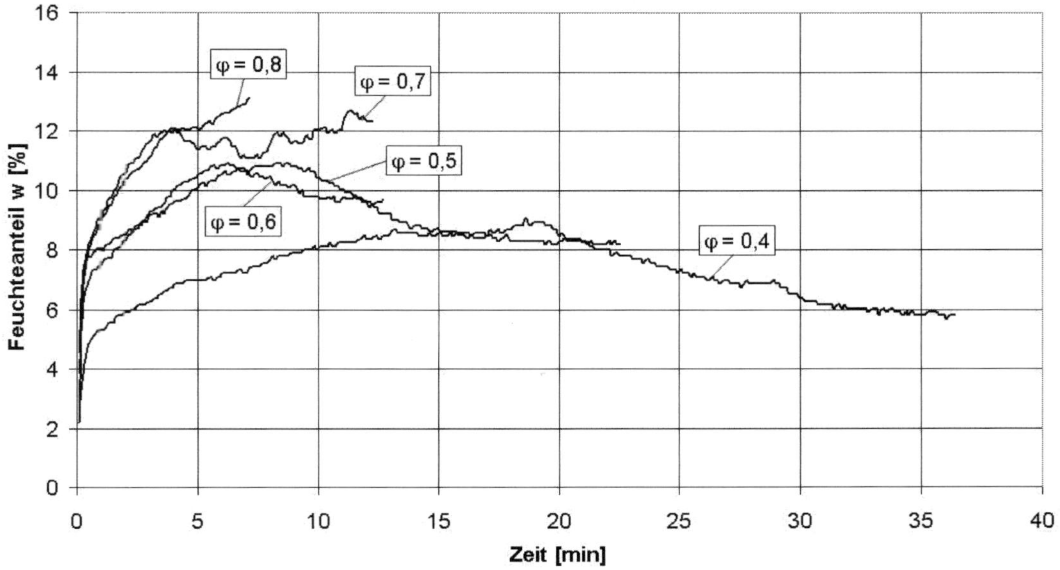

Abbildung 8.49: Sorptions- und Kristallisationsverlauf von amorpher Molke bei T = 80 °C.

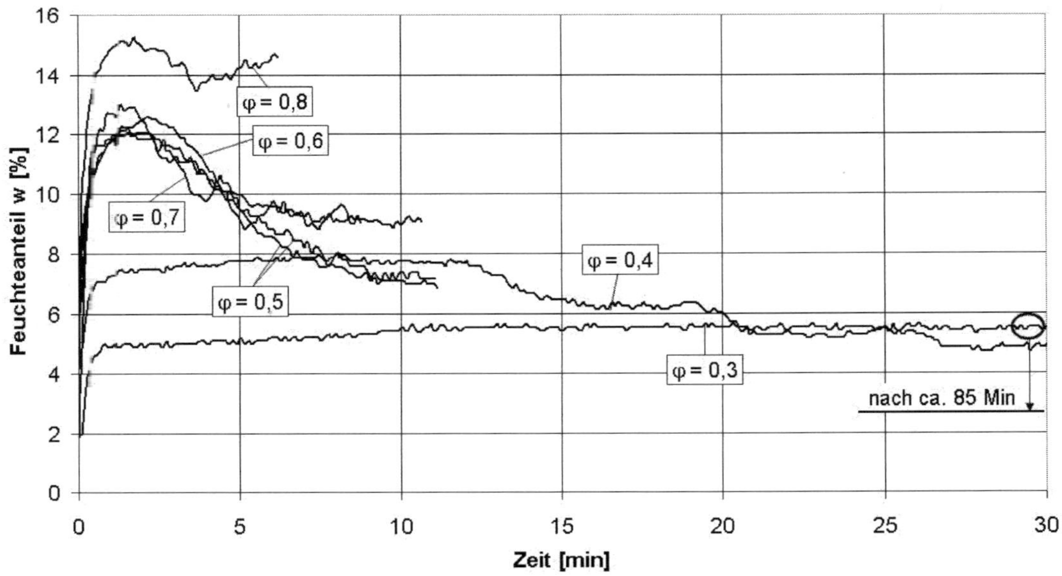

Abbildung 8.50: Sorptions- und Kristallisationsverlauf von amorpher Molke bei T = 90 °C.

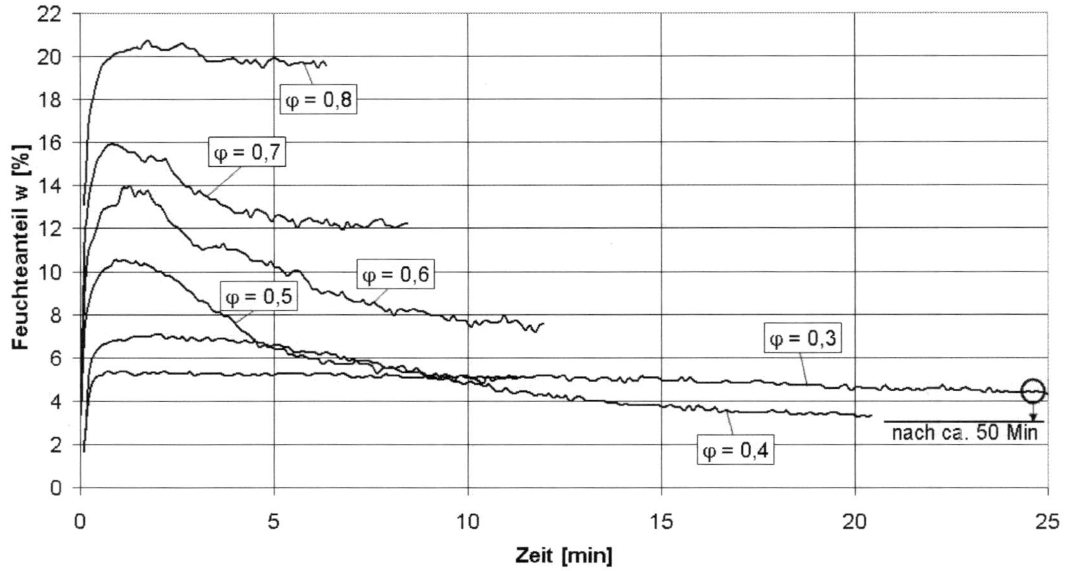

Abbildung 8.51: Sorptions- und Kristallisationsverlauf von amorpher Molke bei T = 100 °C.

8.4.4 Analyse der nachkristallisierten Proben mittels DSC-Messungen

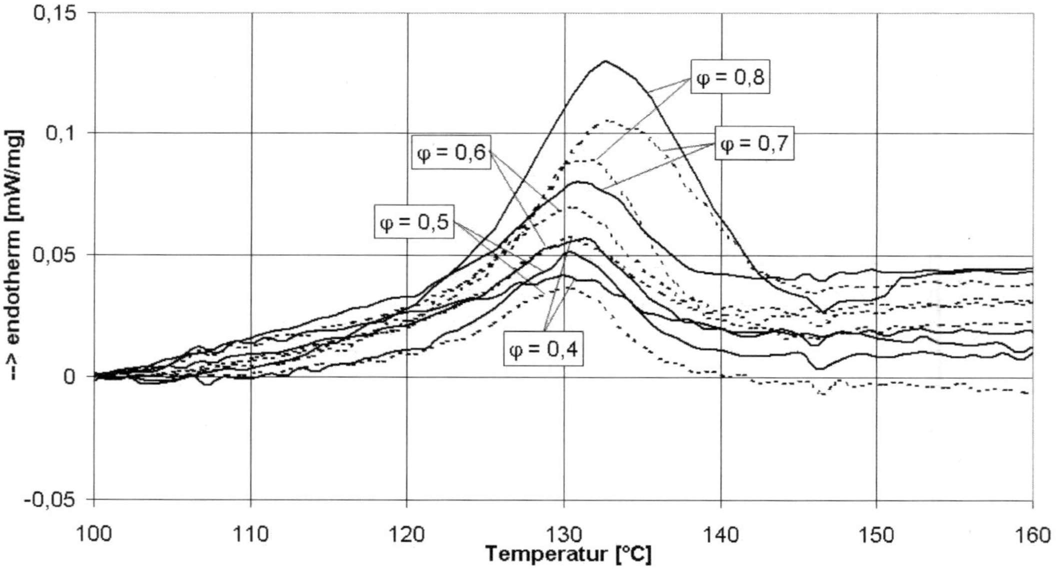

Abbildung 8.52: DSC-Messungen des bei T = 50 °C kristallisierten Laktosepulvers.

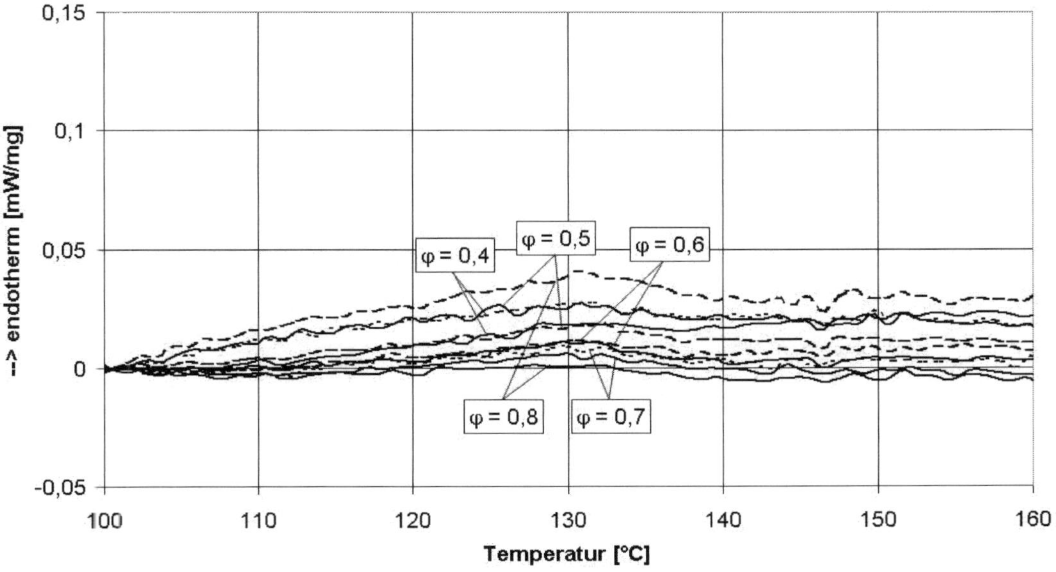

Abbildung 8.53: DSC-Messungen des bei T = 60 °C kristallisierten Laktosepulvers.

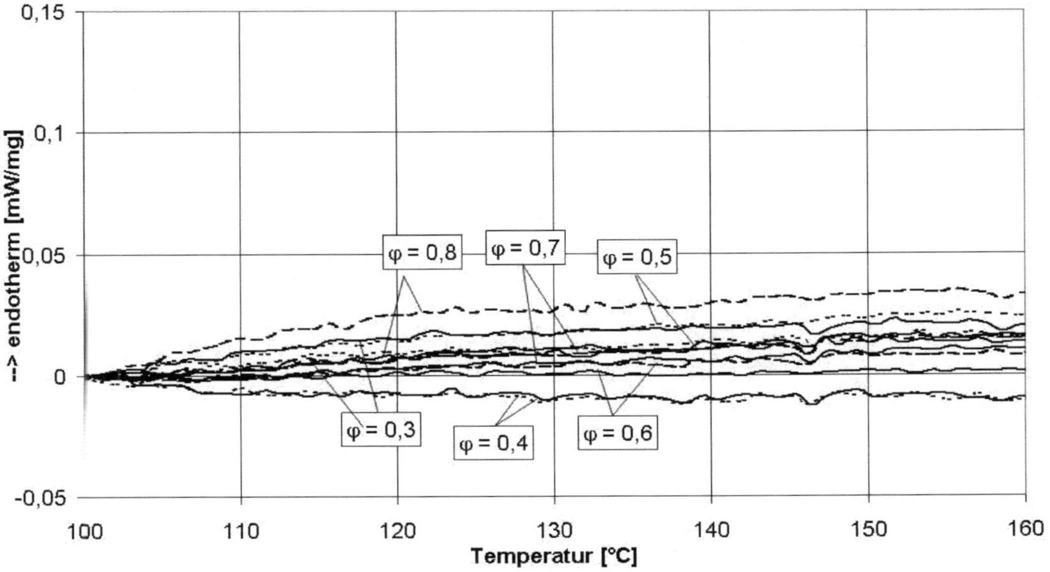

Abbildung 8.54: *DSC-Messungen des bei T = 70 °C kristallisierten Laktosepulvers.*

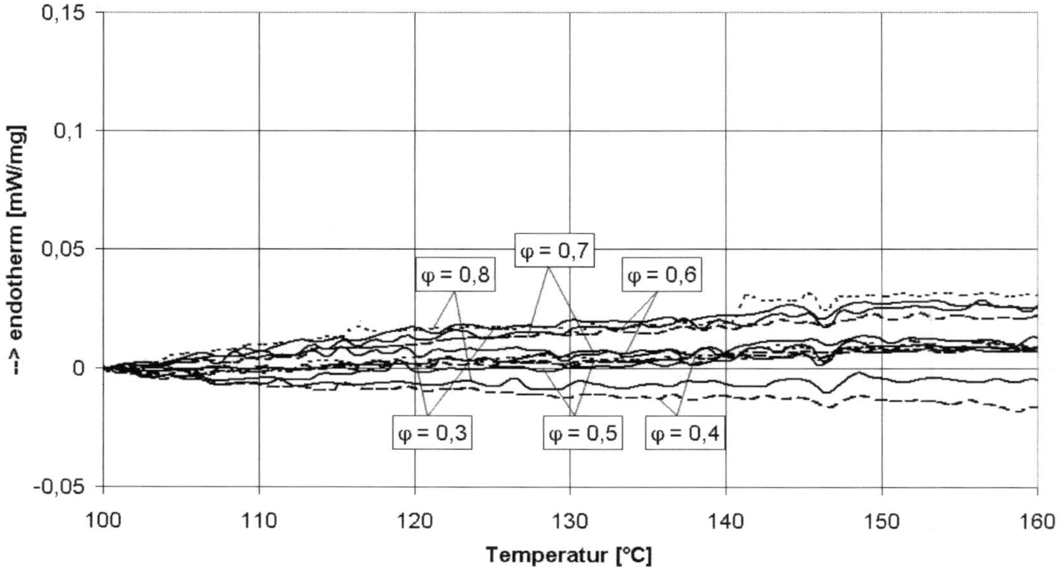

Abbildung 8.55: DSC-Messungen des bei T = 80 °C kristallisierten Laktosepulvers.

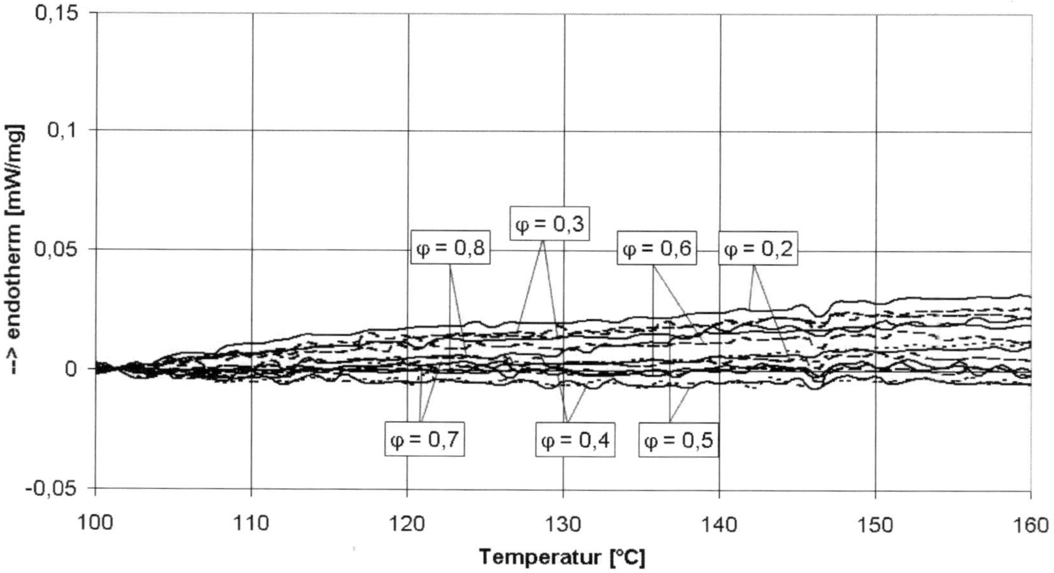

Abbildung 8.56: DSC-Messungen des bei T = 90 °C kristallisierten Laktosepulvers.

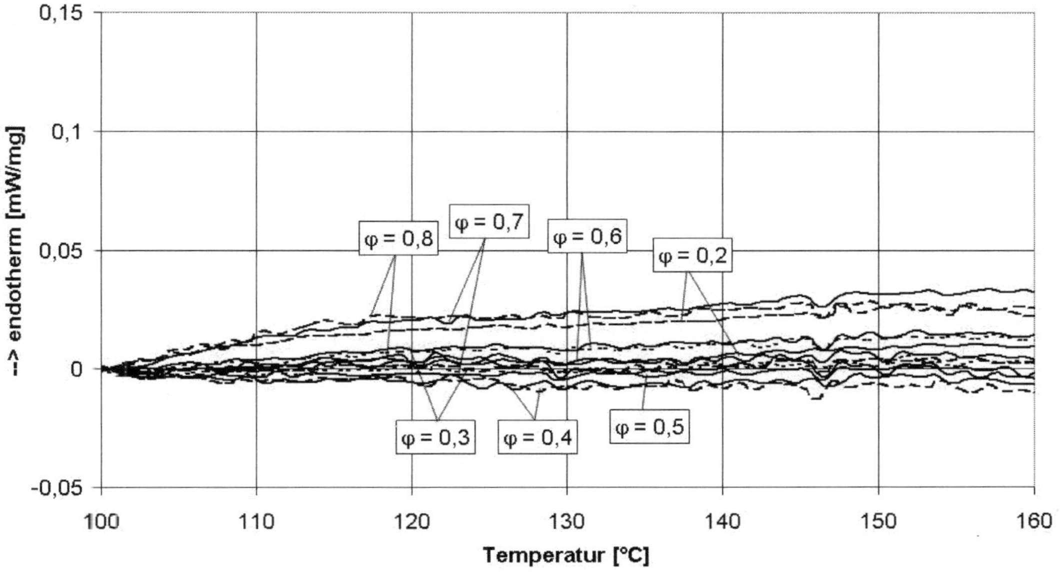

Abbildung 8.57: DSC-Messungen des bei T = 100 °C kristallisierten Laktosepulvers.

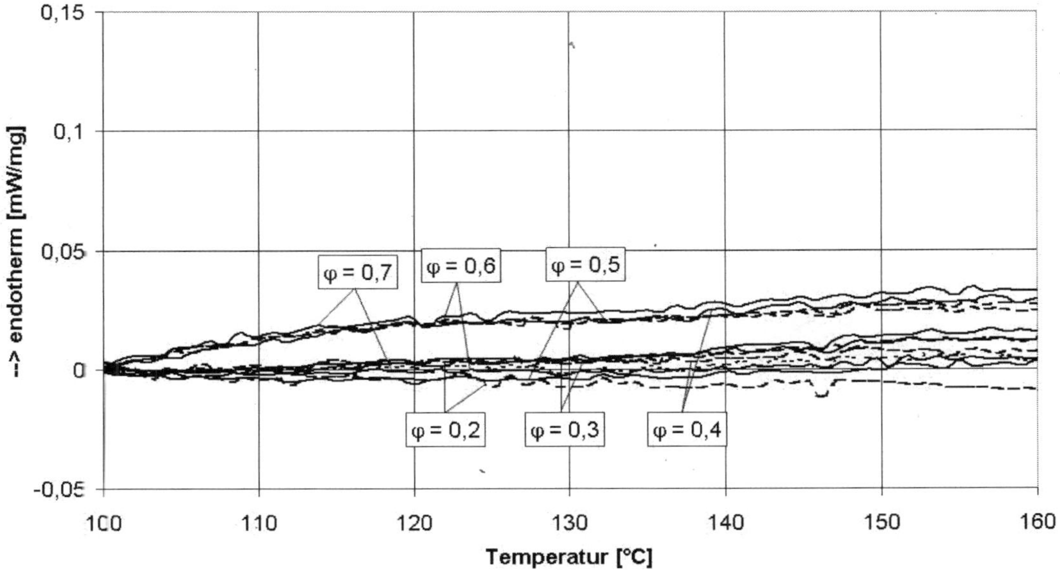

Abbildung 8.58: DSC-Messungen des bei T = 110 °C kristallisierten Laktosepulvers.

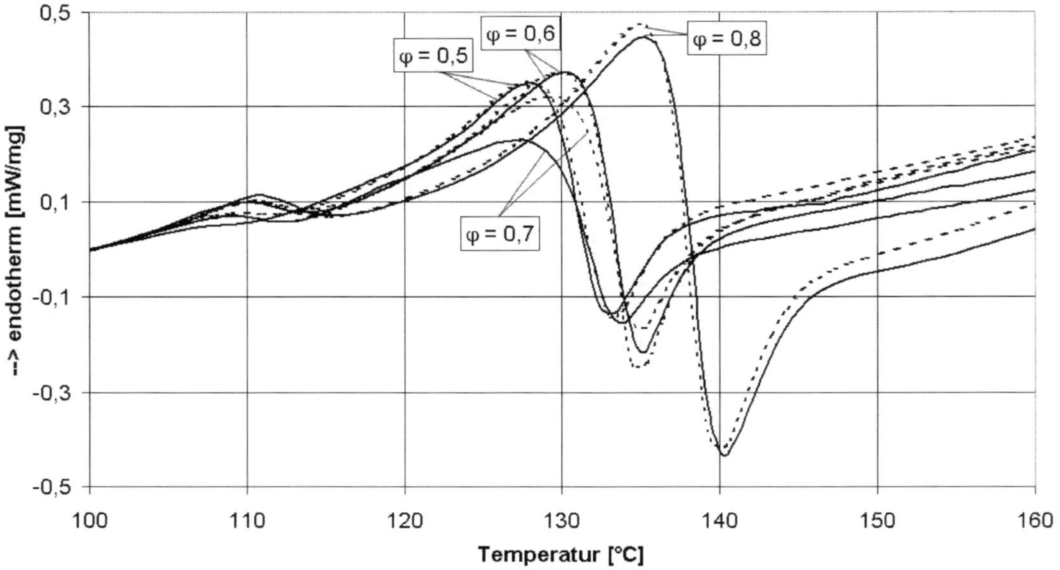

Abbildung 8.59: DSC-Messungen des bei T = 50 °C kristallisierten Molkepermeatspulvers.

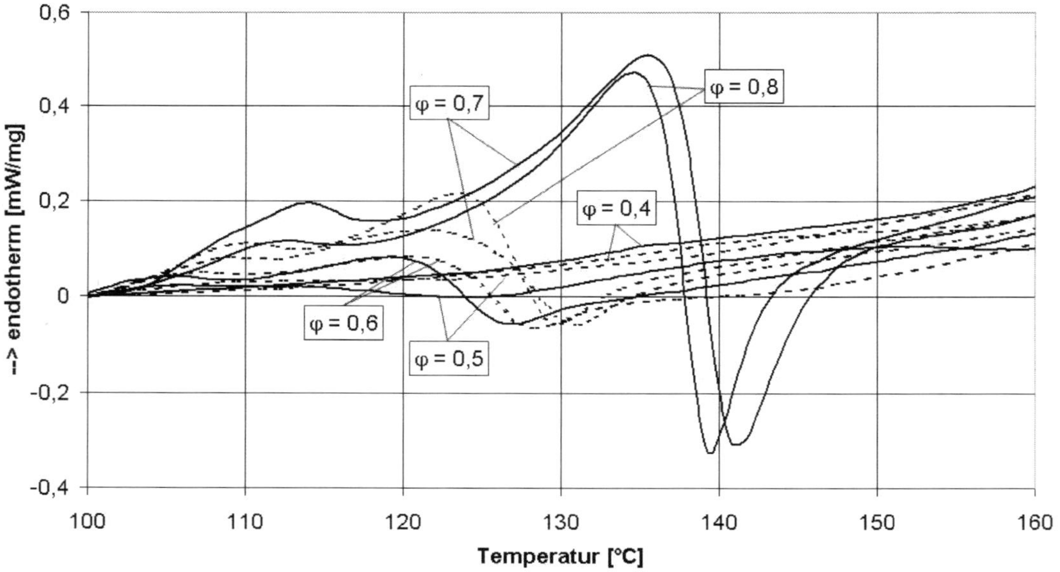

Abbildung 8.60: DSC-Messungen des bei T = 60 °C kristallisierten Molkepermeatspulvers.

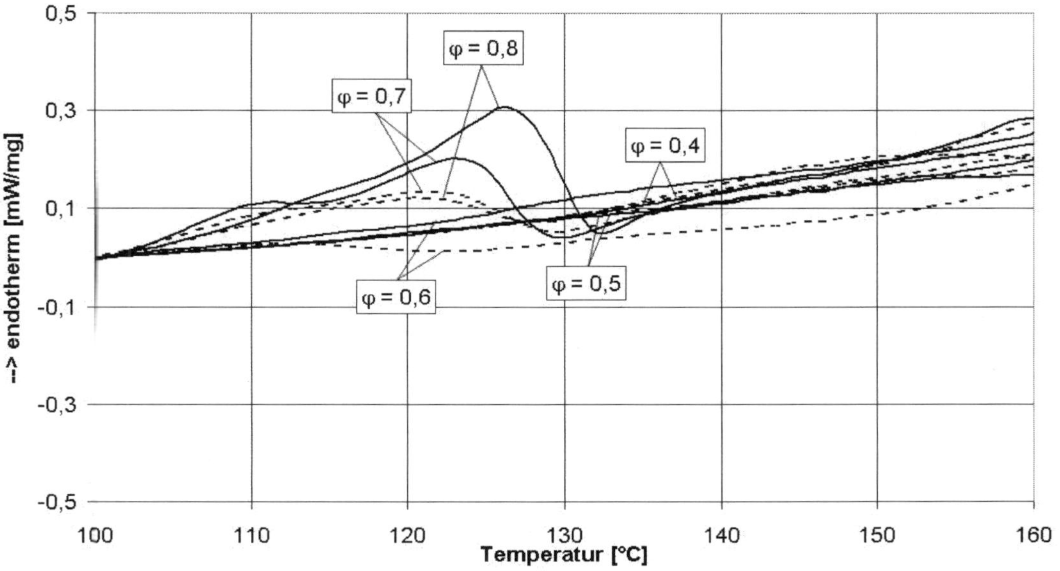

Abbildung 8.61: DSC-Messungen des bei T = 70 °C kristallisierten Molkepermeatspulvers.

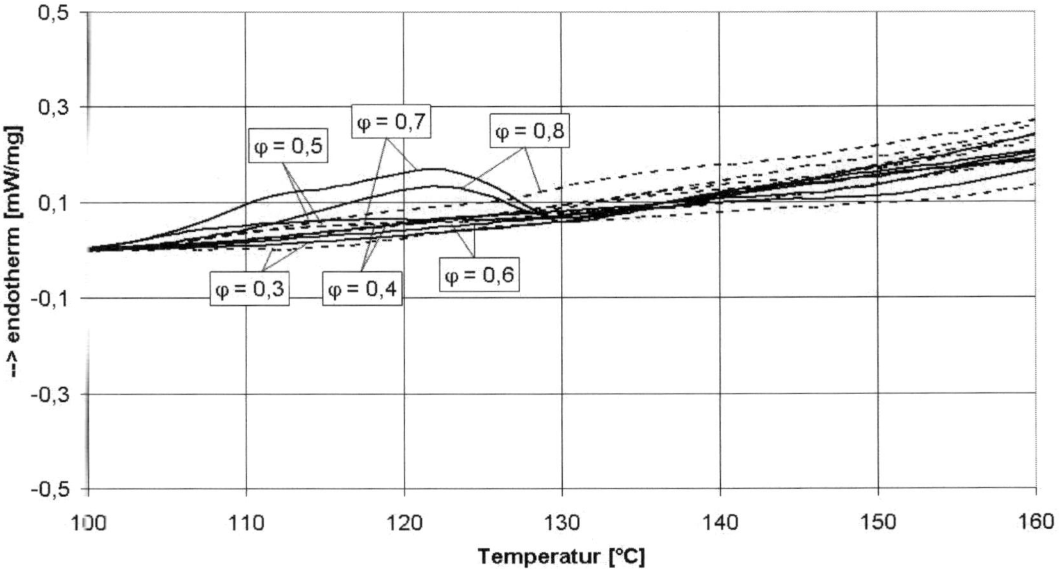

Abbildung 8.62: DSC-Messungen des bei T = 80 °C kristallisierten Molkepermeatspulvers.

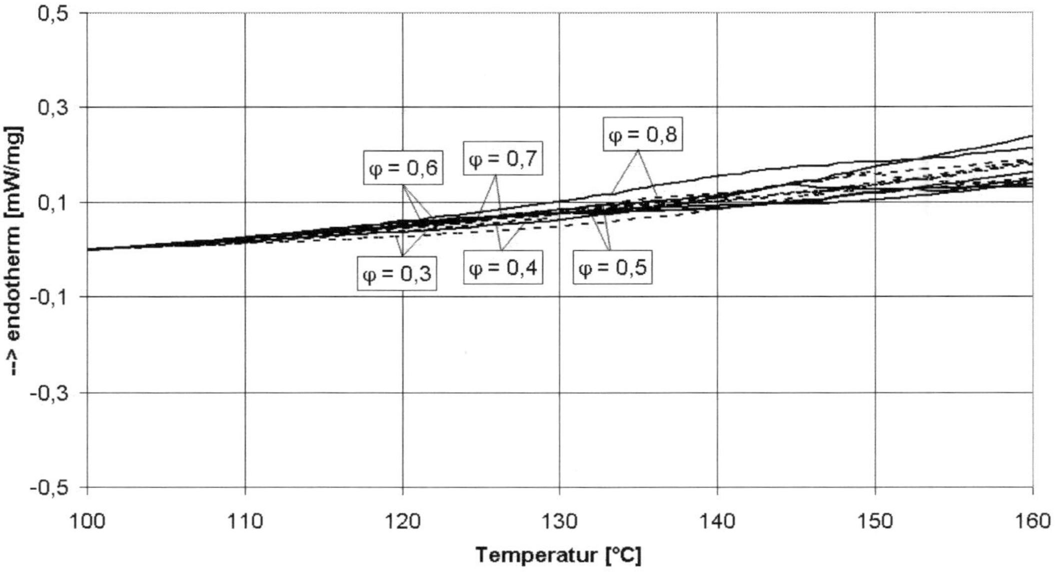

Abbildung 8.63: DSC-Messungen des bei T = 90 °C kristallisierten Molkepermeatspulvers.

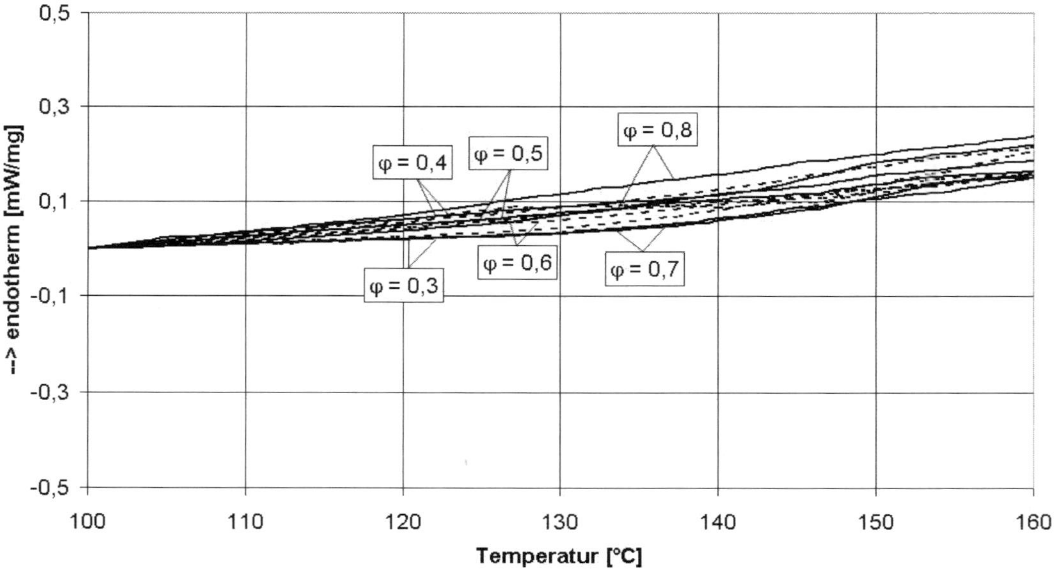

Abbildung 8.64: DSC-Messungen des bei T = 100 °C kristallisierten Molkepermeatspulvers.

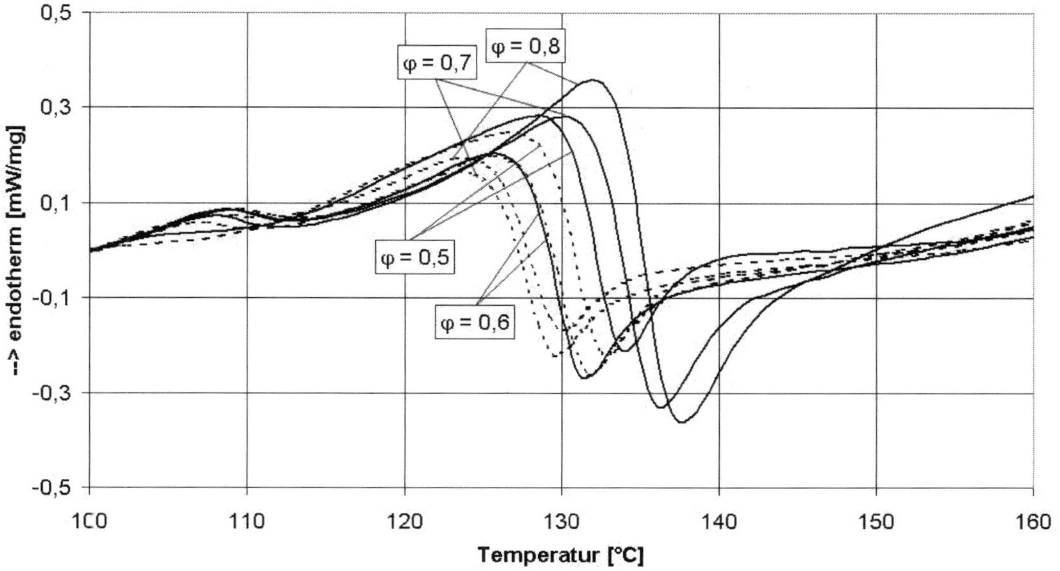

Abbildung 8.65: DSC-Messungen des bei T = 50 °C kristallisierten Molkepulvers.

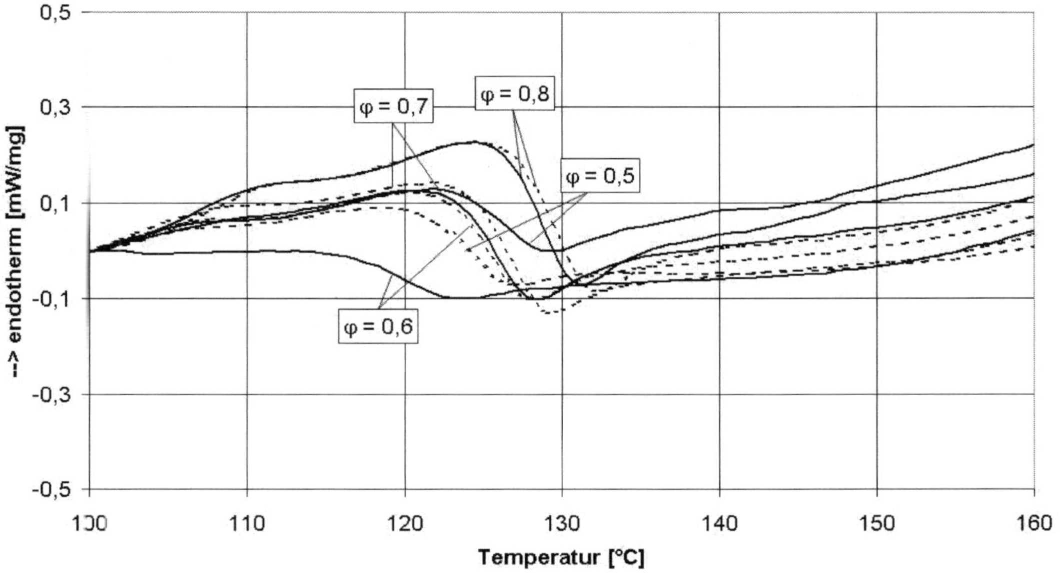

Abbildung 8.66: DSC-Messungen des bei T = 60 °C kristallisierten Molkepulvers.

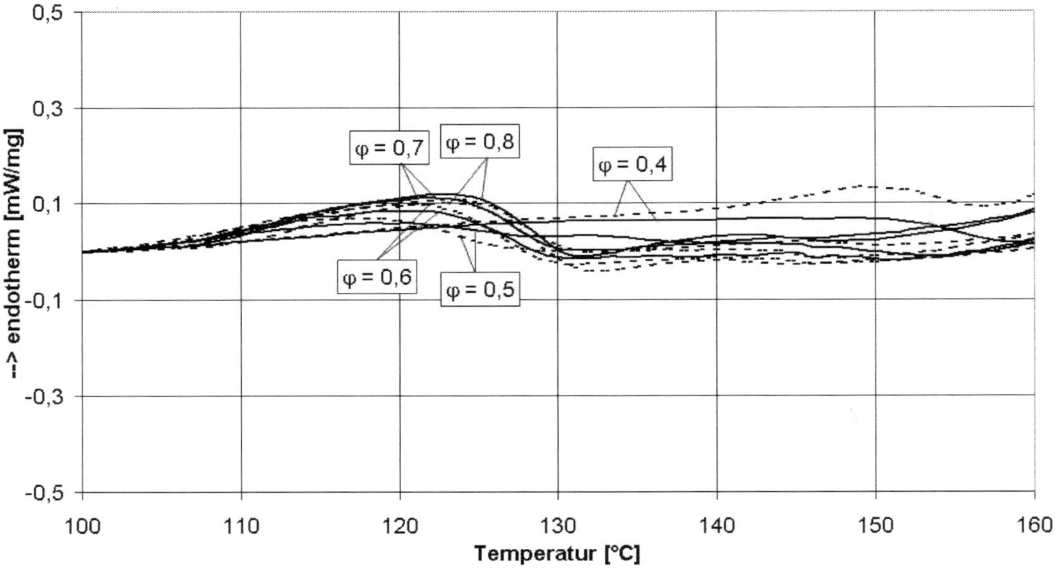

Abbildung 8.67: DSC-Messungen des bei T = 70 °C kristallisierten Molkepulvers.

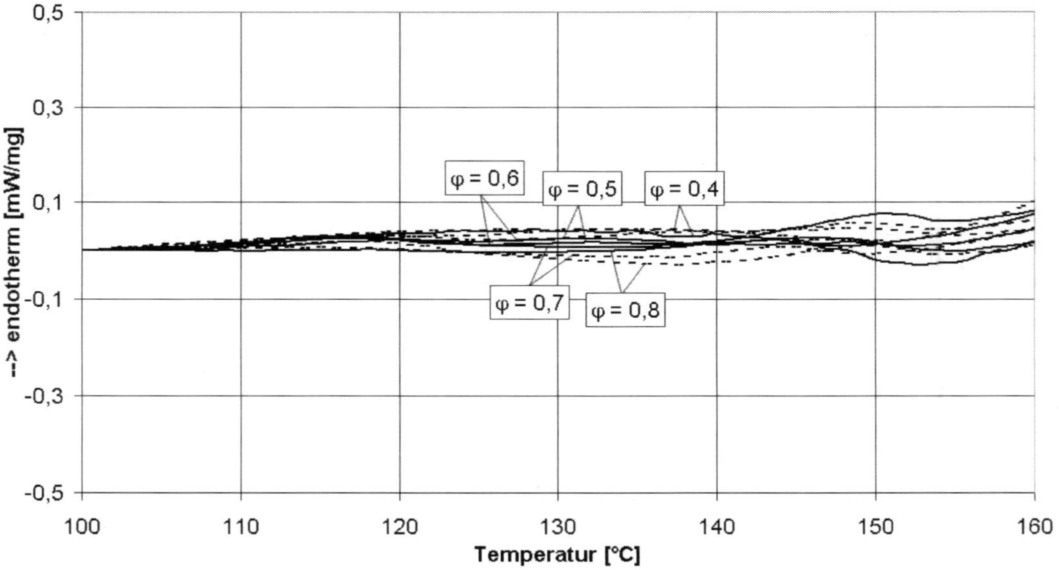

Abbildung 8.68: DSC-Messungen des bei T = 80 °C kristallisierten Molkepulvers.

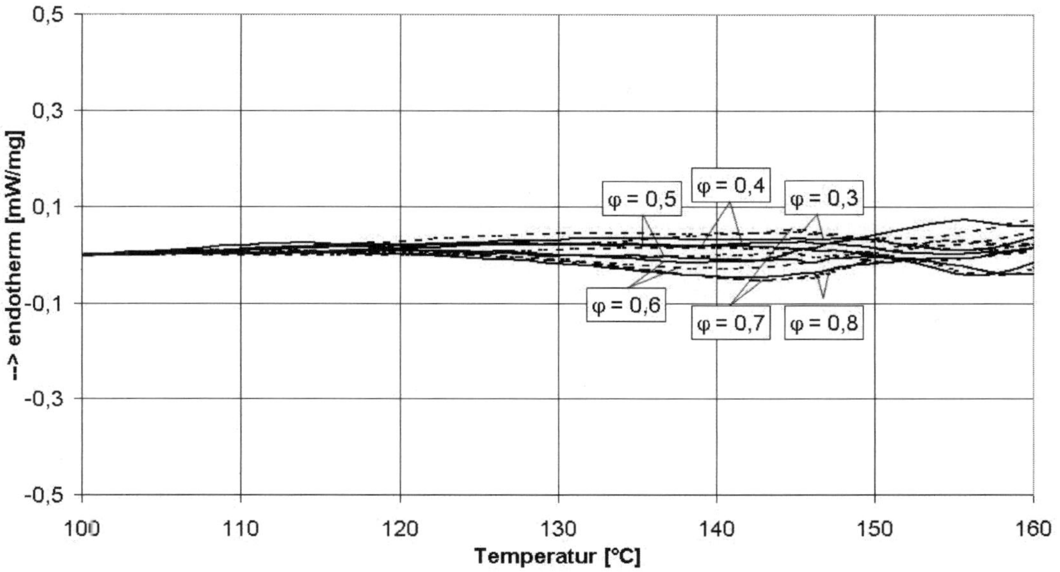

Abbildung 8.69: DSC-Messungen des bei T = 90 °C kristallisierten Molkepulvers.

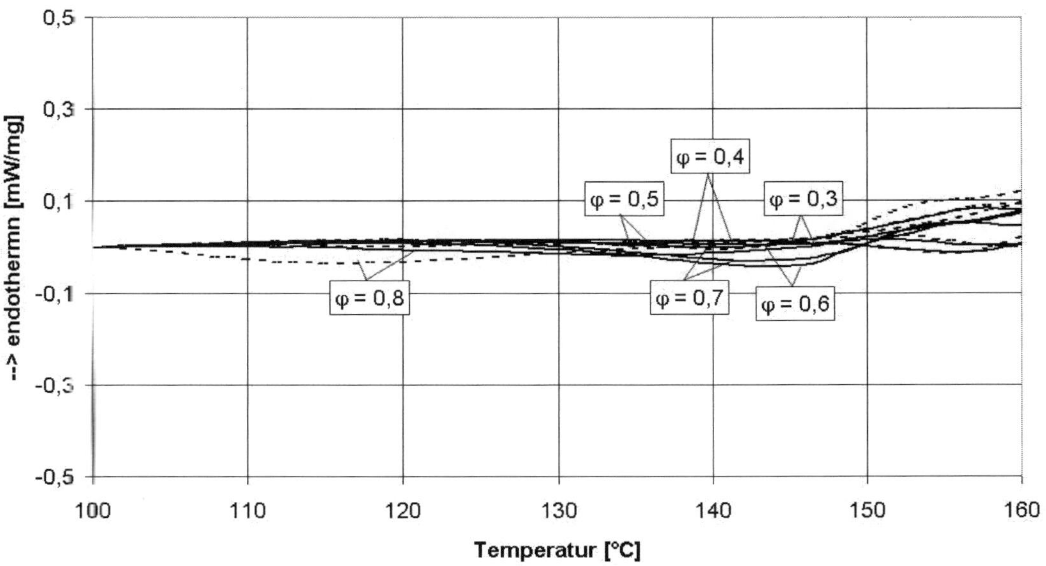

Abbildung 8.70: DSC-Messungen des bei T = 100 °C kristallisierten Molkepulvers.

8.4.5 Analyse der nachkristallisierten Proben mittels XRD-Messungen

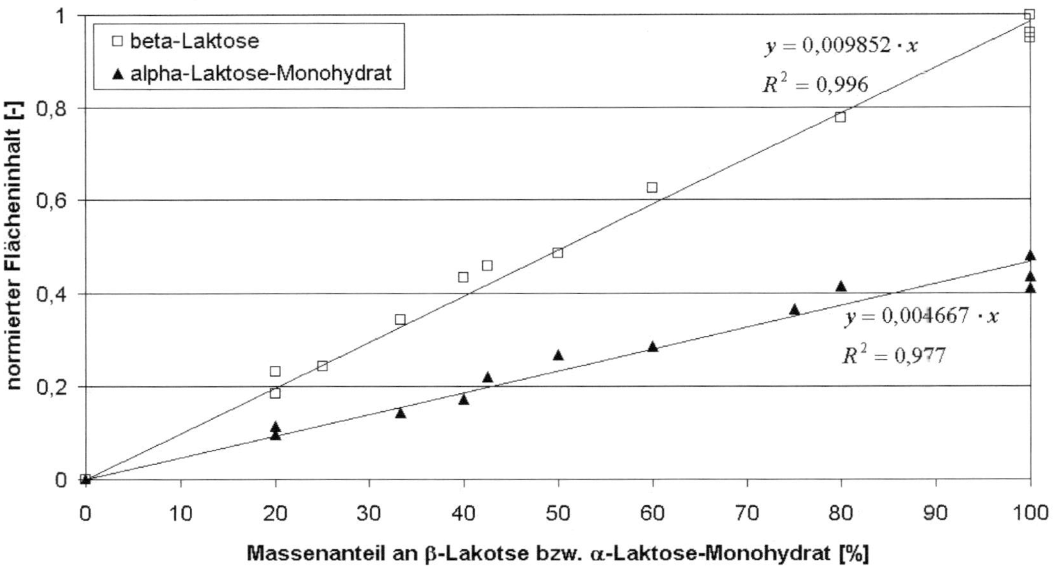

Abbildung 8.71: Mittels XRD ermittelte Kalibriergeraden bei verschiedenen Massenanteilen von kristalliner β-Laktose, α-Laktose-Monohydrat und amorpher Laktose.

8.4.6 Partikelgrößenverteilungen der verwendeten Pulvern

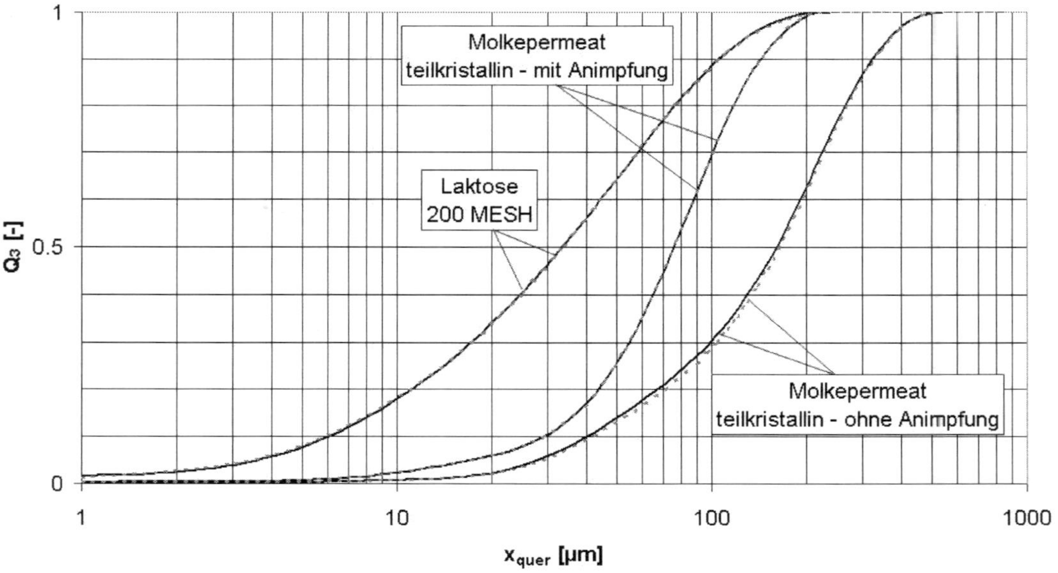

Abbildung 8.72: Partikelgrößenverteilungen von den in Kapitel 6 verwendeten Pulvern.

Printed in Dunstable, United Kingdom

91343141R00138